记忆脑科学

Why We Forget
and
How to Remember Better

[美]
安德鲁·布德森
伊丽莎白·肯辛格
著

胡小锐
译

中信出版集团 | 北京

图书在版编目（CIP）数据

记忆脑科学 /（美）安德鲁·布德森,（美）伊丽莎白·肯辛格著；胡小锐译 . -- 北京：中信出版社，2023.11
书名原文：Why We Forget and How To Remember Better: The Science Behind Memory
ISBN 978-7-5217-6035-4

Ⅰ.①记… Ⅱ.①安…②伊…③胡… Ⅲ.①记忆术－普及读物 Ⅳ.① B842.3-49

中国国家版本馆 CIP 数据核字（2023）第 182608 号

Why We Forget and How To Remember Better: The Science Behind Memory by ANDREW E. BUDSON and ELIZABETH A. KENSINGER
Copyright © Oxford University Press 2023
Why We Forget and How To Remember Better was originally published in English in 2023. This translation is published by arrangement with Oxford University Press. CITIC Press Corporation is solely responsible for this translation from the original work and Oxford University Press shall have no liability for any errors, omissions or inaccuracies or ambiguities in such translation or for any losses caused by reliance thereon.
Simplified Chinese translation copyright © 2023 by CITIC Press Corporation
ALL RIGHTS RESERVED
本书仅限中国大陆地区发行销售

记忆脑科学
著者：　　［美］安德鲁·布德森　［美］伊丽莎白·肯辛格
译者：　　胡小锐
出版发行：中信出版集团股份有限公司
　　　　　（北京市朝阳区东三环北路 27 号嘉铭中心　邮编　100020）
承印者：　嘉业印刷（天津）有限公司

开本：880mm×1230mm 1/32　　印张：11.75　　字数：221 千字
版次：2023 年 11 月第 1 版　　印次：2023 年 11 月第 1 次印刷
京权图字：01-2023-3415　　　　书号：ISBN 978-7-5217-6035-4
　　　　　　　　　　　　　　　定价：69.00 元

版权所有·侵权必究
如有印刷、装订问题，本公司负责调换。
服务热线：400-600-8099
投稿邮箱：author@citicpub.com

目录

推荐序 V
前言 IX

第一部分 通向记忆的道路

第1章
记忆是什么 002

第2章
程序记忆：与肌肉无关的肌肉记忆 010

第3章
工作记忆：把每件事记在心上 022

第4章
情景记忆：时光倒流 040

第5章
语义记忆：建立并找回你的知识库 052

第6章
集体记忆 062

第二部分 建立记忆

第 7 章
情景记忆 074

第 8 章
如何留住记忆 083

第 9 章
努力找回记忆 099

第 10 章
为信息建立联系 111

第 11 章
控制自己忘记什么和记住什么 121

第 12 章
你的记忆准确吗？ 127

第三部分 当记忆中的东西太少或太多时

第 13 章
正常的衰老与阿尔茨海默病的区别 140

第 14 章
你的记忆还会出什么问题？ 155

第 15 章
创伤后应激障碍：无法遗忘 175

第 16 章
能记住一切的人 184

第四部分 做出正确的选择

第 17 章
运动：延长生命的灵丹妙药 194

第 18 章
营养：人如其食 201

第 19 章
酒精和毒品作用下的大脑 213

第 20 章
睡个好觉 223

第 21 章
社交、音乐、正念和大脑训练 244

第五部分 增强记忆力的方法

第 22 章
记忆辅助工具 258

第 23 章
基本记忆策略 265

第 24 章
如何记忆人名 290

第 25 章
高级记忆策略和助记码 299

后记 317
记忆贴士 319
附录 损害记忆力的药物 325
注释 337
作者简介 355

推荐序

在克里斯托弗·诺兰 2000 年执导的悬疑影片《记忆碎片》中，主人公伦纳德·谢尔比一心想找到暴力入室抢劫并杀害他的妻子的凶手。但是，他在这次暴力事件中头部受伤，导致他无法想起正在发生的事件，因此他只能依靠纸条、照片和自己身上的文身来寻找凶手。这部电影的亮点之一是诺兰以倒序的方式呈现主要情节，使观众与伦纳德有相似的体验：事件呈现在我们眼前，但我们不知道过去发生了什么导致了眼前的局面，因此我们必须认真思考，才能了解我们看到的人物的身份、他们所扮演的角色和他们的动机。

　　幸运的是，观看《记忆碎片》能让大多数人近乎感同身受地体会到记忆障碍的冷酷无情和它给生活造成的深远影响。作为一个整个职业生涯都在研究记忆的人，我觉得《记忆碎片》如此吸引人的原因之一，是这部电影帮助我们认识到记忆在我们日常生活中起到的巨大作用。我们的记忆系统经常马不停蹄地工作，因此我们很有可能认为这是理所当然的。但经常并不等于总是，这也是本书的价值所在。记忆会以各种各样的方式辜负我们，轻则让我们略感烦恼，重则让我们的生活为之改变。在看了《记忆碎片》这部影片后，如果我们能回忆起扮演伦纳德的那位演员的相貌，却想不起他的名字，我们可能会十分沮丧，但也问题不大（那位演员叫盖伊·皮尔斯）。然而，如果我们忘记服用必须服用的药物，在考试中无法回想起复习的知识点，或者把一个无辜的人错当成犯罪分子，就会带来严重的后果。

关于记忆和遗忘的本质，心理学家和神经科学家已经建立了一个庞大的知识体系，特别是在过去的几十年里。这些科学知识对于我们了解如何与困扰我们的各种记忆障碍做斗争至关重要。布德森和肯辛格非常熟悉这一知识体系，他们的研究有助于拓展我们对记忆的理解。同样重要的是，他们观察了临床上特征显著的遗忘给日常生活造成的后果。作为一名在阿尔茨海默病和其他年龄相关性记忆障碍这个领域具有专业知识的神经病学家，布德森近距离观察了这些障碍对日常生活的干扰。肯辛格是一位心理学家，研究过科学界最著名的失忆病例——亨利·莫莱森（Henry Molaison），在研究文献中，亨利的名字被缩写为H.M.。在一次手术中，亨利的大脑中对记忆至关重要的区域被切除，此后他随时随地都会遗忘事情，因此他成为科学文献中记忆障碍的黄金标准。他也可能是《记忆碎片》中伦纳德·谢尔比这个角色的原型。

基于他们共同的经历，布德森和肯辛格不仅就如何对抗各种遗忘提供了切实可行的建议，还用通俗易懂的语言解释了为什么会出现这些问题。读完这本书，你会发现你对记忆的一些（也许是很多）想法是不全面的，甚至完全错误。你会发现记忆并非单一的东西，而是由几个不同的系统组成，每个系统都与特定的大脑网络有关。基于这些研究，你将学到一些有助于建立新的记忆，并且提升学习效率的策略；你将深入了解情绪、运动、睡眠和饮食是如何影响记忆和遗忘的；你会熟悉正常的年龄相关性遗忘和阿尔茨海默病导致的遗忘之间的区别，并理解为什么绝不能告诉阿尔茨海默病患者什么是错误的；你会意识到遗忘并不总是消极的——遗忘可以给我们带来很多好处。

你还将了解记忆更迷人的一个方面，这是科学家近年来才完全认识到的，也是我和同事们一直在深入研究的一个观点：记忆不仅仅是回忆过去，它在我们设想和计划未来时也起着至关重要的作用。这一重要功能也突出表明了记忆不仅仅是如实再现过去的经历，也是一个更加动态的建构过程，为包括制订计划、解决问题、开创思维在内的多种认知功能提供支持——要完成这类任务，就必须具备灵活处理问题的能力，即用新的方式在新的环境中运用过去经验的能力。记忆非常适合完成这样的任务，但灵活性也可能导致记忆错误和记忆失真。正如布德森和肯辛格阐明的那样，记忆的一些复杂特性非常有趣，有时令人吃惊，但研究人员正在研究它们，并在不断了解它们的本质和基本原理。

伦纳德·谢尔比在向别人描述他奇怪的精神状况时说，他可以回忆起头部受伤前的经历，但无法形成新的记忆。他若有所思地自语道："一切都会悄然消失。"随着岁月的流逝，我们的记忆力可能都会衰退，尽管程度比伦纳德小得多。了解它发生的原因，以及在它影响我们执行日常任务的能力时减少甚至阻止遗忘的发生，是成为高明的记忆管家的重要举措。布德森和肯辛格就是引领你踏上这段旅程的合适向导。

丹尼尔·夏克特博士
哈佛大学小威廉·肯南心理学讲席教授，著有《记忆的七宗罪》
马萨诸塞州牛顿市
2022 年 1 月

前　言

大多数人可能都自认为对记忆的基本原理有所了解。毕竟，你每天都用它来记住一切，包括你最喜欢的童年记忆和昨晚的晚餐，以及这中间发生的一切。你还会用它来记住事实，比如埃及艳后克利奥帕特拉和哈丽雅特·塔布曼是谁，以及1776年7月4日发生了什么事。当然，当你练习钢琴音阶，用拇指在手机上盲打输入时，你也会用到记忆。所以，如果我们问你一些关于记忆原理的简单问题，你可能会做出如下回答：

- 我的记忆就像一台录像机；我通过眼睛和耳朵记录下信息，然后在回忆一些东西的时候，我的脑海中就会回放这些记录。
- 记忆是对信息一字不差的记录。
- 忘记事情是我们的记忆系统的一个缺点。
- 遗忘症患者通常记不起自己的名字和身份。
- 如果能清晰地回忆起童年的细节，就不可能患有阿尔茨海默病。
- 如果能不看乐谱凭记忆演奏乐器，而且演奏得很完美，就没有患痴呆。
- 在准备考试时，用荧光笔标出并反复阅读重要信息是最好的学习方法。
- 电脑游戏是一种有效的脑力训练方法,可以让我在日常活动中保持强大的记忆力。

是这样吧?但是我们要告诉你,你错了,这些说法都是完全错误的。

即使是错误的,也不用担心,因为错的远不止你一个人。2011年,研究人员丹尼尔·西蒙斯和克里斯托弗·查布利斯发现,他们调查的大多数人在回答这类问题时都给出了类似的错误答案。[1]事实证明,我们记忆的许多方面,以及导致记忆失败的原因,都有悖于我们的直觉。对记忆的错误理解会导致我们把可能错误的信息当作真实的信息。即使完全健康的人也经常会发生记忆失真和记忆错误的问题,这就是原因之一。

我们能做什么?

在过去的 25 年里,实验心理学和认知神经科学领域已经揭示了很多有关记忆原理的奥秘。我们现在可以回答以下这些问题:

- 为什么记忆会进化?(提示:记忆的作用并不仅仅是记住一些东西。)
- 目击者的证词是否可靠,哪些因素会影响其可靠性?
- 为什么错误的记忆如此普遍?
- 阿尔茨海默病患者能记住如何弹钢琴,却不记得他们孙辈的名字(甚至不记得自己有孩子),这是怎么回事?
- 哪些饮食、体育锻炼和心理活动已被科学证明有助于保持记忆力？（提示：对生活方式做出某些改变，每个人都可以做到，而且不需要花一分钱。）
- 什么是最有效（并且经过实验证明）的备考方法？
- 如何更好地记住日常信息，如刚认识的人的名字、停车的位置？

这本书讲了什么？

为了回答这些问题，我们将本书分为5个部分。

在第一部分，我们首先解释记忆实际上不是一种单一的能力，而是不同的有意识能力和无意识能力的组合。研究表明，记住电话号码、早餐吃了什么、水沸腾的温度以及如何骑自行车会分别用到4种记忆系统。我们将逐一介绍这些系统，解释它们在你的日常生活中是如何起作用的。最后，我们将讨论集体记忆，以及一群人，甚至整个社会的记忆意味着什么。

在第二部分，我们重点讨论记忆的核心问题：我们是如何记住构成我们生活的那些事件的。在这个部分，我们将深入研究如何创建、存储和找回这些事件的记忆，考察情绪对记忆的影响，讨论你是否真的能决定记住哪些东西、忘掉哪些东西，还将讨论在哪些有趣而平常的情况下记忆可能失真，甚至是完全错误的。我们还将考虑信心和记忆之间的关系：即使你100%确定你是在什么地方听到约翰·肯尼迪遇刺、"9·11"恐怖袭击事件或2016年美国总统大选结果的，以及当时你在做什么，你的记忆也可能是错的。

第三部分首先讨论各种神经系统疾病和其他疾病（如阿尔茨海默病、多发性硬化、癫痫、帕金森病、脑肿瘤、脑震荡或颅脑损伤、新型冠状病毒肺炎、身体健康问题、感觉缺失、激素变化和药物副作用）对记忆的破坏，然后讨论焦虑、抑郁、注意缺陷多动障碍（ADHD）和创伤后应激障碍（PTSD）等精神和心理问题对记忆的影响。在这一部分的最后，我们将讨论代表另一个极端的个体——在记住和回想信息方面能力非凡的那些人。

在第四部分，我们将讨论生活方式上的哪些变化有可能增强或削弱记忆力，并介绍有关运动、营养、酒精、大麻、毒品、睡眠、社交活动、音乐、正念以及大脑训练和其他活动的最新证据。我们还将讨论一些对记忆力不起作用的因素，包括新型节食计划、假冒药品和与广告不符的益智游戏。

在第五部分，我们将讨论各种记忆辅助工具和记忆策略，以帮助你记住购物清单、法语词汇、工作中需要记住的演示文稿、10年未见同事的名字。我们将告诉你马克·吐温是如何教他的孩子们记住英国君主的，并告诉你如何建造自己的记忆宫殿，记住圆周率的前50位数。

在本书的结尾，我们将总结出一些能帮助你增强记忆的方法。

适合所有人的科学

为了帮助你记住本书的主题，我们在写作时思考了如何科学地学习这个问题。我们将在本书中提到，多次重复关键思想，穿插讨论不同但相关的主题，会促进你对信息的记忆。出于这个原因，你可能会注意到一些重要的主题被多次提起。请放心，这种有意识的重复是我们故意为之。我们还会使用一些可以具体想象的比喻，这是另一种有助于记忆的策略。

间歇性学习（最好在两次学习的间歇睡一觉）有助于获得最佳记忆。所以，如果记住这本书的内容是你的主要目标，那么我们不建议你一口气读完。相反，在读了几章之后，花点儿时间思考看过的内容，过一段时间（也许睡一觉之后）再继续阅读。

因为这本书是面向所有人的，所以我们使用了很多例子和隐喻，以便让文字生动一些。无论你的职业生涯是刚刚开始还是即将结束，无论你是学生还是教师，无论你是在照顾孙辈还是在照顾祖父母，我们都希望你觉得这本书有趣、有用、难忘。

要感谢的人

首先，我们要感谢神经解剖学家、研究员、艺术家玛丽·鲍德温博士，她为本书创作了精彩的插图。其次，我们要感谢热心阅读书稿并提出反馈和建议的众多同事、学生、朋友和家人，还要感谢帮助我们将我们的想法直观表现出来的学生画家，他们的见解有助于突出、澄清和阐明许多关键的细节和概念。我们也要感谢我们的同事和许多在我们的研究实验室和门诊部接受培训的人，他们的对话和交流启发了我们从新的角度思考记忆，看到研究之间的新的联系，并去追求新的东西。

最后，我们要感谢我们的导师苏珊·科金和丹尼尔·夏克特。如果不是他们的开创性研究，记忆在很多方面仍然是一个谜。如果没有他们的耐心指导，我们就不会成为记忆导师和研究者。

第 一 部 分

通向记忆的道路

第 1 章

记忆是什么？

本书作者之一（伊丽莎白）曾经给亨利·莫莱森先生（他更广为人知的名字是 H. M.[1]）做过研究。1953 年，由于癫痫发作难以控制，亨利的左右颞叶（位于太阳穴附近）的内侧部分被切除了。从技术的角度来看，手术进行得很顺利。但是，在他恢复的过程中，医生和研究人员很快注意到一些非常麻烦的事情：他无法形成新的记忆。他会读书，会说话，和他简短交谈时，你可能不会注意到他有任何不正常之处。但是对于经常拜访他的家人，虽然他能认出他们，却根本不记得他们来过。新来的医生都会自我介绍，但是到了第二天（甚至是刚过一个小时），他就不记得见过这些医生了。直到这时，医生才明白，部分颞叶被切除可导致他失忆。

将近 50 年后，当时还是研究生的伊丽莎白在麻省理工学院苏珊·科金的实验室里第一次见到了亨利。在那之前，亨利已经来过麻省理工学院很多次了，但是他不记得以前来过这里。他每次来通常都会待几天。有时候，他可能会被要求做一种特殊的填字游戏，以评估他对单词和概念的记忆。[2] 第二天，他可能会完成一些词和语法规则的测试。[3] 第三天，他可能会被要求在一个房间里来回走几次，记住地毯上一个没有标记的特定位置。⁴ 夜晚，麻省理工学院医疗服务中心的现场工作人员负责照顾他。因为他有遗忘症，第二天早上从睡觉的地方走到科金博士的实验室时，肯定需要有人陪同他。

有一次，伊丽莎白负责引导亨利去实验室。他们沿着麻省理工学院迷宫般的地下通道往前走，左转、右转、右转、直行、左转……很快，他们来到一扇门前，这扇门很难打开，每次开门伊丽莎白都会遇到麻烦。她要提起一根控制杆，同时把旋钮旋向正确的方向……是顺时针……还是逆时针呢？看到她努力了好一会儿也没有打开门，平时就乐于助人的亨利走上前，在门锁上完成了一番操作之后，顺利打开了门。

记忆系统

一个严重健忘的人（即使你和他交谈了一个小时，10分钟后他也不记得见过你了）怎么会记得如何打开一个复杂的门锁呢？对此只有一个解释，你可能已经像1953年第一次与亨利合作的研究人员一样快速地推断出了答案：记忆不是一种单一的能力。记忆一定是多种能力的组合，只有其中一种能力依赖于亨利被切除的那部分颞叶。

可以毫不夸张地说，亨利对事件的严重失忆与他在其他方面的正常记忆能力（比如他能记住打开那扇门的一系列操作）的鲜明对比，开创了现代记忆研究。现在我们知道，大脑中有多个记忆系统，它们分别有自己的网络结构，可以记住不同类型的信息。这些记忆系统有不同的分类方式，例如按照时间范围可以将它们分为短时记忆（秒到分钟）、长时记忆（分钟到几年）和远期记忆（多年）。

长时记忆和远期记忆通常进一步可分为外显记忆和内隐记忆。之所以如此分类，是因为前者在记住和回忆信息时需要自觉意识，而后者在记住和回忆信息时不需要自觉意识（不过有时也有自觉意识）。通常，外显记忆被称为陈述性记忆，因为我们很容易说出或"自认为"记住了什么，而内隐记忆也被称为非陈述性记忆，因为通常很难用语言描述这类记忆。

图 1-1 是对主要记忆系统的简要描述。（我们将分章节逐一介绍

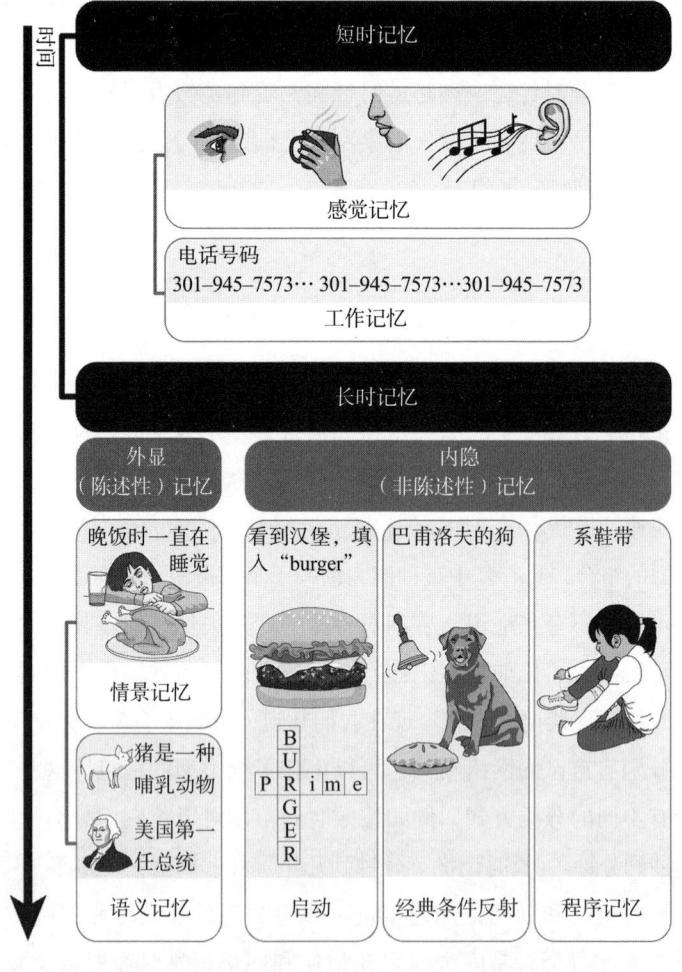

图 1-1　使你记住不同类型的信息并保留不同时间长度的记忆系统

这些重要的记忆系统。)

长时和远期外显（陈述性）记忆系统

- 情景记忆，即生活事件的记忆，比如你是如何庆祝自己上一个生日的，或者你昨天晚饭吃了什么（第4章）。情景记忆通常可被分解为多个部分，如记忆的创建、存储和找回。
- 语义记忆，即事实和信息的记忆，比如老虎条纹的颜色、叉子的用途、阿拉伯语课上学到的新单词（第5章）。

长时和远期内隐（非陈述性）记忆系统

- 程序记忆，有时也被称为"肌肉记忆"，是指通过动作（例如挥舞高尔夫球杆、骑自行车、练习瑜伽姿势和盲打键盘）获得的记忆（第2章）。动作的计划和协调都是程序记忆的重要组成部分。
- 启动，是指之前遇到的某个特定事物改变了你对当前事物的反应，无论你是否意识到这一点。例如，如果填字游戏的提示信息是"美国特色烹饪"，而且你最近看到过麦当劳的广告，那么不管你是否记得这个广告，你都更有可能想到"汉堡"这个词。
- 经典条件反射涉及两种刺激的配对，因巴甫洛夫的狗而闻名。当非条件刺激（肉）与条件刺激（铃铛）多次配对时，那么仅有条件刺激时也有可能引起反应（唾液）。这种记忆对于创伤性和其他高度情绪化的事件很重要，比如那些可能导致创伤后应激障碍的事件。

短时记忆系统

- 工作记忆能让你主动地将信息"记在心里"并加以处理，比如在找手机打电话时不断地想着一个电话号码，沿着心中想好的路线行驶以避开交通堵塞，在餐馆里计算小费（第3章）。
- 感觉记忆指的是影响你意识的瞬间视觉、听觉、嗅觉、味觉和触觉感受，比如日落的颜色、鸟叫的声音、煮咖啡的气味、成熟桃子的味道和凉水在皮肤上留下的感觉（第3章）。感觉记忆很快就会消失（仅持续3秒，甚至不到3秒），但有的感觉记忆会转换为工作记忆，有的最终会存储在情景记忆中。

记忆系统的协作

我们在前面明确地指出，记忆力依赖于一系列不同的记忆系统，它们分别处理不同用途的信息。与此同时，我们还必须明确指出，在日常生活中，多个记忆系统通常会同时行动，以多种方式在多个大脑区域存储信息和事件。此外，这些记忆系统并非完全独立，而是相互作用，并且在许多情况下相互依赖。

例如，当你听到一首新歌时，你耳朵里的感觉记忆和大脑中负责处理声音的部位就会活跃起来，将这首歌的声音存储几秒钟——这么长的时间足以将这些声音转移到你的工作记忆系统中。当你运用工作记忆并有意识地思考这首歌（也许你已经注意到令人惊叹的吉他独奏）时，你的情景记忆会自动启动，记住你是在哪里听到这首歌的（在你的车里）、当时你在做什么（和朋友去吃饭的路上）。你的情景记忆还会把这首歌的旋律和歌名联系起来。

第二天早起穿衣服的时候，你又听到了这首歌。你的情景记忆不仅能立即回忆起歌名，还能立即回忆起你是在何时、何地听到这首歌的：当时你正开车去和朋友吃饭。你下载了这首歌，以便在上班的路上听。在接下来的一个月里，随着你继续在不同的地点和时间（在杂货店时、排队买咖啡时、在公园散步时）听到这首歌，一种新的语义记忆逐渐形成，将歌曲的旋律与歌名联系起来，于是当你听到这首歌的旋律时，你就会想起歌名，而不是你20多次听歌经历中的某一次。

月底，你决定练习用吉他弹奏这首歌。你在网上找到乐谱，看了前两小节，用你的工作记忆把这些音符"记在脑子里"。当你用吉他弹奏时，你在头脑中默默地重复着这些音符，F、E、D、E、B、D、G、F，告诉你的手指应该按哪个把位、弹奏哪根琴弦。与此同时，你的程序记忆会记住演奏歌曲时手指的动作。

一天，你的手指划了一个小口子。在接下来的几天里，每当你弹奏某个和弦时，琴弦就会碰到伤口，你会瞬间有疼痛的感觉。一周后，伤口愈合了，但你发现每次你把手指放到那个和弦的位置上时，你的身体仍然忘不了那种短暂的痛感。经典条件反射发生了，把那个和弦和你手指疼痛联系到了一起。只有经过几次练习发现不再有疼痛感之后，这种联系才会逐渐消失。

记忆系统的相互依赖

这些例子说明了记忆系统的相互依赖性。感觉记忆是所有记忆的必要前提，因为你记住的大部分东西都是通过感官获取的。情景记忆基本上"始终在线"，因此你不需要努力就能记住生活事件（这是一个很自然的过程），但只要你有意地试图记住信息（比如停车位置或二次方程），你就需要使用你的工作记忆，把注意力集中在这些信息上。如果你想掌握一些新的事实（比如一家新餐厅的名字或某个西班牙语动词的变位），就需要先使用情景记忆来记住它们，然后这些新事实才会成为你的语义记忆的一部分（通常是通过多个情景记忆事件）。

最有趣的是，不同的记忆系统所记住的东西有时会有所不同，比如我们的情景记忆"忘记"了某个事件，但我们仍然利用另一个记忆系统"想起"了这个事件。例如，本书作者安德鲁一度对他的吉他演奏感到非常满意，因为他几乎不费吹灰之力，就在极短的时间内学会了一首新歌。但是，当他自豪地向吉他老师提到这一成就时，他才想起他们早在3年前就已经学过这首歌了！因此，尽管他的程序记忆系统记住了这首歌（所以他再次学习的速度很快），但他的情景记忆系统已经忘记了他以前学过这首歌。

你也可能会忘记与之前的情感创伤相关的情景记忆，但它的影响通过经典条件反射保留了下来。假设你是一个青少年，你发现自己很喜欢玩过山车、摩天轮、自由落体塔和鬼屋，却非常害怕旋转木马。事实上，只要接近旋转木马，你就会全身冒冷汗。于是，你向母亲提起这个奇怪的现象，你这才知道，4岁时，一个马戏团小丑试图安慰骑在旋转木马上的你，结果把你吓得半死，就是因为这个原因，他们再也没有带你去过游乐场。

你已经知道你的记忆力来自若干记忆系统，它们在一定程度上相互独立，又在一定程度上相互依赖、相互作用。接下来，我们将分别研究每个系统。我们将从程序记忆开始，亨利·莫莱森正是凭借程序记忆帮助伊丽莎白打开了那扇复杂的门。

如何促进记忆系统的协同工作

在学习和找回信息时，你可以同时使用大脑中的多个记忆系统，以便创建牢固持久的记忆。

- 当你希望利用情景记忆来记住你正在经历的事件的细节时，要把注意力集中在通过感官进入感觉记忆的那些信息上。
    - 要想让生日庆祝活动形成强烈的情景记忆，可以把注意力集中在蛋糕、蜡烛、礼物和参加聚会的人身上，从歌声和笑声中获取乐趣，细细品味巧克力蛋糕的味道，注意香槟的气泡冲进鼻子时的那种痒痒的感觉。
- 当你希望记住新的语义记忆信息时，可以尝试利用工作记忆处理这些信息。这有助于形成强大的情景记忆，进而帮助你形成持久的语义记忆。
    - 背新单词时，应积极地利用工作记忆从不同方面思考单词及其含义。想想象声词的音节和不寻常的拼写。想想它是如何描述"嗡嗡"、"噼啪"和"咯吱"这些单词的。想象你在听大炮的"轰隆"声、猫的"喵喵"声和旧闹钟的"嘀嗒"声。
- 在学习新技能时，应利用情景记忆来记住指令，这些指令最终会内化到你的程序记忆中。
    - 在利用程序记忆学习盲打时，你需要先利用情景记忆，记住你的手指应该放在键盘上的哪些位置，每个手指负责哪些键，还要记住拇指负责敲空格键。做到这一步，才说明你已做好了练习的准备，可以利用程序记忆记住正确的指法了。至此，我们可以进入第 2 章了。

第 2 章

程序记忆：与肌肉无关的肌肉记忆

今天是一个重要的日子，你要教你 6 岁的女儿系鞋带。她已经准备好了，穿着鞋子站在那里，松散的鞋带拖到了地板上。她仰着头，期待地看着你。

"首先，把鞋带交叉，"看着她做完这一步，你接着说道，"然后，你……"

你停顿了一下，因为你突然意识到你不确定下一步该怎么做！

你低头看着自己的鞋子，解开鞋带，然后慢慢地重新系起来，一边系一边观察，同时记住每一步的顺序。你继续说道："好了，现在把上面这条鞋带绕到下面那条鞋带的下面，然后从环中穿过去。"

肌肉记忆其实与肌肉无关

像你女儿这么大的时候，你就几乎每天自己系鞋带，但你现在却说不清鞋带到底是怎么系的，这怎么可能呢？为什么你需要解开自己的鞋带，研究你是如何重新系好的，才能教女儿下一个步骤呢？答案很简单，同时也令人惊讶：你缺失了关于如何系鞋带的某些方面的记忆——外显的（有意识的）、陈述性的（可以说出来的）记忆。好吧，你会反驳说，也许你真的说不清鞋带是怎么系的，但是你肯定知道怎么系，因为你每天都要系鞋带。这个明显的矛盾将引出本章的主题。

程序记忆是一种内隐的（无意识的）、非陈述性的（难以用语言表达的）记忆系统，用于记忆你通过行动而获得的程序、惯例、顺序和习惯。它也被称为技能学习（因为它是你用来获得和提高技能的记忆系统），或者肌肉记忆（因为它经常看起来好像是肌肉在记忆）。但我们将在下文看到后一种说法是不恰当的，负责记住我们所学技能（例如骑自行车、演奏乐器）的肯定是大脑的某些区域，而不是肌肉。事实上，当我们从事一些主要涉及脑力的活动时，例如求一列数之和、填写支票，我们就会使用程序记忆。

获取新技能的过程

你掌握的很多技能和养成的很多习惯，比如转动门把手开门，或者在木头上敲两下以求好运，并不是通过有意识的学习而获得的。但有的程序，比如使用筷子或开车，是通过有意识的学习才学会的。对于后面这些程序和技能，学习过程通常分为三个阶段。

在第一阶段，人们会尽可能地说出（或写出）指令。如果你正在学开车，你可能会听到教练说："首先调整座椅，让你的右脚可以舒服地够到两个踏板。熟悉这两个踏板——左边的是刹车，右边的是油门，只能用右脚踩踏板。调整侧视镜和后视镜，确保你可以看到车的两侧，通过后窗观察到车后方情况。系好安全带。用钥匙或按键启动汽车。右脚踩在刹车上,松开手刹。右脚继续踩住刹车,将挡位从驻车挡换到前进挡(或倒车挡)。慢慢地把脚从刹车上挪开,体会汽车开始移动的感觉……"

无论是通过阅读说明,还是听坐在你旁边的教练的指导,在你正确掌握了基本动作的先后顺序之后,学习就进入了第二阶段。在第二阶段,当你在执行所学技能时,你需要集中注意力并思考这些动作——利用情景记忆回忆这些步骤,利用工作记忆把步骤在脑海中梳理一遍。所以,作为一名新手司机,每次当你上车的时候,你都会默默地想:"调整座椅。调整镜子。系好安全带。右脚踩刹车。启动汽车。换挡。慢慢地把脚从刹车上挪开……"

到了第三阶段,你会不假思索地自动按照正确的顺序做所有的动作。你不再需要情景记忆和工作记忆。相反,你的大脑可以自由地思考其他事情,比如想一想需要在杂货店买什么,或者和坐在副驾驶座位上的朋友说话。只有在一些不寻常的情况下,比如路面结冰,你才需要有意识地考虑驾驶这件事。

你可能会说:如何从第二阶段进入第三阶段?你是如何从需要默想这些步骤,变成自动完成这些动作的呢?答案可以归结为一个词——练习。练习可以让你从第二阶段进入第三阶段,更多的练习可以让你掌握这项新技能的更多知识。

练习、练习、再练习

有这样一个老笑话。一位音乐家提着小提琴盒,在纽约街头拦下一辆出租车后问司机:"怎么去卡内基音乐厅?"司机探出车窗说:"练习、练习、再练习。"当然,出租车司机说得没错,无论是钢琴、篮球还是瑜伽,提高技能的最好方法都是练习。练习是提高技能的关键,要获得专门的技能,就必须大量地练习。[1]

反馈

这似乎是一条非常简单的道路：要提高技能，就需要练习。但是，最好的练习方法是什么呢？对于初学者来说，你需要确保你练习技能的方法是正确的，然后朝着你的目标前进，否则你就会学到错误的东西。所以，你需要某种类型的反馈来了解你什么时候做得对，什么时候做得不对。如果你现在正在练习投掷飞镖，那么反馈可能是即时的：你可以看到飞镖离靶心有多远。这些反馈可能就是你提高投掷技巧所需要的。也许在第一周练习7个小时后，你就有10%的上靶率。到了月末，你的上靶率会提高到25%。再过一个月，上靶率提高到30%。3个月后，上靶率是33%。6个月后，上靶率还是33%。你似乎到了一个瓶颈期，继续练习并没有给你带来更大的进步。这是一个你可能经历过的常见现象。对于大多数技能，你单凭自己只能提高到一定程度。这就是请教练的原因。

教练和老师

教练和老师的反馈不仅会让你知道你偏离目标多远，还会告诉你实现目标的技巧。他会指导你在球向你飞来时要看着球，握持飞镖的力道要轻，走下一步棋前要观察整个棋盘，在学习长除法时要把每一列中的数字对齐。如果你还没有掌握基础知识，那么视频和其他教学材料也会很有帮助，但一旦你掌握了基础知识，老师的作用就不可替代了，因为在你努力实现目标的过程中，他能看到你做对了什么，做错了什么。

间歇性练习

好了,你已经知道要提高技能,就应该练习,还要利用反馈和教练来帮助你实现目标。下面我们将谈到程序记忆中最有趣的部分,也是最不直观的部分。

假设你想提高罚球命中率。你要把篮球投进标准篮板上那个 10 英尺①高的篮筐。你想每周花 7 个小时练习。反馈是即时的——球要么进了篮筐,要么没进;你有教练,他每周都在帮助你提高技术。那么,你应该如何分配每周 7 个小时的时间呢?应该每天练习 1 个小时吗?还是你应该专注于投球,在周六完成全部训练,上午和下午各训练 3.5 个小时,中间午餐时休息一会儿?

你可能会认为,与每天 1 个小时的选择相比,周六全天练习这个选择会让你对自己取得的效果更满意。但在这个例子中,你的直觉是错误的。研究清楚地表明,如果你采用间歇性练习,每天练习 1 个小时,在练习间歇睡一觉,那么即使总的练习时间相同,效果也会更好一些。[2]

在练习间歇可以继续学习吗?

一些有趣的因素可以解释间歇性练习的好处。其中一个是,在练习间歇期,你的技能可能有所提高——没错儿,即使你没有练习,也没有思考技能相关的事情,技能也可能在提高。这种"离线"学习在白天你清醒的时候和晚上你睡觉的时候都有可能发生,不过离线学习在睡眠中的效果更稳定,更不容易受到干扰。[3]

---

① 1 英尺 ≈ 0.3 米。——编者注

在练习间歇期提高技能的另一个方法是在脑海中思考你正在学习的技能。这可能涉及心理表征，比如你想象自己跳起来，把球投出去，然后看着它"唰"一声穿过篮筐。或者，你也可以想象其他感受，比如想象你两手交叉拉着琴弓，同时想象你把小提琴抵在下巴上，手指按在琴弦上，还能听到一个又一个音符从琴身迸发出来。研究表明，在从事包括乒乓球、精细外科手术在内的各种活动时，心理表征都可以提高人的运动技能。

防止干扰

你已经知道练习间歇期的脑中学习对技能学习有促进作用，如果我们告诉你在同一天练习类似的不同技能会在无意中打断这种学习，那么你可能也不会感到惊讶。例如，假设你从未参加过挥拍类运动，但你赢得了一个包括网球、壁球和美式壁球的挥拍运动俱乐部的1个月免费会员资格，为了充分利用你的免费会员资格，你每天报名三节课——早上是网球，中午是壁球，下午是美式壁球。这个学习方法好吗？尽管你把学习按照这三种运动分开了，并且在课间睡了一觉，但是你中午的壁球课将会干扰你早上在网球场上学习的内容，而下午的美式壁球课将会干扰你的网球和壁球课。所以，最好在那个月里只专注一项运动，并真正掌握它，利用脑中排演的学习不受干扰地提高你的技能。

开始时慢一些，用不同的方法练习

冬天来了，你下定决心要彻底拿下之前让你很头疼的双黑钻滑道。所以，你决定每次去滑雪，都要在那个滑道上滑15次，不是5

次，也不是10次。这样你才最有可能掌握这条高难滑道的滑雪技巧，对吗？

事实证明，在大多数情况下，练习时做出一些变化比每次都用同样的方式效果更好。因为每次从滑道上滑下来时，雪况、之前的滑雪者、光照、温度、湿度、风和其他因素都会有所不同，所以没有两条滑雪道是相同的。在某一天，雪既有可能是细粉状，也有可能像燕麦片一样厚实，既有可能满是耀眼的冰晶，也有可能是松散的颗粒。要想在任何情况下都能自信地从双黑钻滑道上滑下来，你应该积极地寻找有各种不同类型积雪的山区，然后在那里练习。

此外，要让练习富有变化，最好的方法之一是开始时慢一些，然后逐渐增加难度。也就是说，为了掌握双黑钻滑道，你要从最简单的绿道开始，再练习中等难度的蓝道并真正掌握它们，然后在一些专业的单黑钻滑道上练习，最后练习双黑钻滑道。

同样，在学习新曲目时，大多数音乐家都是先从音阶开始做一些准备练习，再用比平时慢的速度练习新曲目，然后将节奏提高到合适的速度。循序渐进的训练不仅通常会带来更好的总体效果，而且与每次都练习最难的任务相比，达到相同的水平所需付出的总的努力也要少一些。

如果有天赋，还需要练习吗？

有些人似乎很有天赋，学习技能的速度更快。但是无论天赋如何，要充分发挥潜力，练习都是必不可少的。通过更多的练习，看起来没有什么天赋的人可能比所谓的天才走得更远。证据还表明，练习可以发挥个人的遗传潜力。练习得越多，同卵双胞胎取得的成绩就越相近，而异卵双胞胎的成绩就会有差异。[4]最重要的是，不管你认为自己是下一个莫扎特，还是一名普通的第二声部小提琴手，知道自己的上限的唯一方法就是练习。

程序记忆会保持终身吗？

有句谚语说，学会骑自行车后就会一辈子不忘。这是真的吗？可以说是，也可以说不是。说它是，是因为程序记忆，包括骑自行车等技能，可以持续很长时间——通常比大多数事件和事实的情景记忆和语义记忆都要长得多。然而，如果不练习，技能会随着时间的推移而衰退。所以，如果你从30年前学会那首吉他独奏后再也没有碰过吉他，就别指望今天也能弹得像30年前一样好。事实上，尽管程序记忆的衰退速度比我们在情景记忆和语义记忆中看到的要小，但衰退的模式都差不多，开始时衰退得很快，然后减缓，最后变得相当稳定。换句话说，当你不弹吉他的时候，你的独奏能力在最初的几周和几个月里会大幅下降，在接下来的一两年里会稍有下降，然后下降得更慢。好消息是，无论何时你决定要重新拾起吉他，你都能很快回到以前的状态。

基底神经节、小脑和大脑皮质

如果不想看讨厌的解剖学术语与拉丁学名，你可以跳过这一部分内容。我们保证你仍然能看懂后面的内容。但我们觉得技能学习有自己的解剖系统是一个非常有趣的现象。程序记忆有独立的解剖结构，这是科学家认为它是一个独立的记忆系统的原因之一。大脑中有三个区域对技能学习特别重要：基底神经节（basal ganglia）、小脑（cerebellum）和大脑皮质（cerebral cortex，大脑的外层），参见图2–1。

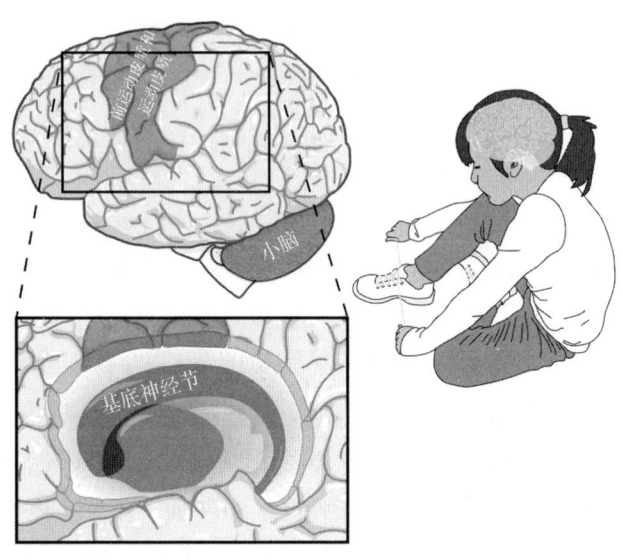

图2-1 程序记忆涉及小脑和基底神经节,以及前运动皮质和运动皮质。左下方的方框是大脑深处基底神经节的剖视图

人们普遍认为,大脑的这三个结构对获得和使用技能至关重要。同时,研究表明,这个小小的系统非常复杂。我们还不清楚这个系统是如何一起工作的,也不清楚基底神经节和小脑起到的确切作用。我们将给你介绍一些已知的发现,尽管已知的信息还不足以描绘出清晰的画面(既有比喻,也有字面意义)。

位于大脑中心深处的基底神经节,可能对刺激–反应交互作用(比如看到红色的"停止"标志,就会自动踩下刹车踏板)特别重要。例如,基底神经节受损的人在运动和非运动反应时间测试中学习速度都较慢。[5]同样,当学习一项技能或模式时,基底神经节的细胞也会改变它们的放电模式——即使这种学习完全是心理上的,根本不涉及行动,比如学习乘法表。[6]

小脑位于后脑颈部上方,在学习包括杂技、舞蹈和跟踪目标在内的涉及精确顺序和时间选择的技能时，可能会起到非常重要的作用。小脑的正常功能被认为是竞技体育中高水平表现的关键。小脑对很多认知和情感功能也至关重要，[7]因此可以确定它也会参与非运动技能的学习与使用。

大脑皮质，也就是大脑的外层，与大多数需要精确控制或辨别的认知和运动功能有关。人们发现，小提琴手和美式壁球运动员的大脑中与手指及手运动有关的皮质区域扩大了，而且发生了重组。[8]事实上，在训练一周结束后，就可以观察到大脑皮质发生了变化。如果训练涉及的是感觉而不是运动技能（例如阅读盲文），那么感觉皮质就会重新组织。

脑部疾病可能破坏程序记忆

毫不奇怪，可能损害程序记忆的脑部疾病破坏的主要是基底神经节、小脑、大脑皮质，或它们之间以及它们与其他大脑区域之间的连接，这些疾病包括帕金森病、路易体痴呆、脑卒中、肿瘤和多发性硬化等。更多信息请参见第13章和第14章。

患有更典型的情景记忆障碍的患者（包括在第1章讨论过的亨利·莫莱森）以及患有轻度阿尔茨海默病的患者，通常可以毫无困难地学习程序记忆任务。这个现象可能会让你感兴趣，但是为什么会这样呢？因为情景记忆障碍是由不同大脑区域的损伤引起的，我们将在第4章讨论这方面的内容。

正念是一种程序记忆技能吗？

如今，许多人经常进行冥想活动，包括正念，通过这类活动练习观察心神，特别是在心神迷失方向时——虽然我们会慢慢地收回心神，努力把注意力集中在当下，但这种情况确实经常发生。和其他活动一样，你也希望你的正念练习做得越来越好。这就提出了一个有趣的问题：正念像其他程序技能一样，可以通过练习来提高吗？我们认为答案可能是肯定的。我们把这一节留到最后，因为它与本章讨论的其他内容相比推测的成分更多。

为什么有人认为正念是一种技能呢？人们经常讨论正念的技巧、训练和练习，如果你曾经练习过正念，就会意识到训练你的心神就和任何其他类型的训练一样，是需要花工夫的，你可能会注意到自己正沿着技能学习的各个阶段不断取得进展。

那么，为什么还有人认为正念不是一种技能呢？主要是因为它不像你能连续投进多少个罚球，你能以多快的速度滑下那个滑道，或者你可以心算出多少位数的和，即正念没有一个客观、一目了然、可以测量的结果。

要确定正念是不是一种技能，可以观察在学习正念时活跃的大脑区域。正念训练激活的是那些会被技能学习和程序记忆激活的区域，还是那些会被其他类型的学习激活的区域，如情景记忆和语义记忆？

多项研究一致得出的答案是，正念训练会激活多个大脑区域和网络，包括在程序记忆中活跃的区域和网络，比如基底神经节和小脑。[9] 程序记忆网络并不是唯一涉及的大脑网络，这很好地提醒我们，记忆系统几乎从来都不是孤立地起作用的，而是与其他记忆系统和其他大脑功能（如注意力、感觉处理、情感、推理和判断）同时起作用的。

如何增强程序记忆技能

既然你已经了解程序记忆是如何工作的，提高你使用程序记忆的能力就非常简单了：

- 从一开始就努力学会如何使用正确的方法，以免为需要改正坏习惯而烦恼。
    - 与其自学弹吉他或打网球，不如去上培训课。
- 一旦知道该做什么，就要练习、练习、再练习。只要练习方法得当，所有的技能都会随之提高。
- 利用反馈来提高练习的质量和效果。
    - 无论是请老师听你的单簧管演奏，还是用秒表测算你的100米短跑用时，反馈都是必不可少的，它可以确保你在练习中所做的任何改变都能让你进一步接近你的目标。
- 无论是学什么技能，都要坚持向老师或教练学习，以取得最佳效果。
- 间歇性练习，优化线下学习。
    - 如果每周总共练习7个小时，那么最好是每天练习1个小时，而不是一天练习7个小时。
- 尽量减少干扰，避免在同一天练习另一种类似的技能，因为这可能会干扰你想学的技能。
    - 换句话说，如果你决定学习林迪舞，就不要在当天晚些时候学习另一种舞蹈。
- 练习时，先从简单的任务开始，然后逐步增加难度。
    - 先做一些基本的滑冰和单跳练习，再练习两周半接后外点冰三周跳的组合动作。
- 练习要有变化，以便在各种条件下充分发挥自己的水平。
    - 为了提高你的投篮命中率，在三分线上的不同位置练习投篮。
- 最后，坚持练习、练习、再练习。这一点非常重要，我们在下文还会反复提及。

第 3 章

工作记忆：把每件事记在心上

你的朋友们派你去果汁冰沙吧为大家点饮品。一个朋友喊道："我要古怪西葫芦。"另一个朋友说："我要爪哇之旅。"你在心中默默地重复着这些名称："一份古怪西葫芦，一份爪哇之旅。"朋友们还在继续点单，你把他们点的饮品在心中默默重复。名单已经很长了，你不断地默念："古怪西葫芦，爪哇之旅，纯菠萝，神奇芽草，甜美香蕉，抹茶杧果，巧克力块。"

终于要轮到你了，但就在这时，有人插到你前面下单了。你既惊讶又生气，过了一会儿，你才意识到柜台后面的服务员让插队的人去排队，现在正在等着你下单。你走上前说："谢谢。我要一份古怪西葫芦，一份爪哇之旅，还有……"你已经记不起其他5份饮品是什么了。

你是否经历过这样的事情？你可以通过默念来记住一堆东西，但是一旦被打断，就再也想不起来了。如果有过这样的经历，那么你对工作记忆的强大和脆弱已经有了一定的体会。

存储和处理意识信息

工作记忆是保持和处理你有意识地思考信息的能力。工作记忆不仅能让你记住别人告诉你的饮料名称、电话号码和指示说明等信息,还能让你通过处理和使用这些信息来实现你的目标。

例如,要在两件毛衣中选一件购买,你既需要记住相关的关键信息,还需要比较它们的特点,以便做出最佳决定。你的工作记忆可以记住两件衣服的特点(一件是100%羊毛的,看起来很蓬松,保暖效果应该很好;另一件是混合材质的,最新款式,可能需要搭配一件夹克),帮助你进行比较。

这种为了实现你的目标而临时存储信息、处理信息的能力是相当强大的。换句话说,你可以让工作记忆为你工作!然而,与长时记忆不同的是,工作记忆记住的信息需要有意识地予以关注。如果注意力被打断(就像上文的例子一样),信息就会丢失。

现在,你已经对工作记忆及其作用有了一个基本的了解,接下来我们再来了解更多,请记住以下问题:信息如何进入工作记忆?你能存储多少信息?如何保留信息?如何处理信息?信息如何从工作记忆流入长时记忆以及反向流动?哪些大脑结构会参与这些过程?哪些疾病会破坏工作记忆?最后,有什么办法可以提高你的工作记忆能力?

信息转移

进入感觉记忆

我们在第1章简略地说过,感觉记忆是指对你的感觉的记忆,包括会对你的意识产生影响的短暂视觉、听觉、嗅觉、味觉和触觉。

我们举一个例子。

吃苹果时，你首先体验到的是嘴唇紧贴苹果皮时的滑腻感，然后是牙齿咬苹果时施加的压力。随着牙齿咬开果肉，果汁涌入口中，苹果的甜、酸和微涩的味道在你的意识中闪过。然后，你会意识到舌头上苹果果肉的质地，也许还能分辨出中间夹杂的苹果皮。你嚼了一分钟，咽了下去。当苹果进入你的胃时，你会有一种满足感。

在那一瞬间，你可以完美地记住每一种感觉。除此以外，你还能记得当你在朋友的果盘里看到这个苹果时，你的眼睛捕捉到的红色光泽以及苹果顶部那几小块绿色；当你拿起它时，你的手感受到了它的坚硬；在咬的时候，耳朵听到了令人满意的咯吱声。然而，这些感觉记忆在几秒钟内就会消失，除非你决定认真思考这些感官体验。如果你真的思考了，那么这些记忆就会被转移到工作记忆中。

从长时记忆中提取信息

现在，这些感觉存储到了你的工作记忆中，其中任何一个都可能起到提示作用，让你找到一个或多个长时记忆并提取到你的意识中，也就是说，提取到你的工作记忆中。例如，除了你刚才吃的这个苹果给你的感受，你还可以把你吃的其他苹果留给你的记忆提取到工作记忆中，以便将它们的味道与这个苹果的味道进行比较。你首先比较的是旭苹果，但它的皮和果肉比你刚吃的这个苹果软。或许是红蛇果？不对，红蛇果比你这个苹果甜。也许是金冠苹果吧？质地差不多，但颜色完全不对。最后，你想起了马空苹果，它的颜色、味道和质地与你刚吃的这个苹果一模一样。

所以，将记忆信息放进工作记忆的另一个方法是从长时记忆中提取信息。事实上，每当你提取并有意识地思考一个事实（你孙女的生日是4月15日）或一个事件（上周是她的两岁生日派对）的记忆时，就会把它带到你的工作记忆中。一旦它进入你的工作记忆，你就可以仔细考虑它的各个方面（当你抱起她时，你感觉她很轻），并将这些信息用于某个目的（她可能穿2T码的衣服，给她买衣服就要选择这个尺码的），或者只是享受和重新体验事件带给你的感受（她的笑容让你的心都化了）。

神奇的数字 7 和 4

你知道为什么电话号码是7位数（不包括区号）吗？这不是偶然的，而是源于哈佛大学心理学家乔治·米勒在1956年发表的文章《神奇的数字7，加2或减2》中提到的一项广为人知的研究。[1] 米勒发现，大多数年轻人的工作记忆都能保证记住大约7位数字，不过有些人只能记住5位数字，而有些人则能记住9位数字。

几十年后，密苏里大学的纳尔逊·考恩和其他研究人员证明，工作记忆之所以能够记住7位数字，是因为大多数人会自动把数字两个两个"分成"一个组块，而我们通常一次可以记住三四个组块。[2] 但是你可以训练自己记住更多的信息。如果你知道212是纽约市的区号，就可以把它作为一条信息或者一个信息组块来记忆。事实上，两名研究人员通过训练，成功地让一个人记住了80位数字，方法是把这些数分割成他熟悉的数字——比赛时间，因为这个人是一名跑步运动员。[3] 我们将在第8章进一步讨论信息组块。

语音回路和视觉空间模板

1974年，来自英国约克大学的两位心理学家艾伦·巴德利（Alan Baddeley）和格雷厄姆·希契（Graham Hitch）提出了一个模型,其中包括一个在工作记忆中保存言语和视觉信息的独立系统。他们认为,言语信息是通过默念信息(他们称之为语音回路)来保存的。(想一想本章开头的果汁饮料的例子。)而视觉信息则是通过视觉空间模板来保持的。(比如沿着心中所想的路线前进,或者想象前门把手的位置。)这一模型及其独立系统目前仍在使用,只不过做了一些小小的改动。[4]

之所以语音回路和视觉空间模板被认为是独立的工作记忆存储能力,其中一个原因是它们各自可以记录大约三四个信息组块。所以,你可以同时在大脑中思考言语信息组块和非言语图像组块。但是请注意,如果你在心中默想着给图像贴上标签(这幅抽象画看起来像城市风景,那幅抽象画看起来像长颈鹿),你的言语工作记忆能力就会受到影响。

工作记忆存储在哪里?

左脑还是右脑?

这个包含独立语音和视觉工作记忆系统的模型之所以有用,还有另外一个原因,那就是:它能映射这些记忆存储在大脑中的实际位置。你可能知道,你的左脑专门处理言语信息,右脑专门处理图像和其他非言语信息。所以,使用语音回路、在心中默念购物清单的活动主要是在你的左脑中进行的,而在大脑中浏览地图、寻找去姑妈家最佳路线的活动主要是在你的右脑中完成的。

如果你习惯用左手呢?这些偏侧化规则仍然适用吗?研究证明,只有7%的左利手人群表现出相反的优势(右脑主导言语信息,左脑主导视觉信息),但是有22%的左利手人群和12%的右利手人群没有表现出很强的大脑半球优势(左右脑中的言语和视觉信息大致持平)。[5]

虽然大多数人都有这些偏侧化差异,但是左右脑在言语和视觉工作记忆上的差异并不明显,实际上在大多数时候,它们都要为这些记忆做出自己的贡献。例如,默想时,词语本身来自你的左脑,但使用的语调来自你的右脑。查看大脑中的地图时,虽然你的右脑关注的是地图的全部内容,但你的左脑也在关注地图这个右脑信息,并在不断重复地标或街道的名字。

在左右半脑的哪个位置?

好的,现在我们知道言语工作记忆主要存储于左脑,而视觉工作记忆主要存储于右脑。但是,左脑和右脑都很大,几乎各占大脑的1/2,那么问题来了:工作记忆中的信息到底存储在大脑半球的哪个位置?

大脑半球由4个脑叶组成。研究表明,在你感知或做某事时活跃的脑叶,在你想象感知或想象做某事时也会活跃起来。所以,在心中默默地重复果汁饮料名单,就和大声说出这些信息一样,都会使左半脑的语言区域活跃起来。更具体地说,额叶中负责说的一个特殊区域(称为布罗卡区)在无声地说出这些词,而大脑中负责听的区域(位于大脑后部、耳朵上方的颞叶中)会"听到"这些无声的词。同样,如果你沿着脑海中的地图去你姑妈家,大脑最后面的枕叶区域就会活跃起来,就像你真的在看地图一样。

工作记忆的其他模式

现在,你已对如何利用语音回路和视觉空间模板记住言语和视觉信息有了进一步的了解,接下来你可能还想知道工作记忆的其他模式。难道作曲家没有记住音符、乐句和旋律吗?难道调香师没有想象并重新组合各种香味吗？难道美食大厨没有在心里考虑将新的食材以特定方式组合会有怎样的味道吗？我们认为工作记忆也可能遵循这样的模式，并且它们存储在大脑感知这些声音、气味和味道的区域。事实上，我们甚至可以认为，当运动员回顾他们击球或蛙泳的动作并在心中对这些动作进行修改时，也会形成一种"运动工作记忆"。

中央执行系统：选择、评估和处理信息

我们在上文解释了信息如何进入并存储在工作记忆中，接下来我们将解释你如何处理工作记忆中的信息，以促进推理、判断、解决问题和制订计划。

就像一个企业需要首席执行官来做出重要决定、带领公司成功地实现其目标一样，你的工作记忆也需要一个中央执行系统。中央执行系统决定将哪些信息放入工作记忆，如何评估这些信息，何时处理这些信息，以及引导大脑（和身体）的其他部位进行何种运动或活动（参见图3-1）。

自上而下与自下而上

你的中央执行系统为你工作，帮助你实现目标。如果你的目标是赢得一盘国际象棋，那么你的中央执行系统会帮助你将注意力集中在棋盘上，减少你对环境中其他事物的感知，为你计划下一步棋创造条件。中央执行系统可以在大脑中走动棋子，使你可以通过使用和操纵视觉空间模板上的棋盘信息来尝试不同的走法。值得注意的是，此时你的注意力高度集中，你甚至听不到身边昆虫发出的嗡嗡声和邻桌的说话声。

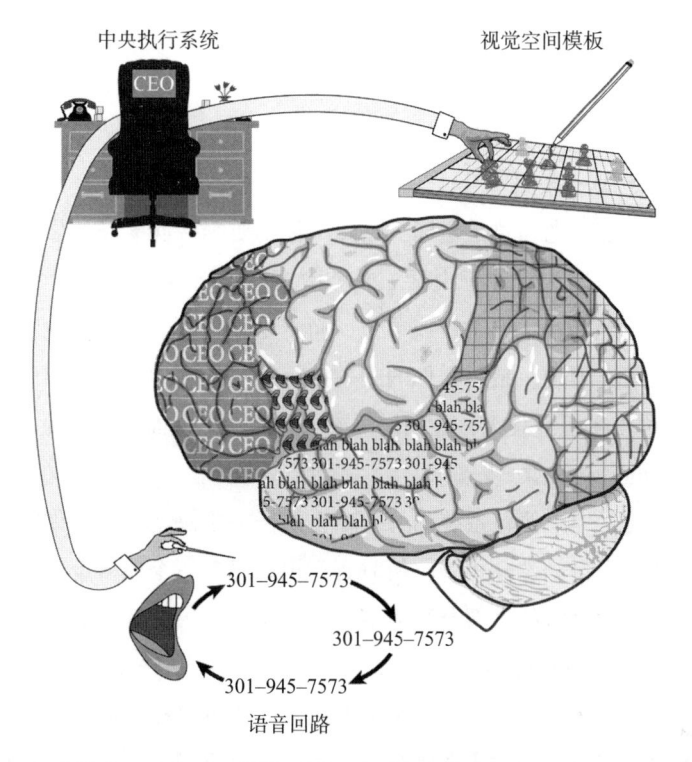

图 3-1　在艾伦·巴德利和格雷厄姆·希契提出的模型中，前额叶皮质是工作记忆的中央执行系统（"CEO"模式），负责协调顶叶和枕叶中的视觉空间模板（网格模式），以及额叶和颞叶中的语音回路（张着嘴、不断重复"301-945-7573"的模式）

但有些时候，比如在下棋的过程中，你也希望这种状态被打断。某些重要的外部刺激可能需要你加以注意，比如厨房里的烟味和冒出的火光。也有可能是一个更微妙但重要的内部信号，它告诉你，你必须在三分钟之内离开原地去洗手间，否则会发生令人尴尬的事。

就这样，你的中央执行系统以自上而下的方式，将注意力和其他处理资源导向你的明确目标（比如赢得一盘国际象棋）。与此同时，它还会过滤那些由视觉、听觉、嗅觉或其他感觉产生的自下而上的过程，决定哪些应该进入意识，并打断你的注意力，因为这些过程可能需要你采取行动。

不要老走同一条路

俗话说，老马总是走同一条路。你不要当一匹老马。你是否曾经在开车时因为专注于说话（或心中想着什么事），结果开到了你经常去的地方，比如学校或单位，而不是你打算去的目的地？之所以发生这类问题，是因为你的中央执行系统将你的有意识的注意力（有时称为受控过程）分配到说话或思想活动上，而把驾驶的行动留给了你的自动注意力。

因此，中央执行系统的另一项重要任务是决定何时让你的思想和行动进入自动驾驶模式，何时有意识地思考一个或多个步骤。事实上，我们每天的大部分行为都是无意识的。一个常见的例子就是你每天早上的常规活动。起床、上厕所、刷牙、洗澡、擦干身体、梳头、穿衣、上车，甚至开车去上班，这些过程相对而言都是自动发生的，有意识的输入非常少。你可能会有意识地停下来，根据当天要参加的会议，考虑穿哪件衣服，但你马上就会回到自动驾驶模式，把手臂伸进衣袖，扣上衬衫的扣子，系上鞋带。

中央执行系统的其他活动

你的中央执行系统还会积极参与你所从事的几乎每一项有目的的、深思熟虑的、有意识的活动。下面再举一些例子：

- 心算。
- 在看到一条不认识但看起来很友好的狗时，抑制想去抚摸它的冲动。

- 在拥挤的公园里寻找你要见的朋友。
- 同时与配偶和孩子交谈并在他们之间来回切换，因为他们都吵吵嚷嚷的，希望引起你的注意。
- 出门办事时，记住你要办的事情。
- 出门办事时规划最优路线。
- 制定有助于你实现目标的策略，并在策略不再有效时做出修正。
- 确定实现更大目标所需要完成的每一个步骤。

可以看出，你的中央执行系统使你能够完成各种需要意识思考的复杂活动，包括制订短期和长期计划，以及其他目标导向的行为。

一心多用

没有人同时做两件事，还可以做得和只专注一件事一样好。任何人都不例外。在我阐明这个事实后，你可能已经注意到，有些事情你经常可以同时做（而且做得相当好），而有些事情根本不能同时进行。通过本章到目前为止介绍的信息，你已经可以理解为什么会这样，还知道哪些类型的活动能一起进行，哪些不能。

记住我们讨论过的三点：

1. 有些过程可以自动发生，不需要你持续不断有意识地关注它们。正如我们在第2章讨论的那样，这些自动过程通常使用程序记忆（通常被称为习惯、惯例或技能）。

2. 当你需要做一些与平常不同的事情时，你需要工作记忆系统中的中央执行系统有意识地中断、取代这些自动过程。

3. 你有两个主要的工作记忆存储系统，一个是处理言语信息的语音回路，另一个是处理视觉信息的视觉空间模板。

一心多用时会发生什么？

假设你正开车前往公园，准备与朋友见面，而所行驶的路线是你平日前往单位的路线。要到达这个公园，你需要提前驶离主干道。你看着眼前的道路，心里想着 10 英里①后你需要向右转弯。接下来，让我们考虑三种情景。

- 情景 1：当你开车时，看着道路和地标，你会默默地想："我要记得向右拐。"你在合适的地点减速并转弯，几分钟后到达公园。
- 情景 2：你开着车时手机响了，你一边盯着道路，一边按下操控台上的接听键。电话是你的女儿打来的，她兴奋地告诉你她今天获得了一个意想不到的奖。在她解释这个奖项以及她获奖的原因时，你把车停在单位的停车场，直到这时你才意识到你在那个路口没有转到前往公园的方向。
- 情景 3：你正开着车，这时你的手机响了。在你的女儿简单地告诉你她获得了一个意想不到的奖之后，她找你要爷爷的电话号码，以便给爷爷打电话。你一边盯着路，一边努力回想号码。你想起放在厨房里的那个小电话本。你在脑海中回顾起那一页。他的电话号码就在右下角，前几个数是 978……砰！你撞上了前面的车。（幸运的是，没有人受伤。）

---

① 1 英里 ≈ 1.6 千米。——编者注

好了，让我们考虑一下每种情景下会发生什么。在情景1中，你利用言语工作记忆（你的语音回路）帮助自己集中注意力，所以你的中央执行系统能够关闭自动驾驶模式，改变你平时的驾驶程序，转到了前往公园的正确道路。在情景2中，你的言语工作记忆被转移到了你和女儿的谈话上（你的有意识注意力也随之发生了转移）。你不可能一边默想着一件事，一边又和别人交谈。此外，你的中央执行系统考虑的是在对话中要说什么，而不是你正在行驶的路线。由于这两个原因，你一直处于自动驾驶模式，因此错过了转弯，最终开到了你的单位。在情景3中，你的言语和视觉工作记忆都被转移到了谈话上，这大大增加了你的中央执行系统工作的难度，因为它要努力地在言语信息和视觉存储信息之间来回切换。此外，你的自动视觉过程也受到了影响，因为你无法在利用工作记忆回忆视觉形象的同时看清前方的东西。你的大脑的视觉系统正忙于从厨房电话簿中找回图像并将其放入视觉空间模板中，无法正确地感知你前面的汽车（解读它的速度、判断它的位置等），所以你没有及时减速。

关于一心多用的重要建议

第一，当你试图同时专注两件事时，相对于一次只专注一件事，你对每件事的注意力都会有所下降。第二，虽然你在每件事情上的注意力会下降，但如果其中一件是无意识的，另一件是有意识的，而且是另外一种形式（例如，一个是言语形式，另一个是视觉形式），因此会使用大脑的不同区域，那么你仍然可以同时做这两件事。第三，如果你试图同时完成的两项任务需要使用同一个大脑系统，那么你肯定会遇到很大的困难。也就是说，如果你试图同时完成两项言语任务或两项视觉任务，那么你肯定会受到影响。

工作记忆和其他记忆系统之间的相互作用

工作记忆很少单独起作用。在本章的开头我们解释过，找回情景记忆（构成你生活中的事件的记忆，比如关于你孙女的两岁生日派对的记忆），就是把这个情景记忆放入有意识的工作记忆中。与之类似，当你试图确定你吃的是什么品种的苹果时，你的中央执行系统会按照苹果品种（旭苹果、红蛇果、金冠苹果）逐一调取存储在你的语义记忆中的知识，直到你找到正确的答案（马空苹果）。我们还讨论了中央执行系统的另一项重要工作——决定什么时候让程序记忆掌管的活动（比如穿衣或开车）自动进行，什么时候有意识地中断自动过程并进行引导（穿一件最好的西装去参加今天的面试；记住是去公园，不是去上班）。

通向长时记忆的通道

你的工作记忆也是通向长时情景记忆和语义记忆的通道。大多数最终被情景记忆和语义记忆存储的信息最初都被保存在脑海中，并被你的工作记忆有意识地关注。这个特点可能在学习某些东西时最为明显，比如背阿拉伯语词汇。正是因为你有意识地去接触工作记忆中的那些材料，才导致其最终存储在语义记忆中。

正如我们将在本书第二部分中讨论的那样，对于情景记忆，尽管你能记住某个事件（记住这件事并不是你的目的），你也必须有意识地在工作记忆中关注它，才能让它进入你的事件记忆库。你是否有过这样的乘车经历：尽管你一直睁着眼睛看向窗外，但是你根本想不起来在刚刚过去的5分钟里你看到了什么。通常，这是因为你在用你的工作记忆做白日梦，想着其他事情。因为你在工作记忆中有意识地关注你的白日梦，所以你的白日梦可以进入外显记忆。事实上，你可能一辈子都能记住那个白日梦。但是，你永远也无法回忆起车外的风景，因为它没有进入你的工作记忆。

搜索你的长时记忆

你的工作记忆（特别是你的中央执行系统）还可以帮助你在长时情景记忆和语义记忆中寻找信息。例如，如果你试图回忆最近去的那家餐馆，你的中央执行系统就有可能从你最近吃的那顿饭开始，由近及远，查询你吃过的每一顿饭，找到你在餐馆吃过的那一顿饭。你的中央执行系统也有可能考虑你喜欢去的所有餐馆，然后确定你最近去的是哪一家。它还有可能使用地理策略，考虑离家最近的那些餐馆，然后逐步向外扩展，直到确定你最近吃过的是哪一家。

简而言之，中央执行系统负责在工作记忆和长时记忆之间来回传递信息，将几个不同的记忆系统连接在一起。我们用第三人称来谈论中央执行系统，是不是很荒诞？当然应该用第二人称，但我们想说的是，现在你知道实际上是你身体的哪个部分在工作了，那就是你的中央执行系统。这就引出了我们的下一个问题：这个聪明的中央执行系统到底在大脑中的哪个位置？

前额叶皮质

越来越多的人都认为，中央执行系统及其卓越的能力，包括计划、预见、决策、判断和相关行为，都位于前额叶皮质，也就是额叶的最前端。它与大脑的其他部分连接紧密，因此具有"命令和控制"功能。前额叶皮质约占人脑的33%，而只占猫脑的4%，这也许可以解释为什么人类的目标导向活动比猫更普遍。此外，额叶本身在活动的抽象性或"大局"这个方面也呈现出梯度，抽象的活动在额叶前端，具体的活动在额叶后端。[6]

举个例子，假设你想在夏至那天去美国境内最先照到太阳光的地方看日出。这个非常抽象的目标是由前额叶皮质的最前端控制的。为了达到这个目标，你需要爬上1 748英尺高的火星山顶峰，它位于缅因州的新不伦瑞克，靠近加拿大边境。而不那么抽象的目标位于你的前额叶皮质稍微靠后一点儿的位置。为了实现爬山的目标，你需要沿着面前的小径往上走，这是一个相当具体的目标，因此在前额叶皮质的后部。请注意，这并不是你这段旅程中的三个不同的步骤或阶段，而是三种把你当时的目标概念化的方式。当我们写这些内容的时候，我们很自然地想到了另一个例子：我们要写这本书是一个相当抽象的目标，其中包括若干具体的目标——写这一章、这一章的这一小节、这一段和这句话。（写下具体的词语、输入特定的字母、移动手指按下键盘，也发生在额叶，但它们非常具体，因此位置更靠后，在前额叶皮质的后面。）

这种从抽象到具体的梯度很重要，在不同年龄儿童的教学中有所体现，因为随着年龄增长，他们的额叶逐渐成熟，大脑的其他部分的连接也逐步紧密。[6,7]例如，你可以让一个14岁的孩子"做一个三明治"，如果他喜欢花生酱和果冻，他就会准备面包、花生酱、果冻、盘子和刀，还有可能拿出餐巾，然后自己做三明治。如果是一个6岁的孩子，你可能需要说："准备面包、花生酱和果冻。现在拿出盘子、刀和餐巾。把两片面包放在盘子里，在一片面包的一侧涂上花生酱，在另一片面包的一侧涂上果冻，然后把两片面包放到一起。"

什么因素会减弱工作记忆？

损害工作记忆的脑部疾病

既然你已经知道工作记忆的中央执行系统在前额叶皮质（额叶前部，位于额头后面），那么当你知道任何破坏额叶或其与大脑其他部分连接的脑部疾病都会破坏工作记忆时，你就不会感到吃惊了。

包括脑卒中、肿瘤、多发性硬化和头部创伤在内的脑部疾病都有可能损害额叶的一个或多个区域。另外，一些神经系统疾病对额叶的影响更广泛，包括脑瘫和痴呆（如行为变异性额颞叶痴呆、血管性痴呆和正常压力脑积水）。大多数患有这些影响额叶的脑部疾病的人要么表现出工作记忆能力下降，要么表现出评估和处理信息的能力受损。精神疾病也会影响工作记忆，包括抑郁症、注意缺陷多动障碍和精神病性障碍（如精神分裂症）。我们将在第13章和第14章简要讨论所有这些疾病。

焦虑和压力

焦虑和压力之所以干扰工作记忆，至少有两个原因。第一，当你焦虑或有压力时，你可能会不停地思考和专注于让你焦虑或感受到压力的事情。如果你的语音回路一直在重复"我肯定做不好这个演示"或者诸如此类的话，那么你利用言语工作记忆来记住演示内容的能力就会受损。如果你在心中一直不停地想着"我的发型太糟糕了，所有人都在盯着我看"，你就很难集中注意力，听不到人们对你说的话。同样，如果你的整个视觉空间模板上都是期末考试卷上大大的红色"不及格"的可怕图像，你就很难记住你在笔记上列出的正确答案的要点。

压力干扰工作记忆的第二个原因是身体会发生变化。你的血液中会释放一些激素，例如，会引发"或战或逃"反应的肾上腺素。这种反应迫使你注意环境中可能会构成威胁的事情，即使这些事情与你当时试图完成的任务完全无关。由于害怕忘记独白，你的工作记忆能力可能会被恐惧占用，而这实际上会阻碍你记住台词。

增强工作记忆的方法

在回顾了工作记忆及其功能之后，现在你可以更好地引导中央执行系统集中注意力，记住信息，并利用这些信息来实现你的目标。

- 集中注意力。
  - 注意力是工作记忆的基础，如果你想增强工作记忆，没有什么比集中注意力更重要的了。
- 不要一心多用。
  - 在努力记忆信息时，关掉手机、电视和其他让你分心的东西。
- 把注意力集中在你的感觉上。
  - 如果你想记住当前的视觉、听觉、嗅觉和触觉感受，就从专注于你的感觉开始，并把它们记在心里。
- 在需要的时候对信息进行组合归类，以便记住所有信息——特别是当信息包含三四个甚至更多部分时。
  - 无论是言语信息还是视觉信息，如果把它们加以组合归类，就能记住更多的信息，比如把购物清单上的物品分成水果、蔬菜和肉类等类别。参阅第8章，以进一步了解信息的整合。
- 放松，不要焦虑。

- 如果你感到焦虑或有压力,就很难记住信息。如果你有焦虑的倾向,考虑使用正念冥想或深呼吸来帮助你恢复平静和放松。这样,你就能专注于你想做的事情,而不是你焦虑的事情。
- 喝一杯咖啡(或茶)。
  - 不要焦虑,也不要过于松弛。当你试图记住信息时,应保持清醒、专注,而不是昏昏欲睡。有时一杯咖啡或茶可以让你头脑清醒,更好地集中注意力。
- 通过正念练习提高你的主动专注力。
  - 练习正念冥想可以提高你有意识地关注你想要做的事情的能力。详见第21章。

第 4 章

情景记忆：时光倒流

> 一名有记忆困难的 75 岁老人在女儿的陪同下来看病。老人认为他的记忆问题是正常衰老导致的，但他的女儿非常担心。尽管他是一位非常棒的祖父，通常能记住他的孙辈们，知道他们的基本情况，但他却不记得上个月刚出生的那个孙子。女儿还注意到，在过去的两三年里，老人经常开车迷路，并且会一遍又一遍地对同样的人讲同样的故事。事实上，他总是谈论中学时代的故事。对于年代久远的事情他总是记得很清楚，这让他的女儿感到十分困惑。在介绍完病史后，她问我们的第一个问题是："他怎么会对 60 年前发生的事情记得那么清楚，却不记得昨天或上个月发生的事情呢？"

里博定律

到底是怎么回事呢？病人的女儿敏锐地提出了这个问题。早在100多年前，法国心理学家泰奥迪勒–阿尔芒·里博（Théodule-Armand Ribot）就提出过同样的问题。正如他在1882年出版的《记忆疾病》一书中所讨论的那样，里博意识到记忆丧失通常遵循一种规律（现在被称为里博定律）。[1]

里博发现，从颅脑损伤开始——无论是外伤、痴呆还是其他原因，病人会有如下表现：

- 形成新记忆的能力受损。
- 回忆近期记忆的能力受损。
- 回忆远期记忆的能力不受影响。

我们将在本章中讨论情景记忆的几个有趣的方面，解释里博定律只是其中一个目标。

私人时间机器

你可以把情景记忆想象成你的私人时间机器。情景记忆可以让你脑海里的时光倒流，回到以前的事件或片段，比如你的初吻或昨天吃晚餐的地方。当你使用情景记忆时，你经常可以看到之前发生的场景，感受到让你脉搏加速的情绪，生动地体验你的其他感官，就好像你又回到了当时，冷眼旁观当时的场景。事实上，正是记忆中这种身临其境的主观体验帮助我们对情景记忆进行了定义。但是在了解如何找回记忆并回到过去之前，我们首先需要对情景记忆是如何建立的稍做了解。

编码情景记忆

在描述一个事件进入我们的记忆时，经常会用到编码这个词。它表示事件正被转换成代码。你的感觉记忆最初可能会记录下你看到的影像、听到的声音、品尝到的味道、思考的想法和对生活中某件事的情绪，但为了记住这些信息，在这之后你还要像第3章描述的那样，利用工作记忆来注意这些细节。每一种感觉、想法和情绪都发生在特定的大脑区域。例如，视觉主要发生在大脑后部的枕叶。用词语思考时涉及的脑回路包括额叶的一部分（它会无声地说出词语）以及颞叶的上部（它会"听到"这些无声的词语）。一旦进入工作记忆，构成这段经历的神经活动模式就会从负责感知、思考和感觉的大脑区域传递到颞叶内部的一个特殊结构。

大脑里的海马

把手指放在太阳穴上，也就是眼睛后面的头部两侧。现在向后滑动手指，直到碰到耳朵。如果这时候在两根手指之间画一条线，它就会穿过你的颞叶内部，那里有海马，拉丁学名是 *hippocampus*。它的头部、细长的主体部分和弯曲的尾巴凑在一起看起来有点儿像海马（如果你在解剖实验室待得足够久，就会有这个发现），并因此得名。我们接下来将要讨论，情景记忆就是在海马中形成的。

记忆的存储

当神经活动模式（构成生活事件的影像、声音、味道、思想、情绪等体验的表征）的代码进入海马时，就会发生几个重要变化。

造成的第一个结果是，这些彼此独立的感觉、思想和情感结合在一起，形成了浑然一体的表征。这种结合为整个事件的存储以及之后的回忆创造了条件。第二个结果是，这个结合形成的表征成为一个索引，以后你可以通过它找回并重新激活这段记忆。

我们以你对某天早餐的记忆为例。你穿上毛茸茸的拖鞋，煮着咖啡，然后开始用鸡蛋、切达干酪、胡椒和洋葱给自己做煎蛋卷。尽管有排气扇，厨房里还是很快就充满了从煎锅里飘出来的洋葱的味道。你在晨光中坐下来，一边喝着咖啡，一边开始吃煎蛋卷。与此同时，你瞥了一眼报纸上的头条新闻，得知你最喜欢的一位音乐家去世了。你打开收音机，果然，收音机里正在播放他的歌——《想象》。你听着歌曲，心里充满了悲伤。与这一事件给你带来的感觉、思想和情绪分别相关的神经活动（从枕叶中的头条新闻影像到颞叶上部的歌曲的声音）都被转移到你的海马，在那里它们被结合到一起，形成受海马调控的索引信号，以供以后回忆。

记忆的找回

一周后，你正在煎洋葱，这是你的辣椒食谱的第一步。厨房里充斥着煎洋葱的香味。与这种气味相关的神经活动从鼻子里的神经末梢开始，穿过大脑中处理气味的部位，然后进入海马。与煎洋葱的这种特殊气味相关的神经活动模式恰好与你上周那顿早餐近乎完美匹配。这种模式匹配就像一个信号，促使你找回之前的情景记忆。不仅是气味，还有感觉、想法和情绪的记忆结合形成的表征都被找回了，你在上周做早餐的原始记忆片段中所体验的影像、声音、味道和感觉得到了重现。事实上，当初你经历这件事时，你的大脑中处理感觉的部位正在重新播放记忆中的那些感觉。很快，你的颞叶上半部分就会"听到"《想象》这首歌，你的枕叶就会"看到"报纸上宣布约翰·列侬去世的头条新闻。

记忆的索引

现在，你已经掌握了存储和找回情景记忆的基本知识，下面让我们深入一点儿，进一步了解记忆的结合与索引是如何发生的。假设你连续三天把车停在同一个停车场，你是如何做到每天都能找到你的车的？为什么找到自己的车并不容易？

这个停车场有两层（一楼和二楼）和两个区域（红色区域和蓝色区域）。我们还会用你每天的感受来表示你的情绪，以及其他重要的情境细节——这些细节可能每天都不一样。

- 第一天，你把车停在一楼的红色区域。当你把车停进过道中间左侧的一个停车位时，你面带笑容，因为今天路上的车很少。这个事件的一系列环境因素（一楼，红色区域，心情愉快）导致了一种独特的大脑活动模式，让你创建了一个独特的海马索引。最终，你可以利用索引，轻松地找到你的车。
- 第二天，你把车停在二楼的蓝色区域。当你把车停进过道中间右侧的一个停车位时，你皱着眉头，因为交通堵塞使你开会迟到了。这一系列独特的环境因素（二楼，蓝色区域，心情不好）导致了一种独特的大脑活动模式，同样让你创建了一个独特的海马索引。它能让你轻松地找到自己的车。
- 第三天，你还把车停在二楼的蓝色区域。当你把车停进过道尽头左侧的一个停车位时，你看了看时间，再次皱起了眉头。这个事件的一系列环境因素和昨天很相似（二楼，蓝色区域，心情不好）。我们需要创建一个不一样的海马索引，才会帮助我们记住把车停在二楼蓝色区域过道尽头的左侧车位上这件事，但这是一个棘手的问题。

当高度重叠的环境因素导致高度重叠的大脑活动模式时，就像第二天和第三天一样，就不会形成不一样的海马索引。相反，在第二天和第三天，你只会形成一个海马索引。这个唯一的索引将加强两段记忆的共同点，而在两者不同的方面则含糊不清。所以在第三天，你会很容易记起你把车停在了二楼蓝色区域，但是你很难记起你是把车停在了过道中间的右侧车位上，还是过道尽头的左侧车位上。

除了海马还有……

至此，你对海马如何让我们存储和找回记忆有了一个基本的了解，但大脑中还有其他一些区域也对情景记忆有重要的促进作用。正如我们将看到的，额叶和顶叶对情景记忆功能来说也是必不可少的。

情景记忆中的前额叶皮质

你还记得第 3 章中提到的位于前额叶皮质（额头后面）的中央执行系统吗？我们认为它是你的工作记忆系统的首席执行官。前额叶皮质及其中央执行系统对情景记忆系统的正常运行也至关重要，这应该不会让你感到惊讶，因为信息在进入情景记忆之前需要先进入工作记忆。我们将在本书第二部分详细讨论情景记忆，所以在这里，我们简单地列出前额叶皮质在情景记忆中的一些关键作用，以说明它的重要地位：

- 选择你想要记住的目标信息。
- 引导注意力，使信息进入工作记忆，然后进入情景记忆。
- 帮助你记住信息的情境因素。
- 帮助你记住你是按什么顺序获悉这些信息的。
- 选择你希望找回的目标信息。
- 引导搜索，从情景记忆中找回信息。
- 制定策略，帮助你检索信息。
- 帮助你评估找回的信息是否准确、适用。

与工作记忆类似，左侧前额叶皮质和左侧海马更多地参与言语信息的存储和找回，而右侧前额叶皮质和右侧海马则更多地参与视觉和其他非言语信息的存储和找回（参见图4–1）。

有意识的回忆

你是否曾经在记忆中搜索信息，当它终于出现时，你在心中暗想："是的！这就是我在寻找的信息"？事实证明，这种有意识的生动回忆发生在大脑顶部的后部，即顶叶。[2] 也许正是出于这个原因，使用磁共振成像（MRI）扫描技术对记忆的研究表明，每次记忆被找回时，顶叶几乎都处于激活状态。

情景记忆障碍

只要想一想海马、额叶和顶叶在情景记忆中所起的作用，应该就能理解许多脑部疾病对记忆的影响。海马受损或被移除的人，如第1章中说到的亨利，将难以形成新的记忆和找回近期记忆，但（根

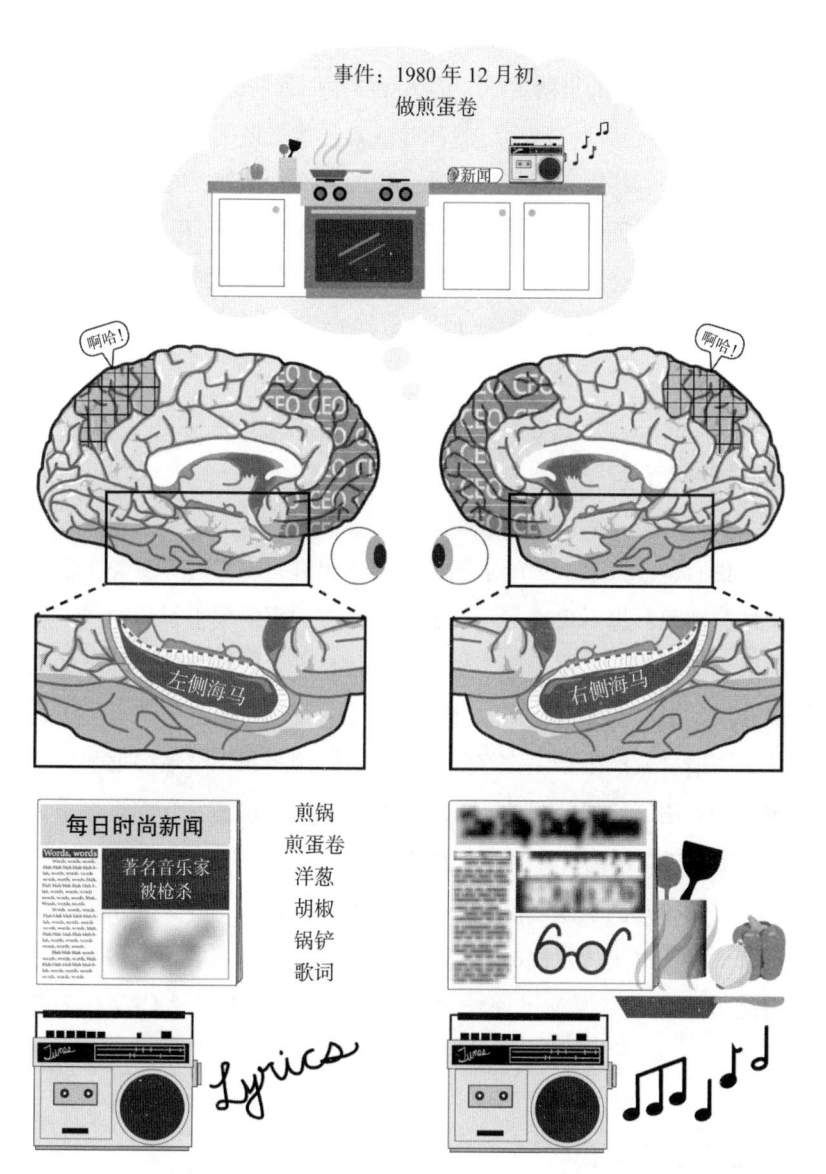

图 4-1 左右脑协同形成对单一事件的记忆：左脑负责言语信息，右脑负责图像和其他非言语信息。图中的眼睛表示大脑前部的位置，靠近额叶（"CEO"模式）。当你有意识地找回一段记忆时，顶叶会产生"啊哈"时刻（网格模式）。方框中显示的是颞叶深处海马的剖面图

第 4 章 情景记忆：时光倒流

据本章开头讨论的里博定律）仍然能够找回远期记忆。因颅脑损伤、多发性硬化或其他疾病而导致额叶或其连接受损的人，将难以记住记忆的情境、顺序和细节。顶叶受损的人经常抱怨，与颅脑损伤前相比，他们找回的记忆再也没有那么"栩栩如生"了。研究表明，阿尔茨海默病会损害所有这些大脑区域，这是它导致毁灭性记忆障碍的原因之一。我们将在第13章和第14章详细讨论诸如此类的情景记忆障碍。

进一步的了解

我们是否激起了你的求知欲？想不想进一步了解更多关于情景记忆的知识？想不想进一步了解为什么有的事情你很容易记住，有的事情却根本记不住？想不想知道让信息进入记忆并保存起来的更多办法？想不想知道找回远期记忆的更多策略？想不想知道关于为什么会遗忘或产生错误记忆的更多解释？想不想了解更多增强情景记忆的方法，比如关联信息和控制你的记忆和遗忘？我们将在本书第二部分详细讨论所有这些以及其他类似的问题，接着往下读吧。

但是在我们继续之前，还是先看看我们在本章开头介绍的那位病人，以及对里博定律的解释吧。我们把这部分内容留到最后，因为这个研究领域发展迅速，对于正确答案到底是什么还存在一些争议。

终生难忘的记忆

让我们考虑一下如何长时间保留记忆。你会终生记得你在听到约翰·列侬死讯时吃的那顿早餐吗？如果能，你又是如何做到的呢？

标记那段记忆

要做到终生不忘,首先你的大脑要意识到你生命中的这件事的重要性,所以它的记忆值得保存。也许这件事能引发你的强烈情绪,对你很重要,或者在其他方面很特别。这样的记忆会被你的大脑"贴上标签",放进长时记忆库。例如,情绪事件会让你的身体释放肾上腺素和相关激素,帮助你将这段记忆"标记"为你应该保留的记忆。我们将在本书第二部分详细讨论标记重要记忆的过程。

巩固过程

标记的记忆通过巩固过程转变为长时记忆。当巩固发生时,与记忆片段的影像、声音、气味、味道、思想和情绪相关的大脑区域就会加强彼此之间的联系。回到我们举的早餐的例子中。那段记忆被巩固后,留在你的枕叶中的头条新闻的影像、留在你的颞叶中的歌曲《想象》的声音,以及这段记忆的其他组成部分(例如洋葱的气味)所对应的大脑活动就会联系在一起。

虽然我们对巩固过程不甚了解,但我们知道睡眠对它非常重要(参见第 20 章)。尽管巩固可以在你清醒的时候发生(尤其是当你休息的时候),但直接将记忆的不同组成部分联系在一起主要发生在睡眠时。巩固可能在事件发生后不久就会开始,但这一过程会持续数月甚至数年。

是真实的回忆,还是故事?

所以,巩固会加强记忆之间的联系……但找回这些记忆时是否还需要海马呢?是,也不是。大多数研究人员认为,为了在重温一段记忆时产生"时间旅行"这种主观感受,巩固后的记忆必须继续保留与海马的联系。³ 如果记忆在巩固后失去与海马的联系，就会变成你记得发生在你身上的一个"故事"，而不是对实际事件的逼真再现。你可能会回忆起在你生活中发生的这件事的大致轮廓和很多事实，但这与找回记忆并重温那件事不太一样。

你是否还记得童年发生的一些事情，而且你每次对这些事情的回忆都基本相同？当说起那个故事的时候，你是否不再觉得自己仿佛又回到了过去？你是否无法从孩子的角度看世界，也想不起来故事中不常见的其他影像、声音或气味，而且即使你努力尝试，也无法做到呢？虽然没有权威的检验手段，但如果你对所有这些问题的回答都是"是"，那么你的某个童年记忆可能已经随着时间的推移，与海马失去了联系。

对里博定律的解释

本章学到的知识将帮助你理解里博定律的基本原理，你也将知道如何回答本章开头那个病人的女儿提出的问题了：他怎么会对60年前发生的事情记得那么清楚，却不记得昨天或上个月发生的事情呢？现在我们知道，当海马因头部创伤、阿尔茨海默病或其他疾病而受损时，会产生一系列后果：

- 海马结合和索引受损会损害新记忆的形成。
- 任何完全依赖于海马的近期记忆将很难或不可能找回。
- 一些经巩固后不同部分直接联系在一起的较老记忆可能在一定程度上摆脱了海马，因此仍有可能找回。但这些较老记忆更像是一个记忆中的故事，而不是对真实情景的自我回忆。

* * *

现在,你已经掌握了如何获取、存储和找回情景记忆(对构成生活的那些事件的记忆)的基本知识。我们还将在本书第二部分继续探讨自传式事件记忆。但接下来我们将转向如何获取、保留和找回关于周围世界的信息,正是这类记忆充分利用了巩固的作用。

增强情景记忆的方法

- 关注你的感觉、想法和情绪。
    - 把注意力集中在你正在体验的影像、声音、气味、味道、想法和感情上,这将帮助你形成持久的记忆。
- 如果你想清楚地记住两个相似事件,就要特别关注两者的不同之处。
    - 要清楚地记住两个相似事件,就要特别注意不同的人、小狗或停车位的不同特征。
- 要长久记忆一个事件,必须在事后回顾这件事。
    - 为了让外出就餐留在记忆中,就应在回家的路上想想当天晚上发生的每一件事:出发前你照镜子的样子,你开门时听到的声音,其他人的穿着,饭菜的味道,一起就餐的那些人的面孔,以及你们讨论的话题。

第 5 章

语义记忆：建立并找回你的知识库

一位63岁的大学教授因为记忆问题被转到我们医院。尽管她承认自己记不住名字，但她说她的记忆力"相当好"。接着，她开始评论时事，并提到了很多细节内容。在问诊的时候，本书作者安德鲁想："好吧，也许她的记忆还是正常的。"在被问到是否有其他健康问题时，她回答说做过一次手术。她卷起左腿的裤腿，说"这个"已经做过手术了，她膝盖上有一条长长的伤疤。然后，她又卷起右腿的裤腿，说"这个"也需要做手术。她弯曲了一下右膝盖，可以看出她有点儿不舒服。

"你管那个关节叫什么？"安德鲁问。

"哦，我不知道它的专业名称。"她回答说。

"那通常它叫什么？"

她摇摇头说："我不知道。"

"膝盖，对吗？"

"膝盖？"她摇摇头回答，"膝盖是什么？"

"嗯，它就像你的胳膊肘。"安德鲁指着自己的胳膊肘说，"不过是在腿上。"

"胳膊肘,胳膊肘……我知道这个词,但我不知道它是什么意思。"

进一步的询问表明,她已经忘记了许多表示身体部位和不同衣物的词语。

你的知识库 = 你的语义记忆

这位大学教授能记住新闻事件和她上周做的事情,却不记得"膝盖"和"胳膊肘"这两个词的意思,这是怎么回事呢?从某种程度来说,正是因为有这样的人,我们才知道肯定有一个单独的记忆系统用于存储我们对世界的认识,包括事物的名称。

我们称这个系统为语义记忆。"语义"一词指的是事物的意义,事实上,一些有语义记忆障碍的人不仅不记得物品的名称,而且忘记了这些物品的意义和用途。例如,一些患者不仅忘记了"叉子"和"遥控器"这两个词,还忘记了这些物品的意义以及他们会使用这些物品,就好像他们是在一个不使用叉子和遥控器的环境中长大的一样。[1]

语义记忆构成你对世界的认识,它与你记得的特定事件无关——换句话说,与特定的情景记忆无关。例如,你可能记得维多利亚女王和达·芬奇是谁,但不记得第一次知道他们是什么时候,你在哪里,你在做什么。与之类似,你可能知道红、蓝和黄三原色,还知道把蓝和黄混合起来,就会得到绿色,但你不知道你是如何知道这些信息的。当然,你知道如何使用叉子、螺丝刀、吸管和遥控器,但你可能不记得你是如何学会使用它们的。

获取新事实：建立语义记忆

建立新的语义记忆本质上和学习新的事实是一样的。有时，这意味着从教科书中获取信息，比如谁参与了 1812 年战争，或者法语单词 l'amour 是什么意思。有时，它来自你的经验，比如你握着一只鹦鹉一动不动，它可能会非常温顺地待在那儿，或者如果你在新电影开映前 10 分钟到达电影院，可能就会发现电影票已经售罄。这些例子表明，你需要使用情景记忆来有效地将信息转化为语义记忆。所以，获取新的语义信息通常和获取新的情景信息的过程是一样的。

例如，在记住一个法语动词变位的几天或几周之内，你可以准确地回忆起当时你坐在教室里的位置，老师在黑板上书写那些单词的情境，以及她是如何发音的。你还可以回忆起那是 9 月初的一天，阳光从敞开的窗户射进来，你有点儿出汗。就这样，你通过形成新的情景记忆学会了这个动词。但在接下来的 9 个月里，你会继续在课本上学习这个动词，在视频中听它的发音，并在和同学的对话中用到这个词。到了 5 月，你已经学习这个动词几百次了。你熟练掌握了它的用法，但已不记得你最初在课堂上记住这个动词的过程，也不再记得你在其他课上学习这个动词的细节。这些信息已经从与特定事件相关的信息转变为与你生活中的任何特定情境都无关的信息——它现在已成为你的语义记忆的一部分。

从情景记忆到语义记忆的转变

要让记忆从生活中的一个事件转变为知识库的一部分（换句话说，从依赖海马的情景记忆转变为语义记忆），你的大脑中通常会发生两个变化。

巩固

我们在第 4 章中讨论过将生活中的事件转化为知识的这个巩固过程。例如，你第一次听到"光剑"这个词可能是在看《星球大战》电影的时候。在看完这部电影后不久，你甚至可以回忆起某个场景——也许是欧比旺把光剑交给卢克的那一幕。你还记得它闪烁着蓝色的亮光，以及它在开启、关闭和挥舞时发出的独特声音。随着时间的推移，这段记忆在你睡觉时得到了巩固，"光剑"这个词（与你掌握的词汇一起，存储在你的颞叶外侧和下部）与其图像（与其他图像一起，存储在你的枕叶中）、声音（与其他声音一起，存储在你的颞叶的上部）联系在了一起。

在记忆被巩固后，再次接触到光剑这个词、它的图像或声音时，它的其他属性就会立即出现在你的脑海中，但你应该已经失去了那个能让你穿越时空，回到当初在电影院里看电影的那个时刻，这是属于你个人的记忆。注意，这并不一定意味着你会忘记那个场景，只是你再也不会有那种身临其境的逼真感受了。

失去对事实记忆的情景印象是一件坏事吗？一点儿也不。假设你在帮朋友组装一件家具，她说："把螺丝刀递给我"。你不需要重新体验你以前每次使用螺丝刀的经历，而只需要知道它的样子，就可以从地板上的那堆工具中找到它，然后递给朋友。

了解要点

语义记忆发生的另一个变化是，它们会变得一般化，因此你能分辨出各种不同外观的智能手机、汽车模型、开罐器、郁金香和老虎，即使有的外观你以前从未见过。事实上，当海马和脑叶结合在一起时，它们非常擅长从一组物品中提取出笼统的概念、想法或要点，并将这些要点存储起来以便日后找回。例如，因为你玩过水皮球,你就知道它们的主要特点:充满空气,很轻,直径至少有一两英尺,通常颜色鲜艳,漂浮在水中。但在你的眼中,棒球的主要特点就大不相同了:它很小,可以拿在手里,又硬又结实,相对于它的体积来说很重,会沉入水中。就像情景记忆的特定特征一样,你对水皮球和棒球的主要体验也被不断巩固。

这种在语义记忆中提取和保留事物主要特点的能力非常强大,而且十分有用。如果你看到的东西看起来像家猫,但是有条纹,体形大约是家猫的100倍,那么即使你没见过真正的老虎,你也知道这个东西很危险,应该远远躲开。你的朋友从美容院回来时,你不会说"你是谁"(尽管你以前从未见过她的新发型),而是说"发型真漂亮"。

不断更新

最后那个例子(你能认出换了新发型的朋友)揭示了语义记忆的另一个重要特征:它能根据最新的表征不断更新事物的属性。换句话说,虽然你可能出生在20世纪70年代,你对汽车的概念是通过福特平托轿车和庞蒂亚克火鸟车建立的,但在过去的50年里,你对汽车的概念得到了不断更新,所以如果今天有人说到"汽车",你更有可能想到特斯拉或丰田普锐斯。

情景和语义定义下的人

我们对个人的印象通常带有情景性和语义性的成分。如果你想到你的家庭成员,你可能会回到过去一些非常具体的情景记忆,在你的脑海中重温和他们相处的经历。同样,你对你的每个家庭成员也都有一个语义记忆概念,它与任何特定的事件都无关。这个语义概念包括家庭成员的一些属性，比如他们的身高、头发的颜色、常穿的衣服以及喜欢吃的东西。还包括他们的相貌、说话的声音，甚至言谈举止。

例如，当你的配偶、孩子或朋友从雪道上滑下来时，你或许可以通过滑雪动作认出他们——如果你坐缆车上坡时想看到他们，这个能力就很有用。因为人的语义成分会不断更新，所以我们可以理解为什么父母通常察觉不到孩子的成长——他们身高的语义属性每天都在更新。但是当你的玛吉姑妈来做客时，她就会注意到，因为她已经一年没有见到孩子们了，她对孩子们的语义印象已经过时一年了。（事实上，玛吉姑妈的语义印象可能已经过时一年多了，因为她的语义印象是许多先前经历的平均值，包括孩子们更小的时候。）

检索语义知识

当你试图找回语义信息时，它有时很容易就会出现在你的脑海中。在这种情况下，通常会发生这样一些变化：来自周围环境的信号（也许是德语词汇测验中"Bahnhof"这个词的视觉形象）激活了与词义相关，并通过巩固过程联系在一起的属性，例如德语单词"Zug"（火车）和英语单词"station"（车站），因此你可以轻松地在考卷上写下"火车站"。

但是有的时候，你所寻找的信息不会自动出现在脑海中。你确信自己知道那个人的名字、那个单词、那个数学公式或那个生物过程，但是你的大脑一片空白。在这种情况下，大脑的中央执行系统需要使用一种策略来找到丢失的信息（有关中央执行系统的更多信息，可以参阅第3章）。例如，你可以想一想与你寻找的信息有关的其他属性。比如，你看到了朋友的脸，但这个视觉形象并没有自动显示出她的名字。但你可以想一想她的职业、孩子、家乡、爱吃的食物，以及你能回忆起的关于她的其他信息。很可能这些信息中的某一条会与她的名字联系在一起，帮助你找回这个记忆。我们将在第 9 章（本书第二部分）和第 22~25 章（本书第五部分）讨论其他记忆找回策略。

词语存储在大脑的哪个位置？

你已经知道了什么是语义记忆以及它是如何工作的，下面你可能还想知道它存储在大脑的哪个位置。1996 年，在艾奥瓦大学任职的神经学家汉娜·达马西奥和安东尼奥·达马西奥夫妇将临床工作与神经科学研究相结合，发表了两项相关研究。他们发现，能否从记忆中找回表示特定物品的词语取决于左侧颞叶，包括它位于左眼后面的尖端（通常被称为"颞极"）以及它向后脑枕叶延伸的下侧和外侧部分。

在第一个实验中，他们研究了 100 多名左侧颞叶外侧脑卒中的人。他们发现颞极脑卒中的患者说人名最困难。脑卒中位置稍靠后的人，也就是脑卒中发生在耳朵附近颞叶中部的患者，在说动物名字时困难最大。而脑卒中位置在耳后颞叶部分的人在说工具和其他人造物体的名称时最困难。

在第二个实验中，他们利用正电子发射断层显像测量健康的年轻人在说出人、动物或工具的名字时的大脑活动。他们发现，说人名时，颞极最活跃；说工具名称时，颞叶后部最活跃；说动物名称时，颞叶中部最活跃。

这些实验（以及其他人类和动物研究）表明，你的词汇主要存储在你的左侧颞叶，而且颞叶的不同部分还会做出一定程度的分工，分别记忆不同类型的词语。

其他属性存储在大脑的哪个位置？

你学过的词语存储在左侧颞叶的外部，那么埃及艳后克利奥帕特拉的形象、贝多芬《第五交响曲》开头的旋律，或者一小块橙子的味道和质地存储在哪个位置呢？我们和大多数研究人员都认为，你的这些知识有一部分存储在这些视觉、听觉、味觉和触觉的形成位置的附近。因此，你的视觉形象存储在你的枕叶（使视觉成为可能的大脑区域），你对声音的记忆存储在你的颞叶的顶部（使听觉成为可能的大脑区域），你对触觉的记忆存储在你的顶叶（使触觉成为可能的大脑区域），等等。正如我们在前文中举的光剑这个例子，如果某个语义记忆有多个模式（例如橙子的颜色、味道和质地），这些不同属性在大脑中的表征将彼此联系，并与存储在你的颞叶中的"橙子"这个词联系起来，当你闭上眼睛，感受橙子平整而粗糙的表面时，它被语义记忆存储的名称、颜色和味道就会立刻闪现在你的脑海中。

正常衰老和语义记忆

许多老年人记不住人名和其他专有名词，这种情况十分常见，以至于人们认为这是正常衰老的一部分。老年人为什么记不住名字呢？虽然不完全确定，也有几种相互竞争的理论，但这可能是由于额叶功能障碍（这是正常衰老现象）使他们很难找回这些语义信息。有趣的是，颞极脑萎缩在老年人中也很普遍，同样被认为是"正常现象"。回想一下，我们从达马西奥夫妇那里了解到，找回人名取决于颞极能否发挥正常功能。因此，健康的老年人之所以想不起名字，是因为他们的颞极发生了萎缩，这至少是一个合理的解释。未来的研究可能会告诉我们，颞极脑萎缩和想不起名字是真的有关，还是只是巧合。（你可能会问，为什么颞极会随着正常衰老而萎缩呢？有一种观点认为，这可能是直立行走带来的副作用。）

语义记忆障碍

既然你知道了语义记忆在大脑中的存储位置，那么损伤颞叶外部的疾病会损害语义记忆应该就不会让你感到惊讶了。阿尔茨海默病是破坏语义记忆的最常见疾病。这就解释了为什么阿尔茨海默病的患者（除了难以用情景记忆记住最近发生的事情之外）会有找词上的困难。事实上，这是这种疾病引起的一个非常普遍的问题，也正是出于这个原因，患者的家庭成员会养成在患者找词时插话的习惯。

会破坏语义记忆的还有我们在本章开头提及的那位教授遇到的障碍——语义型原发性进行性失语症。这个名称有点儿拗口，意思是这种病发展比较缓慢，主要表现是语言障碍（失语症在希腊语中是"说不出话"的意思），语义记忆受到了损害。就像我们这位教授一样，患者忘记了日常生活中经常接触的人、动物和事物的名称，就好像忘记了母语一样。还有一种相关的疾病叫作语义痴呆。不同的是，前者可能会让患者忘记卡玛拉·哈里斯、鹦鹉和杯子这些词，但如果给他们看照片，他们仍然知道哈里斯是美国第一位女性副总统，鹦鹉是一种会说话的鸟，杯子是用来喝水的。语义痴呆患者则可能不知道卡玛拉·哈里斯是谁，也不知道鹦鹉和杯子是什么，就好像他们是在一个没有这些人、动物和事物的文化中长大的一样。我们将在第 13 章简要讨论这些疾病。

因为还有很多脑部疾病也会影响颞叶，所以语义记忆障碍肯定还有很多其他原因，包括肿瘤、脑卒中和感染（例如脑炎）。我们将在第 14 章讨论这些疾病。

如何提高记忆事实的能力？

正如本章开头所提到的，你会使用情景记忆来记住新的事实。在本书第二部分中，你将进一步了解哪些东西有助于和阻碍长时情景记忆和语义记忆，包括对事实的记忆。第四部分和第五部分只讨论一个主题：如何更好地记忆，包括人名、日期、事实和公式。换句话说，一定要继续读下去！（如果你愿意，也可以直接跳到这些部分。）

下面这些重要建议可以帮助你记住新的语义信息：

- 将你想要记住的内容形成牢固的情景记忆。
    - 因为语义记忆是基于情景记忆获得的信息，所以首先我们必须拥有强大的情景记忆能力。
- 睡个好觉。
    - 放下书本，让大脑在睡眠中巩固记忆，就能更好地记住信息，无论你想记住的是词语、历史日期、数学公式，还是新的编程语言。
- 在不同环境中学习事实。
    - 语义记忆之所以强大，部分原因在于你可以在不同情况下提取和使用这些知识。利用多种方法学习事实，以增加知识的灵活性。用词语作为信号，提示自己去回忆它的定义，再反过来，利用定义作为信号，提示自己去回忆这个词。

第 6 章

集体记忆

你和伴侣沿着乡村小路走到一个旧磨坊前。你说:"我喜欢这些老磨坊,还有那些水车。它们会让我想起我们俩在宾夕法尼亚的磨坊前拍的那张照片,当时我们正计划婚礼。"

"是的。"你的伴侣回答说,"不过,那个磨坊是在新泽西州,不是宾夕法尼亚州,而且那张照片是你第一次见我父母时拍的,而不是我们订婚时拍的。"

你说道:"你说得对。"这时候,这段记忆又回到了你的脑海中,你回忆起和未来的岳父母见面后,你来到磨坊前,支起三脚架,拍下了那张照片。回到家,你看着旧照片,笑容满面。果然你看到磨坊前有一个新泽西州历史名胜的标志。但那是什么?你仔细查看——你清楚地看到你的手上明晃晃地戴着一枚崭新的订婚戒指。

你会自然地认为你的记忆就属于你自己。毕竟,它们是由你的大脑创造的,反映了你的过去,帮助你对自己的未来做出决定。但在我们结束第一部分之前,你不妨尝试一下从一个稍微不同的角度去思考"你的"记忆，想一想它们之所以具有某些效用，是不是因为有人与你分享这些记忆，再想一想和你一起回忆往事的人对这些记忆的影响。

共同记忆的力量

前一章讨论了语义记忆，它们是你一生中积累的事实性知识，有很大一部分是来之不易的知识（是你花时间去阅读、学习和倾听才获得的），从这个意义上说，它绝对是你的。但是再想想，这些知识能发挥作用，在很大程度上是因为它与其他人记忆库中的内容有交集。如果只有你一个人知道"叉子"或"遥控器"的意思，那么这些知识对你来说用处不大。在专业知识领域，拥有其他人不具备的知识是有用的，但是基本知识也必须共享，只有这样，你才能理解手头的问题并有效地运用你的专业知识。

共享"脚手架"

在一生当中，你不仅会获得关于世界的事实，还会学会组织这些知识的方法。想象一间教室。你的脑海中可能会出现一个长方形的房间，老师站在前面，学生们面朝前，安静地坐在成排的桌子旁。这个形象很容易形成，因为你已经为典型教室搭建了一个井然有序的"脚手架"，或者说图式。图式不仅包含空间布局信息，还包含事件进展的信息。想象你第一次去看医生。即使你以前没有去过那里，你的图式也可能包括一些细节，比如先在前台登记，在写字板上填写表格，然后在等候区坐下来，等待别人叫你的名字。根据你的经验，你的图式可能还包括其他细节，比如即使到了预约时间，往往还需继续等待，或者等候区有杂志。

这些图式非常有用。当本书作者伊丽莎白在新学期的第一天走进新教室时，她无须费神去考虑她应该站在哪里。你也不会因为不知道应该通知医生你已经到了，而在医生办公室等上几个小时。

如果没有搭好"脚手架"

在新冠疫情期间，由于我们为周围环境准备的图式是不正确的，甚至没有准备图式，我们都经历了种种不适。你去看病，到了之后才发现等候区已经关闭了。当伊丽莎白走进一间重新布置以保持身体距离的教室时，她想了一会儿才弄清楚自己应该站在哪里。她还必须谨记消毒步骤，而以前的课前准备计划从未包含这些内容。

让自己置身于一个没有准备好图式的环境中可能是一种令人兴奋的积极体验，比如去你从未去过的一个地方旅行，或者学习一门对你来说完全陌生的课程。但伴随兴奋而来的是额外的脑力劳动，因为你无法以尽可能便捷的方式预测接下来会发生什么。在你熟悉的环境中，餐后应该给多少小费，是否应该喝水，应该如何准备考试，可能都是显而易见的事情，但是在新的环境中，这些事情可能都需要你深入思考。如果旅行的头几天让你感到筋疲力尽，或者在开始学习新课程后你怀疑自己的能力，那么请你记住，你付出的努力有一部分是在搭建"脚手架"，它会让下一阶段的旅行或者下一次备考变得更容易。

共享"脚手架"对个人记忆的影响

图式不只是让当下的生活更容易，还决定了你以后能够记住那些场合的哪些内容。与你的图式一致的信息（医生办公室里有杂志）很容易记住，而图式中完全缺失的信息（你是在登记时还是在完成预约后付款的）就很难记住。如果信息与图式不一致（医生在预约时间给你看病了），有时惊喜会让细节更容易记住，但有些时候，你会默认你的图式中的知识，并产生错误的记忆（后来你可能会认为医生像往常一样没能在预约时间给你看病）。

当个体有相似的图式时，相似的内容就会进入他们的记忆，相似（不相似？）的内容会被遗忘。所以，如果你是一个超级英雄迷，你和几十个超级英雄迷一起在电影院看一部超级英雄电影，那么你们对电影的记忆就会有很多重叠。但记忆也会有信息分歧点。如果电影中有一场东京街头汽车追逐戏，那么在东京待过很长时间的影迷对在东京外景拍摄的场景记忆可能会比在摄影棚拍摄的场景记忆更深刻。喜欢汽车的电影观众记忆最深刻的镜头可能是一辆汽车完成的小半径转弯，或者是能突出表现汽车设计空气动力学特征的镜头。如果你对东京或跑车都没有任何图式，你可能对这场汽车追逐戏没什么印象，甚至可能把它从你的电影回忆中摘除掉。

当人们一起记忆事件时，他们还会对过去的事件形成类似的记忆结构。[1] 这意味着一起回忆事件的人群会构建类似的图式，这会导致他们为后来的事件创建更多类似的个人记忆。这也意味着没有出现在这些回忆中的人可能会发展出不同的图式。有时，这些差异在很大程度上可能无关紧要，但有的时候，它们会从根本上影响个人对事件的记忆和解释。

集体记忆和共同叙述

群体成员共享的通常不仅仅是记忆的"脚手架"。你对往事的完整叙述和表征有可能和一小群人相同，也有可能和一大群人相同，从你的家庭成员、室友到你的公司、学校、宗教团体、政党或国家，都有可能。这些记忆可能是你个人记住的事件的表征，也可能是发生在你出生前的事件，但这些事件被反复描述，已经成为你知识储备的一部分。这些共享的事件表征被称为集体记忆，这个名称恰当地表现了它们覆盖群体所有成员并依赖群体成员一起收集信息才能长时间保存的特点。

战争和家庭纷争

大型群体层面的集体记忆通常指的是历史事件的表征，比如对战争或者国家领导人的叙述。心理学家亨利·罗迪格和安德鲁·德索托通过一系列研究表明，尽管这些叙述在一个国家或同一代人之中通常是相同的，但跨越地理或代际边界具有重大差异。例如，大多数人都能讲述第二次世界大战的故事，尽管他们当时还没有出生。如果你是美国人，你可能会认为偷袭珍珠港和诺曼底登陆是关键事件，这是美国人共同叙述的内容之一。但他们的共同叙述可能有很多分歧。许多上了年纪的美国人对轰炸日本持肯定态度（关注点是轰炸终结了战争并挽救了许多人的生命），而大多数美国年轻人则持否定态度（关注点是轰炸造成的死亡和破坏）。俄罗斯人记得许多美国人不知道的事件，比如斯大林格勒战役，他们把这场战争称为卫国战争，而不是第二次世界大战。就像个人一样，国家作为一个整体往往会高估自己在国际合作行动中的贡献，这通常被称为"国家自恋"。无论是同盟国的公民，还是轴心国的公民，在记忆自己国家对战争的贡献时往往都会夸大事实。[2]

这些集体记忆是通过多种途径建立起来的：阅读书籍、学校课程、媒体对事件的报道。但集体记忆的形成并不一定需要正式的记录，类似的事情经常在家庭对话中发生。你的父母和祖父母可能对你曾祖母的亲戚和你婶祖母的亲戚之间发生的矛盾有各自的说法。

这种叙述可能会影响你和你的兄弟姐妹对婶祖母的家族成员的看法，并且，无论你是否意识到这一点，都有可能影响你对他们当前行为的解读与记忆。（她不是真的病了，她只是不想参加家庭聚会。）当然，对于双方之间的裂痕，婶祖母那边的亲戚也有他们自己的说法——不仅与你的说法有重大不同，还有可能影响他们对你的行为的解读和记忆。所以，我们可能会无意识地"站队"，因为我们已经内化了对事件的叙述，尽管我们没有目睹这个事件。无论是在家庭、朋友还是恋爱关系中，要摆脱冲突，我们首先必须认识到，冲突双方往往对往事的叙述持有不同的观念。除非这些叙述得到了承认，而且采取了对应的措施，避免它们影响对当前行为的解读和记忆，否则过去的冲突就会成为当前的包袱。

一起努力打造记忆

当调用记忆时，你可能会关注自己独处的场合，比如参加考试或记忆购物清单，但这些情况往往比较罕见，而不是惯例。你在创建和找回记忆时，身边通常还有其他人。也许你是学习小组的一员，正在和大家一起背单词，准备迎接即将到来的考试。或者你是临床护理团队的一员，正在讨论病人为何转到你们病房。也许你在回忆往事时正在吃晚餐，与伴侣重温蜜月时迸发出的积极情绪让你很享受。或者你正在网上分享一段回忆，上传照片，和朋友谈论一起度过的周末。在每一种情况下，记忆都变成了一种需要协作的冒险活动，这会对记忆的工作方式产生非常有趣的影响。

协作记忆

无论是在教室还是会议室里，我们都经常与他人合作记忆信息。

我们从这些协作环境中获得的支持对于我们的学习能力至关重要。协作学习不仅可以大大提高批判性思维能力，还可以帮助你突破在记忆信息时遇到的阻碍。[3]因此，无论你是一名正在课堂上努力理解学习材料的学生，还是试图理解病人症状的临床护理人员，它都会帮助你更好地与他人合作。

如果你的目标不是理解材料，而是更多、更好地记住这些材料，那么与他人合作并不一定能帮助你实现目标。与他人合作并不一定都对记忆有益，事实上，它还有可能造成一些重大的负面影响。[4]当你与他人合作时，你会将其中一些细节编码并存储到自己的记忆中，而且团队的努力可能会使你更有动力，所以你可以从合作中受益。但合作也有不利的一面。与独自努力相比，合作会让你更难记住信息或从记忆中找回之前学过的细节，这也许与直觉相反。此外，你很难将集体记忆和个人记忆区分开来。在小组学习结束时，你可能会因为知道了大量历史事实而感觉很好，但是开始考试后，你才发现，有些内容只存在于别人的大脑中，而不是你的大脑中。另一个问题是，某个群体成员的错误也会传染给群体中的其他人。所以，如果你是一名需要背单词的学生或者是一个团队的顾问，正在努力记忆你（只有你自己）将要演示的内容，那么一定要确保这样做的利大于弊。

回忆往事

我们经常花时间和别人一起来找回共同记忆，不是因为我们需要完美地重现过去，而是因为回忆往事会产生积极情绪和社会联结感。记忆是一种强大的社交黏合剂，即使你有一段时间没有见过某些人，也能让你感到与他们有联系。回忆往事可以提升你的情绪，不仅是因为这种社会联结，还因为记忆本身是有益的。罗格斯大学的梅甘·斯皮尔、贾米勒·班吉和毛里齐奥·德尔加多发现，回忆积极的往事会激活大脑中的奖赏回路。事实上，积极的记忆大有裨益，因此当他们让参与者在找回积极的记忆和获得一小笔金钱奖励之间做出选择时，参与者都愿意放弃金钱，而选择对过去的积极场合的回忆！[5]

这是我的记忆吗？

有时，你与他人共享的叙述会模糊你对自己过去的记忆和别人与你分享的记忆之间的界限。兄弟姐妹之间，尤其是双胞胎之间，经常出现某件事发生在谁身上这种争执。在一项研究中，研究人员向 20 对双胞胎展示了提示词，要求他们回忆自己过去的一段记忆。有 14 对双胞胎的回忆中至少有一个重叠的记忆。也就是说，他们看到提示词后报告了相同的记忆，并且说事件发生在自己身上，而不是双胞胎中的另一个人身上。[6] 例如，一对 21 岁的双胞胎都记得，在他们 5 岁的时候，他们被表弟从自行车上推了下来。另一对 56 岁的双胞胎都记得自己 13 岁时从拖拉机上摔下来，扭伤了手腕。这些记忆都很生动，而且有趣的是，在实验之前，他们都不知道他们的很多记忆存有争议。一直以来，他们都认为事情发生在自己身上，没有任何理由去怀疑这段记忆。

我们通常会相信亲近的人的记忆，任由他们填补我们自己记忆中的空白。一项研究让夫妻或陌生人分别观看一部短片，然后讨论细节。他们不知道的是，他们看的电影略有不同。当一个人提出一个细节时，另一个人有时会认为确实如此，即使他看的电影中没有这个细节。夫妻对错误细节的接受率要比陌生人高得多。[7] 就像本章开头的故事一样，如果是你亲近的人、你信任的人，你不仅可能会用他们的知识来填补自己记忆中的空白,还有可能会把他们的记忆作为事实,这样你就会把他们的记忆(有时是不正确的)融入你自己的记忆中。从根本上说,你对自己生活的记忆会受到他人记忆的影响。

你的记忆在哪里结束,我们的记忆从哪里开始?

当你继续阅读本书时,我们希望你能把共同记忆铭记于心。从现在开始,我们将回过头来,继续谈论你的记忆,回忆你的过去。但现在你已知道,因为你的记忆存在于他人记忆的背景中,你对过去的再现不仅会受到大脑中的神经活动模式的影响,还会受到塑造这些模式的更广泛的背景和社会叙述的影响,以及其他人与你分享的记忆的影响。

集体记忆的利与弊

- 如果你处在一个不熟悉的领域,没有共同的"脚手架"或图式来指导你,那么你可能需要更长的时间来掌握其中的窍门,才能逐渐适应。
    - 所以,无论你是在旅行、学习一门新课程,还是培养一种新爱好,都要坚持下去,你才会成功。
- 如果你和朋友因为背景、知识和专长不同,对一段共同经历的记忆侧重点有所不同,你无须感到惊讶。
    - 不同的人、不同的家庭、不同的组织和不同的文化,对过去发生的事情的观念和解读往往不同。
- 在工作或学习时一起记忆信息有利有弊。

- 如果你向别人学习如何解决独自学习时可能遭遇的症结和问题，那么你的批判性思维能力往往会提高。
- 但是，如果你需要在考试或演示中独自回忆所有信息，那么采用小组学习或集体准备的方式时需谨慎。虽然整个团队可能知道所有需要知道的内容，但是你个人可能没有记住所有内容，并且你掌握的信息中可能还包含一些不准确的信息。
- 我们建议你小组学习和独自学习两种方法并举，以取得最佳效果。

- 与家人、朋友和同事一起回忆可以提升你的情绪，使你产生一种与人保持联系的感觉，即使你已经很久没有见过他们了。
- 你可能会用你信任的人的记忆来填补自己记忆中的空白。
  - 这通常会使你的记忆更完整、更准确，但有时这也会导致错误和不正确的信息进入你的记忆。

第 二 部 分

建立记忆

第 7 章

情景记忆

你把车开出私人车道,来到主街上。雨刮器正忙得不亦乐乎。你突然想:我关车库门了吗?你知道下雨时你的车库会进水,所以你通常会小心地把门关上。然而,当你搜索你的记忆时,大脑一片空白。你不记得有没有按下关门的按钮,也不记得关门的情景。雨水更加猛烈地打在挡风玻璃上。你叹了口气,掉头回家查看。来到房子附近后,你看到车库的门是关着的。

你可能经常遇到这种情况:你做了一些事,却不记得是否做过,就好像这些行为从未留下记忆一样。读完本书第一部分后,你知道这是创建情景记忆[1,2]时出了问题,因此你无法有意识地想起过去发生的特定事件。让我们来看看为什么会发生这种遗忘,以及如何更好地记住这些场合。

情景记忆需要集中注意力

记忆缺失通常是没有集中注意力造成的。回想一下我们在第3章中关于感觉记忆的讨论，你可能会想起，当你集中注意力时，你会将视觉、听觉和其他感觉信息转移到工作记忆中，使这些信息保持活跃。如果你继续关注进入工作记忆的这些信息，它们就会进入长时情景记忆。这个道理似乎很简单，对吗？只要集中注意力，你就能记住信息。

问题是我们不会注意到环境中的大部分信息。试着想象一美分硬币是什么样子：它的颜色、大小或形状，还有它的具体特征。上面是谁的头像，朝哪个方向？正面和背面写的是什么？写在什么位置？你可能发现你很难想起这些细节，有这种感觉的绝不在少数。即使在一美分比今天使用得更普遍的时代，美国人也很难分辨出假币上的错误图案。[3] 你可能认为你知道一美分硬币长什么样，但除非你是硬币收藏家，否则你通常只注意到它的表面特征。你通常只根据大小和颜色来辨别一美分，没有关注其他细节。这意味着，尽管你经常看到一美分，但你并没有注意到很多细节，所以它们也没有进入你的记忆。

意图引导努力

当你努力记住某件事时，换句话说，当你有意创造一段记忆时，你更有可能把注意力集中在要记住的内容上。在记人名时，你会仔细听他们是怎么发音的。在课堂上，你会专心听老师讲课和复习课本。这种记忆的意图可以帮助你排除干扰，把注意力集中在你想要记住的信息上。

记忆的一个基本原则是，如果我们希望在几周或几个月后还能有意识地调用我们创建的长时记忆，就必须花精力处理形成这段记忆的信息。仅仅注意到信息是不够的。如果我们在看教科书时不花精力彻底理解书中的内容，不仔细思考看到的词语，那么即使我们盯着一页书看很长时间，也不太可能形成持久的记忆。

找出信息的组织性和意义

通常，我们会努力去寻找信息的组织性和意义。
试着记住下面这些词语：

organization, try, information, often, structure, it, memory, to, giving, content, has, remember, when, little, fails

（组织，尝试，信息，经常，条理，它，记忆，为了，给予，内容，有，记住，当，很少，失败）

这15个词语你能记住几个？现在，试着记住这些词语：

To remember information, try giving it organization.
When content has little structure, memory often fails.
（为了记住信息，可以尝试把它们组织起来。
内容没有条理，通常是记不住的。）

这15个词语你能记住几个？
单词还是那15个单词，但是，如果你把它们组织成有意义的句子，而不是随意组合，就有可能记住更多的词语。组织性就是记忆的"脚手架",[4]而学习的意图通常会让你优先考虑把接收到的信息组织起来。如果你参加会议的目的是会后与同事分享你记住的东西,那么你很可能会围绕你想要记录和分享的关键概念组织笔记。如果你坐下来学习的目的是为考试做准备,那么你首先会花点儿时间整理笔记,提醒自己注意哪些重要概念会被考到(希望你是这样做的)。

当然,即使你有学习的意图,也不意味着你肯定能完美地执行你的计划,关注并组织好学习材料。当考试临近时,你可能会跳过组织这个环节,匆匆忙忙地复习笔记,希望能"牢牢记住"一些内容。当然,我们都有过注意力不集中的时候:有时你会发现自己在开会时做白日梦,或者意识到自己没有听见别人做的自我介绍。一旦注意力不集中,记忆就会受损。仅仅有记忆的意图是不够的。只有当这种意图得到注意力和努力的支持,我们才能有效地将内容输入记忆中。

不要一心多用

不管你认为自己多么擅长一心多用,只要你把注意力分散到多个任务上,就会影响记忆的效果。[5]说起来简单易懂,但我们大多数人认为它只适用于其他人,而不适用于自己。关键是,这句话说得没错,适用于我们所有人。

如果你在学习的时候和朋友发信息,你对学习材料的记忆就不会那么深刻。如果你在为演示做准备时,还不时在电脑上预览电子邮件,那么你的准备就不会太充分。如果你的伴侣在和你说话,而你同时还在关注那场重要的比赛,那么你的伴侣说的话你连一半都记不住。

没有意图的记忆

有记忆的意图并不能保证一定会形成记忆，同样，没有记忆的意图也不意味着一定不会形成记忆。你从往事中了解到的那些看似微不足道的细节，或者你积累的流行文化知识，甚至有可能让你惊诧不已。

我们与世界的日常互动有可能在我们不经意间就形成了记忆。当和朋友一起参加节日晚餐或庆祝活动时，你肯定不会专心致志地记住每一个场合，但其间发生的很多事可能会形成持久的记忆。从某种程度上说，这是因为你在这些场合的自然表现正是形成记忆所需要的。你认真倾听一个朋友的故事，不是为了记住故事的内容，而是因为你关心他们生活中正在发生的事情。尽管如此，由于你集中注意力，努力去了解发生在他们身上的事，你很可能会创建出一段持久的记忆。

目标指导记忆的构建

你的关注和投入的精力决定你能记住什么。也就是说，当你处理事件时，你的目标会影响你记住哪些信息。如果你的主要目标不是为了记住内容以备后用，那么无论你当时有什么其他目标，都会影响你记忆的内容。

想象一下，你和同事一起吃早午餐，旁边有一个爵士乐队正在表演。你进公司的时间不长，所以你会专注于餐桌上的人际交往动态，以便深入了解你的同事。你的一位同事之所以选择这家餐厅，是因为她正在考虑聘请这支乐队参与即将到来的办公室活动。由于吃饭时你们的目标不同，你和同事在事后可能会生成不同的记忆：

你可能会记住同事们分享的话题和个人趣闻，而你的那位同事可能对乐队演奏的歌曲和其他人对他们的音乐的反应有更深刻的记忆。

有时你的目标很明确（就像在爵士乐队早午餐这个例子中一样），所以很容易理解为什么你记住了某些特征，而不是其他特征。还有些时候，你的目标不那么明确或固定。例如，在与全家人共进晚餐时，你的目标可能变化不定，有时想回忆往事，有时想将谈话从可能有争议的话题转移开，有时你只是想享用那些食物。你可能会在这些目标之间来回变换，而且很多时候你没有意识到这一点。因此，可能在某些时候——也许是你专心致志地品尝最后一口饼的时候，你对房间里发生的其他事情几乎没有记忆。这也许可以解释为什么其他人都记得玛吉姑妈在吃甜点时讲的笑话，而你却不记得。

记忆的可变性

人们在处理同一件事时的目标或角度会完全不同。这种可变性让人很难预测一个人会记得某件事的哪些方面，这也是为什么两个人经历了同一件事但记住的细节完全不同的原因之一。假设在一起肇事逃逸事故发生时，人行道上有三个目击者，他们都能清楚地看到十字路口发生的一切。所有人处理这起事故的视角和时间都相似，但这并不意味着他们会对事件产生相似的记忆。第一个目击者可能一直在沉思，听到碰撞的声音时，肇事车辆可能已经加速离开了他的视野。第二个目击者在超速行驶的汽车接近十字路口时就已经注意到了，并且意识到事故即将发生。他甚至可能试图记住汽车的型号和车牌。第三个目击者可能完全专注于是否有人受伤，并在计划下一步的行动：我应该打电话报警吗？我的手机在哪里？因此他可能没有注意车辆的细节。了解一个人的有利位置（以及他们有多少时间来处理事情）当然有助于确定他们可能会记住事情的哪些方面，但这不足以预测他们在现实中（比如在法庭上）可能会记起什么。

有时努力对记忆无益

有时候，当你努力记一些东西时，你可能因为急于记住这些信息，并且担心可能不会成功，结果产生了相当严重的焦虑心理。这种焦虑会分散你的注意力，甚至会削弱你的学习能力。如果你以前在同一领域经历过失败（比如在数学上遇到困难），或者记忆某些内容时很吃力（比如你认为自己"不擅长记名字"），这一点就尤为明显。即使只是简单地把一项任务看作"记忆力测试"，有时也会导致更糟糕的表现。在一项实验中，老年人在"记忆力测试"中的表现比在其他任务（实际仍为记忆力测试）中的表现更差。[6] 因此，虽然把记忆信息作为目标通常是有益的，但在某些情况下，你可能需要重新定义目标，才能让你全神贯注地处理信息，还不会产生过多的焦虑。

成功记忆

现在，你可以更好地理解为什么有时候没有形成持久的记忆了。在本章开头的例子中，你的注意力可能集中在雨天驾驶汽车驶出私人车道上，而没有关注按下车库关闭按钮和查看门有没有关好这些动作。因此不难理解为什么过了一会儿，你就不记得是否关门了。你甚至可能会发现自己完全不记得本章开头的那个故事了，原因类似：也许你忽略了部分文字，没有太注意；或者你读了那个故事，但从那时开始再也没有想过它。不付出额外的努力，你就永远不可能把这个故事变成持久的记忆。

现在你已经准备就绪，可以利用这一点和你在本章中学到的其他知识来帮助你增强记忆力了。有意识地努力记忆是一种有效的方法，可以使你的努力与记忆信息这个目标保持一致，但这并不是成功形成记忆的唯一方法。只要你在目标的引导下努力处理信息，你就会成功。这也意味着，调整你的目标，就可以改变你对某一事件的记忆。

为了引导你想要的内容进入记忆，你需要做到以下几点：

- 避免分心，不要一心多用！你需要将你的脑力集中在你希望记住的事情上。注意力分散，记忆力就会受损。
  - 关闭播客和浏览器选项卡。无论你认为自己多么擅长一心多用，如果你把注意力分散到其他内容上，都会影响你对想要学习的信息的摄取。
  - 把手机调成免打扰模式，并置于视线之外。只要你的手机在附近，就会分散你的注意力。即使你从来不看它，监视它是否收到消息和文本也有可能影响你对当前目标的记忆。
- 保持你当下的目标与你的记忆目标一致。你对一件事的记忆将与你如何处理这件事有关。
  - 当求职面试时，你可能想留下一个好印象，而不是记住谈话的细节。但如果你打算给面试你的人写感谢信，你就需要记住这个次要目标，这样你在写每封感谢信时都能提到一些具体的内容。
  - 如果你仔细去品味你的亲人的 5 岁生日派对上的欢乐时刻，那么你很有可能在未来几年里都能记住这种欢乐。要珍惜和他在一起度过的时间，即使你只是和他一起做了一些平凡的事情，比如摆桌子。事实上，你不仅会在当时获得更多的欢乐——如果你的记忆中有许多和他一起度过的时光，你还有可能再次从快乐中获益。

- 如果你的记忆目标让你焦虑，那就重新设定目标。焦虑可能是分心的原因，它会导致你反复思考过去的失败记忆和其他不愉快的想法，而不是接受当前的信息。
  - 例如，当别人自我介绍时，你的思绪可能会飘到上次你没记住别人名字的时候，而不是仔细听他们正在说的名字！
  - 如果你意识到你对记忆信息的焦虑已成为一种阻碍，你可以采用的一个好办法是再想一个使你能够集中注意力的目标。例如，挑战一下自己，为你想记忆的每个名字建立某种联系：她的中间名和我姑姑一样；他的姓名首字母缩写和我最喜欢的作家一样。你不仅要密切注意每个名字，还要努力建立这种联系，它会帮助你记住这些名字。（更多关于人名记忆的内容见第24章。）最重要的是，现在它不再是一个"记忆任务"，而是一个有趣的游戏。你可以尽情创造和重新构建那些让你感到压力的记忆任务。

第 8 章

如何留住记忆

为了向委员会做报告，你工作到凌晨——逐页对照自己制作的演示小册子，反复演练要说的话，记住涉及的事实和数据。当你的头终于靠在枕头上时，你觉得这次演示效果肯定很好，尽管你没有太多的时间去补觉。几个小时后，你来到会议室。演讲的开头很顺利。然后，你让大家翻到第 3 页。你盯着图表，却不记得为什么你会展示这些信息。你为什么决定展示这些图表呢？你打算说什么来着？

你有没有经历过这种情况：你花了很多时间准备，自信地认为你已把所有信息记在脑中，但是在关键时刻，你却记不起自己要说什么了？在这一章中，我们将研究为什么保存记忆中的信息时会发生错误。

记忆周期

为了理解这些错误，我们首先需要了解你是如何将当前经历的影像、声音、气味、思想和感觉转换成将来能够拾起的记忆的。

长时情景记忆分三个阶段。第一个阶段是要形成记忆，你的大脑需要获取当前存在的信息——你被告知的名字或你如何表述演示的内容，并将这些信息转换成一种可以存储在大脑中的格式。正如我们在第 4 章中提到的，这是一种编码过程——将事件转换为"神经代码"。我们可以把编码想象成用积木搭建一个结构从而对当前场合建模的过程。听起来不错，但如果没有进一步的行动把这些积木黏在一起，这个结构就会崩溃，神经代码就会丢失。长时记忆的"长"需要你的大脑积极地工作来记住那些内容。因此，记忆的第二个阶段是存储。第三个阶段是找回——你利用积木再次搭建那个结构，以便再次获取先前场景的部分内容（更多细节参见第 9 章）。

你可能认为找回是记忆的终点，但它同时也是记忆的起点。其实找回记忆就是把过去某个场合带回到现在。虽然事件发生在过去，但你对该事件的回忆发生在现在，因此，回忆可以重新启动记忆周期。换句话说，每次找回都是一次重新编码那段记忆的机会。因此，当你找回记忆并利用积木再次搭建记忆结构时，你所做的"设计"决策（修饰结构的哪些部分，减少哪些部分，以及完全删除哪些部分）会影响对信息重新编码并导入记忆的过程（参见图 8–1）。正如我们将在第 12 章中看到的，这种周期性的重新编码过程有可能导致记忆发生微妙的变化，甚至会彻底改变记忆，而且可能是永久性地改变。

记忆周期中发生的失败

记忆失败可能是由周期中任何一个阶段的中断导致的。例如，你无法构建你的体验并把它变成可以存储的表征（编码失败）。或者

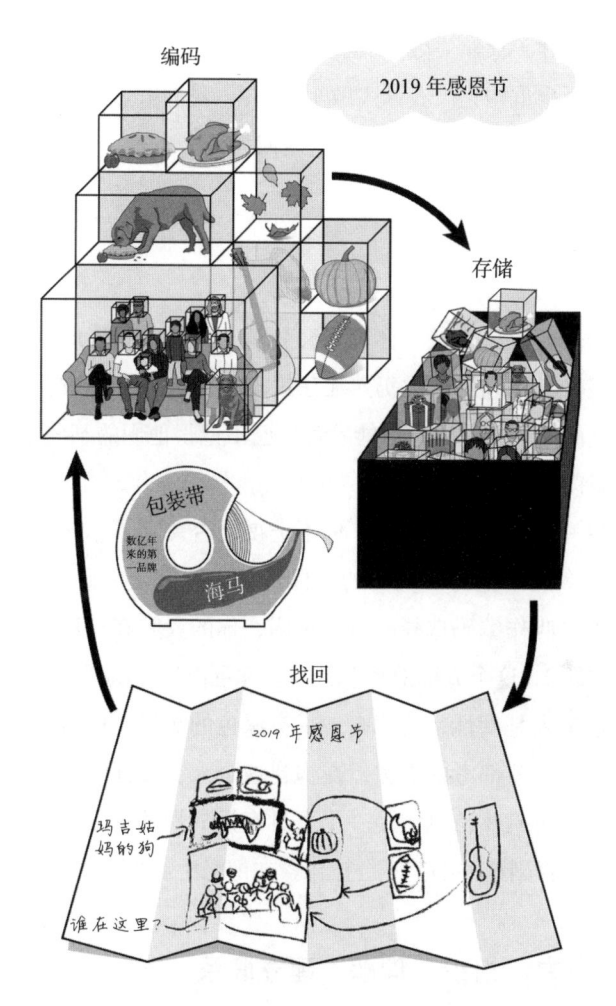

图 8-1 进行中的记忆周期。在对事件进行编码的过程中,这段经历的不同部分被组装成一个连贯的记忆结构,其中海马起到了包装带的作用。然后,这些部分被存储起来,海马保留了关于组合方式的设计蓝图。在找回时,通过设计图重构记忆结构,而海马再次起到包装带的作用,将各个部分结合到一起

第 8 章　如何留住记忆

你可以构建体验，但结构不完整，而结构完整性是实现长期保留信息的必需条件（存储失败）。或者，你可能存储了信息，但在需要它的时候却很难重构它（找回失败）。现在，我们重点讨论编码失败和存储失败，我们将在第9章中讨论找回失败。

编码失败

编码失败比比皆是。你可能会一遍又一遍地阅读课本上的某些句子，但目光移开后，你仍然无法说出具体内容。在被要求描述你刚刚看到的某个人时，你可能发现你已不记得他们的某些主要特征：他们戴眼镜吗？他们的头发有多长？

回想一下前一章的例子：你不记得是否关上了车库门，或者我们中有很多人不记得一美分的具体特征。这就是编码失败的例子，或者也可以叫作编码选择。研究表明，你的大脑在获取要点（一般信息或主题）[1]这个方面效率非常高。你可以快速编码这些信息：你看到的这个人是女性，比你高，一头深色的头发。但对你的大脑来说，把所有细节都考虑进去，在构建这个人的表征时包含眼镜形状或头发长度等具体信息，是一个更具有挑战性的过程。除非付出大量的努力，否则这些细节不会被包含在记忆中。

集中注意力、组织、理解、建立联系

为了避免编码失败和减少遗忘，可以尝试以下4个办法：集中注意力、组织、理解、建立联系。

第一，集中注意力。把注意力集中在你正在努力记忆的信息上，这会让你的脑力用在处理信息上。如第7章所述，避免分心，以便将注意力集中在要记住的内容上。

第二，组织。组织信息可以有效减少编码过程对心智的要求。有时，这些差异在很大程度上是无关紧要的，但有些时候，它们会从根本上影响个人对事件的记忆和解读。想象一下，如果你把一个电话号码作为10个数字来记忆：5-0-5-2-1-4-1-0-3-1，那么你需要记住10个事物——对大多数人来说难度过大。正如我们在第3章中提到的，我们可以把它们分成更熟悉的组块，505-214-1031，这样就能降低难度。这个任务要简单一些，但也需要花大量时间反复演练，而且你仍有可能犯一些错误，例如颠倒一些数字的顺序。接下来，把这几组数字想象成日期（5月5日，2月14日，10月31日）。现在你只需要记住三个信息组块，即三个日期就可以了。相当于，你不再需要用10块积木（每块积木就是一个数字）来构建一段记忆，而是用3个组块来构建相同的记忆，因为你把一些小的积木结合到了一起，这会导致整个结构更容易编码。在一个电话号码中找到有助于记忆的模式可能需要一些时间和创造力，但即使需要付出这些努力，也会使你更有可能将这个电话号码编码到你的记忆中，而且不会出错。

第三，理解。了解你要记住的信息的意义。理解信息并不等同于花时间重复信息。无论你在生物教科书上读过多少次三羧酸循环，如果不努力理解这个概念的含义，你都不可能把它编码到记忆中。

第四，建立联系。将信息与你已知的信息或对你重要的事情联系起来。我们通过与已有知识建立联系来获取新知识。如果不具备基础知识，学习新知识就更加困难。想一想，在没有掌握加减法的情况下学习长除法会怎么样？学习开始时就已经掌握的知识会为你提供一个"脚手架"，可以让你在学习新信息时付出更少的努力。例如，在记住身体的主要骨骼后，再去记忆让骨骼运动的肌肉，然后记忆肌肉中的动脉，就会容易得多。

有时，你已掌握的概念或事件与你正在努力记忆的新信息之间的联系可能会迅速地浮现在你的脑海中。在电话号码那个例子中，你可能注意到 5 月 5 日是五月五日节，2 月 14 日是情人节，10 月 31 日是万圣节前夜。与现有知识的这些联系将使这些信息更容易编码到记忆中，就像你事先已经把积木黏到了一起似的。有时你可能需要付出更多努力去寻找这种联系，但是你付出的努力越多，就越有可能将内容编码到记忆中。

将新信息与我们的先验知识联系起来的一个好处是它可以帮助我们组织新信息并赋予其意义。国际象棋专家可以快速记住棋子在棋盘上的位置，部分原因是每种棋子的位置都有意义（皇后受到威胁，三步后就会被将死），部分原因是他们可以把棋盘分成更小的单元，这样他们就不需要单独记住每个棋子。[2] 当新手看棋盘时，他们只看到独立的棋子，无法利用已有知识找出规律，也无法把棋子结合在一起。（同样，当棋子随机分布在棋盘上时，国际象棋专家在记棋子位置这个方面就不会表现出优势了。）

编码了，但还是忘了

有时候，你显然对一段记忆进行了编码，但仅仅几个小时后，记忆就好像消失了。当你学习结束，合上课本后，你可以自信地概述三羧酸循环的含义。但几个小时后，你惊恐地发现，你竟然无法给出多项选择题的答案。这种记忆错误，就像我们在本章开头讨论的那个记忆错误一样，都属于存储失败。虽然记忆被编码并短暂留存，但内容没有保留下来。

20 世纪初，德国科学家赫尔曼·艾宾浩斯（Hermann

Ebbinghaus）发现并系统研究了记忆的一些原理，遗忘是他最早研究的内容之一。最近了解的信息遵循一条可预测的"遗忘曲线"，很多信息在了解后很快就会丢失。[3] 事实上，大量遗忘是一种常态。想想你今天做的每一件你能轻松回忆起来的事情——早餐吃了什么，用哪个杯子喝的咖啡，在哪里找到这本书的，以及你什么时候拿起它继续读下去的。明天你能记得多少细节？再过一个星期呢？下个月呢？很有可能在几天后，你就只记得很少的细节了。显然，这些细节都被编码了——你现在可以记住它们，但你不太可能长久地存储它们。记忆通常是短暂的，[4] 只有少数记忆会发生转变，从事件发生后短时间内可以回想起来变成几天、几周或几个月后可以回想起来。

随着时间的推移，存储在记忆中的内容也会发生变化。在事件发生后的几分钟或几个小时内，你可能还能记住一些细节。和你的表兄打完电话后不久，你可能记得他说话的语气、讨论的话题范围，还有你们俩用过的很多具体表达。然而，几天后，虽然你可能还记得打过这个电话，但你不太可能记得大部分细节。随着时间的推移，我们的记忆从存储事件的细节转变为存储事件的要点——它的大致轮廓或它对我们的意义。这就是为什么随着时间的流逝，我们的记忆会变得不那么生动。[5]

让存储顺利进行

事件发生后，大脑中会产生额外的变化，以确保事件的神经代码保持不变。存储不会自动发生；一些主动过程会防止我们忘记重要的信息。其中一些变化发生在我们经历事情后不久，导致脑细胞之间的连接强度发生持久变化。另一些变化则需要更长的时间，会导致大脑区域的大片网络发生普遍变化。

其中一些主动存储过程在我们睡觉时效果最佳。没错儿，在你睡觉的时候，大脑实际上并没有"休息"，而是非常活跃（我们将在第 20 章中继续讨论这一点）。睡眠时大脑的活动与你清醒并积极处理周围世界时的活动完全不同。当没有周围世界的输入时，你的大脑可以进行一些重要的工作：整理清醒时接触到的信息，保留重要的记忆，以便将来可以使用。有时，就像本章开头的例子一样，睡眠过少会导致存储失败，因为它会使大脑无法获得将事件的神经代码稳定下来并将其变为持久记忆时所需的神经生物环境。

优先考虑正确的内容

大脑如何知道哪些记忆应该保留？换句话说，是什么让一段记忆变得非常重要，应该被记住的呢？大脑用来判断一件事重要与否的许多线索都是在最初经历事件的时候出现的。好消息是，你可以通过很多方法引导大脑决定哪些记忆应该优先保留。

情绪内容

你的大脑依赖于身体对所经历事件的反应，并把这些反应作为判断某事对你是否重要的线索之一。当你的孩子打电话告诉你他订婚了的时候，你的心是否为之一颤？当你上台演示时，你是否感到手心出汗？当你对情绪或压力事件做出这些反应时，身体系统有可能将正在进行的事件标记为重要事件。[6] 情绪和压力的存在是为了排除其他干扰，帮助我们专注于当前环境中需要我们关注的部分。之后，我们的大脑往往会优先存储那些标记过的事件。

通常，即使这些信息可能本质上没有情感，你也可以深入思考如果这些信息发生在你身上，你对这些信息的情感反应会是什么，从而赋予信息情感。在阅读一场历史战争或政治运动的具体过程时，想想如果你身临其境，炮弹正呼啸而来，你会有哪些情绪。

独特内容

令人惊讶或非常独特的内容（在某个方面与其他信息迥然不同）也有可能被优先存储，即使它不会引起身体反应。[7] 有时，这种独特性可以被认为是内容的一种属性。脏话因其意义和相对禁忌的特点（至少在上流社会）而在概念上具有独特性。教科书使用粗体和下划线等格式使信息在感知上具有独特性——你更有可能记住书页上特别醒目的内容。有时候，独特性取决于环境。通常，蛇具有独特性，但如果你在动物园的爬行动物馆看到蛇，就不会觉得它独特了。

为了帮助记忆，你可以设法让原本普通的信息更有特色。用荧光笔标注文本是一种获得感知独特性的方法，与被动地阅读材料相比，它可以帮助我们更好地记忆。但是，这个方法要适可而止——如果你标注了整个页面，它就不突出了。说话时加大音量也可以突出一些内容。同样，如果你说所有内容时声音都很大，就不会有什么效果。但是如果你想记住一些重要的概念，或者你想确保在演示时能想起某些重要信息，说出来可以帮助你记住它们，并保留在你的记忆之中。[8] 所以，当你阅读这本书时，也许你会受到启发，用荧光笔标出或者读出你希望在读完这本书后记住的词句或有趣观点。（如果你特别想深入学习材料，可以阅读第 23 章，那里讲述了比荧光笔标记更有效的学习方法。）

调动感官参与

另一种让信息脱颖而出的方法是将其与你的感官联系起来。让信息具有音乐性：编写一首短歌来帮助你记住信息，或者注意某人名字中的音节韵律。构建心理表征：想象一个人的名字用霓虹灯字母写出来会是什么样子。不要试图通过一遍又一遍地重复来记住你的车停在了3H区，而是想象一个标牌，然后在上面写一个巨大的字母H，并注意你是用3笔写出这个字母的。或者想象3只恶臭的鬣狗（Hyena）坐在你的车里。你赋予记忆的感官维度越多，就越有可能创造出持久的记忆痕迹。

对你是否重要

你的记忆与你的自我概念有着重要的联系——毕竟，你的记忆是关于过去发生在你身上的事情，因此，与你自己相关的信息更有可能被记住。如果我们想象不出一个信息与我们的生活有什么交集，要记住这个信息往往就会非常吃力。

也许你正在努力记住一些历史事件，但是你不明白为什么要知道这些信息。在这种情况下，你要设法让这些信息与你密切相关。例如，想象你正在计划访问这个国家，再花点儿时间想一想你正在记忆的这些历史事件，是如何把它塑造成今天这个样子的。虽然看起来这些努力会占用你的学习时间，但实际上，你可能会发现，当把信息与你关心的事情联系起来之后，你更容易记住这些内容。所以，无论你是在试图理解生物化学教科书中的某一章节，还是在努力记住某个即将到来的社交活动中遇到的那些人的名字，都可以尝试着将这些内容与对你重要的某个事情联系起来。

4个原则

我们在本章前面讨论过的有利于编码的4个办法也能提供重要的线索：

将注意力集中在新信息上。

把内容组织起来。

理解它的意义。

把新信息和你已有的知识联系起来。

这4个办法会增加你在开始时对记忆进行编码，以及之后你的大脑成功存储记忆的可能性。

遗忘并不一定是坏事

你是否希望只需吃一颗药，就能拥有过目不忘的超能力？市场上充斥着所谓的增强记忆的维生素、草药、补充剂和营养饮料，你可能会想，如果真的有这样的药，你应该毫不犹豫地抓住机会。尽管人们很容易将遗忘视为"小毛病"，并认为完美的记忆系统可以记住所有细节，但事实证明遗忘也有一些非常重要的好处。事实上，就像存储一样，遗忘在某些时候是一个主动的过程，同时也是记忆实现其目的所必需的过程。[9]

要理解为什么会遗忘的记忆系统可能比存储所有信息的记忆系统更有益，我们需要考虑记忆为什么对你有益。很明显，正是因为有记忆，你才能知道过去发生了什么。不过，能够回顾过去对你有多大用处呢？

记忆是为了未来

在刘易斯·卡罗尔的《爱丽丝镜中奇遇记》中，爱丽丝和王后之间有一段精彩的对话，王后说："只能回忆过去的记忆是一种糟糕的记忆。"这个精辟睿智的句子是卡罗尔150年前写的。尽管我们倾向于认为记忆是一种记住过去的能力，但记忆的实际好处在于它能让我们理解当下，制订富有创造性的灵活机动的未来计划。[10]

患有健忘症的人（比如第1章提到的亨利）不仅记不起昨天或去年发生的事情，而且也很难想象明天或明年会发生什么。如果我们没有任何关于往事的情景记忆，那么我们在想象未来时就没有任何东西可供借鉴。正是因为我们的大脑充满了记忆，我们才可以想象和计划未来的事件。即使你从未从某个机场起飞过，你也能估计出通过安检到达登机口所需要的时间，因为你知道从其他机场起飞大约需要多长时间。你对之前事件的要点的记忆会为你提供明智决策所需的信息。

我们继续分析这个例子，看看你需要记住哪些内容，才会有助于你为尚未经历的未来场景做出决定。在决定什么时候出发去机场时，如果你需要从你的记忆中筛选你去过的每一个机场，回忆所有的细节，如登机口编号、航班时间、排队安检的人数以及乘务员制服的颜色，你的效率就会很低。你根本不需要这些细节来指导你做决定。排队安检的人数不会和你上次登机时完全一样（即使人数一样，他们花的时间也不会一样）。你无须纠结于这些细节，而是需要通过系统，快速形成一个"通用机场"的抽象表征（图式），它是根据你以前的经验构建的，但与你以前经历过的任何特定事件都不同。

遗忘让我们更容易形成抽象的表征；遗忘迫使你快速轻松地做到"只见树林，不见树木"，因为树木的细节已经消失了。细节的缺失也会让你更容易理解之前地点和事件的相互联系和相似之处：大多数机场安检的设置有哪些相似的地方，登机口是如何编号的，以及其他共有特征。在细致入微的细节丢失之后，相似的事件开始变得更加相似。尽管记住大部分往事有一些好处，但如果不把遗忘放在优先位置，那么这个记忆系统也可能会遇到意想不到的困难。

如何不遗忘

虽然遗忘并不一定是坏事，但在很多时候，你花了大量的精力记住细节，肯定希望它们能够保留在那里。谁也不想遇到本章开头描述的情况：因为忘记了想要传达的关键点，而在演示时茫然不知所措。

那么，如何避免遗忘我们想要记住的内容呢？

- 努力学习并记住学习的4个原则。
  - 把注意力集中在你想记住的内容上。
    - 如果你发现自己的注意力不集中，就把注意力拉回到你想记住的材料或经历上。
    - 专注于你的朋友告诉你的事情，忽略其他一切。
    - 在课堂上端正坐姿，帮助自己保持清醒。
    - 确保睡眠充足。
  - 组织材料，使其更容易记忆。
    - 在记忆笔记之前，花点儿时间把它们分类或分组，这样更容易记住。对分组的信息进一步细分，使它们更有条理。
    - 把你想记住的信用卡号码分成一组日期或篮球比赛分数。
    - 如果你想在中学聚会到来之前记住所有参加聚会的朋友的名字，可以尝试根据你知道的情况把他们按照所在的团体或社交圈（合唱团、足球队、数学课等）分组记忆。
- 理解你想记住的东西。
  - 如果你正在学习材料，确保你理解了你要记住的框架、概念和细节。
  - 如果你希望记住你正在经历的场合，那就想想你周围正在发生的事情有什么意义。
- 将信息与你已经知道的事情或你关心的话题联系起来。
  - 如果你正在努力记忆一个地址，那就把门牌号、街道和城镇变成你熟悉的三个概念。例如，对于库珀斯敦枫树街42号（42 Maple Street, Cooperstown）这个地址，可以想想杰基·罗宾逊的球衣号码，街对面公园里的大枫树，以及"制桶镇"（如果你知道"coopers"是制桶匠的意思的话）。
  - 如果你正在努力学习一个新的计算机程序或智能手机应用程序，那就想一想电子产品的操作步骤与你更熟悉的事情（比如移动和摆弄纸张等）有什么相似的地方。
  - 突出信息。
- 为信息注入情感。
  - 不要只看书上的历史事实，还要想想如果你活在那个年代会是什么感觉。
  - 要想记住新闻报道中人们的恐惧、怀疑、悲伤或喜悦并把这些情绪告诉朋友们，就要好好体会这些情绪。
- 让信息与众不同。

- 大声说出人名。
- 用荧光笔标注页面上的文字。
- 用自己创建的图形表现概念之间的关系或事件的时间线。

◦ 调动感官参与记忆。
  - 为书上的词语赋予新的维度。想一想革命战争的火药味，或者成千上万抗议者为自己争取权利时发出的呼喊声。
  - 想象把一个人的名字用大大的彩色字母写出来。
  - 如果你能创作一首朗朗上口的短歌或押韵诗，就能长时间记住里面的内容。
  - 构建心理表征。如果你想记住"Hopkinton"（霍普金顿）这个地名，就想象一下你的表弟（你的亲戚"kin"）跳到（"hop"）一吨重（"ton"）的重物上。

◦ 让它与你密切相关。
  - 如果你正在努力记忆历史事件发生的地点，就想象自己正前往这些地点。
  - 想象你正利用在会议上获得的知识，解决公司面临的问题。
  - 想象一下，如果你记得即将到来的假期，并在假期结束后继续联系她，朋友会感到多么高兴。
  - 建立强大的记忆力。

◦ 随着时间的推移，记忆会逐渐模糊，但你可以让一段记忆的重要细节长时间保留。方法之一是通过多种方式反复研究这些细节。
  - 有三种方法可以帮助你在活动开始前记住人名：把

名字写下来，想想你和这些名字的联系，为它们配上歌曲。你无须在这三种方法中做出选择，而是可以把它们全用上！你使用的方法越多，到时候记住这些名字的可能性就越大。
- 如果你想记住历史事件，不要只从一个角度去看待这些事件，而是想想事件各方分别有什么看法。
- 在学习一个生化途径时，想想如果系统的不同部分因为酶的故障或底物缺失而崩溃会导致什么结果。哪些物质会积聚，哪些会耗尽？

第 9 章

努力找回记忆

> 你努力学习。复习时，你画了图，制作好闪卡。但是在考试中，你盯着一道简答题，大脑一片空白。你知道你曾根据记忆回想起这些内容，但现在就是无法让它们进入你的脑海中。做下一道题时，你感到心跳更快了。还是同样的问题——你确信自己知道答案，但就是想不起来。

为什么会发生这些记忆障碍呢？

要想成功记住一件事，很多事情都要做好。你必须让这些信息进入并存储在你的记忆中（就像我们在第 8 章中提到的那样），你还需要在相关的时候找回这些信息。有时候，一切都很顺畅，你能轻松地想起你需要的内容。但是有时候，找回记忆更像咬苹果游戏。你搜寻的内容可能就在那里，无论你多么努力地尝试，就是无法找到它。

记忆提取失败十分常见。我们都有过拼命思考熟人的名字，或者在食品柜里四处寻找却想不起来要找什么的经历。通常，我们会在事后想起这些信息，但经常是在我们不需要的时候：从那个人的面前走开后，才想起了他的名字，或者刚刚开始准备酱汁，才想起来打开食品柜是要查看是否有足够的意大利面。因为这些知识最终会回到大脑中，所以我们知道，失败的不是将信息输入记忆的过程，而是提取信息这个过程。这就是记忆提取失败。

构建记忆

尽管记忆提取失败很常见，但我们经常会猝不及防。在某种程度上，这可能是因为我们许多人依赖误导性的隐喻来理解记忆是如何工作的。如果我们把记忆看作存储在图书馆里的图书或存储在文件柜里的文件，那么提取失败并不常见。但事实是，并没有"一段记忆"在我们大脑的某个地方等着被重新发现。正如我们在上一章中提到的，更恰当的比喻可能是用积木搭建的结构。积木（脑细胞以及彼此之间的连接）在经历事件的过程中被组装成某种结构，然后作为记忆存储起来。但是这个记忆"结构"在你的大脑中并非始终黏合在一起，而是很快就会被分解。分解后的积木会被用来形成其他记忆，因此只有记忆的"设计图"（即记忆印痕[1]）保留了下来。要找回记忆，就要通过一个主动过程重新组装这些积木，以便重建记忆，回忆起过去的经历。这个比喻能够帮助我们理解为什么我们无法找回最初存储的信息。

干扰

记忆提取失败的一个常见原因是，你"脑海中"的一些特定信息会让你很难回忆起类似的材料。你可能很难回忆起上上个周三午餐吃了什么，因为你对在那之前和在那之后的所有午餐的记忆都会形成干扰，使你无法回忆起那次午餐。你可以认为你建立了一系列彼此之间只有细微差别的结构。建立了其中一个记忆结构后，在短时间重建它就非常容易：你可能还记得昨天下午吃了什么，或者努力回想一下，还能想起前天吃了什么。但是，随着时间的推移，重建某个特定的记忆就会变得越来越困难，甚至不可能。干扰会促使你建立一个典型的"午餐记忆"，使你更容易回忆起你经常坐在哪里，通常和谁一起吃午餐，同时也会在你找回某个具体的午餐记忆时让你遇到更大的困难。快速获得典型体验对于高效决策非常重要，让你可以从一个机场推及另一个机场，或从一家餐厅推及另一家餐厅。但是，如果你不想了解典型机场的细节，而是希望回想你明天出发的航站大楼是否有餐厅，因为你想在起飞前坐下来吃顿饭，那么这种典型体验就有可能让你失望。

有时，你回想正确内容时付出的努力反而会变成一种干扰，使找回记忆的过程遇到更严重的问题。看到熟人走过来时，你努力回想她的名字。你可能觉得自己就要成功了——它就在"你的嘴边"。[2] 你暗暗地想："她是叫萨迪还是萨拉？"虽然出发点是好的，但这些努力实际上会让你更难想起正确的名字（萨莉）。你在不经意间屏蔽了想要的内容，因为你想到了与之相似的干扰性内容。

分散注意力的环境因素也会产生干扰。当你打开食品柜查看架子上有多少盒意大利面时，你可能看到了一盒麦片没有盖好。你把麦片盖上，同时在想要提醒女儿多少次她才会记得吃完早餐要把麦片盒盖好。于是，你忘记了你的任务本来是查看意大利面。直到后来，另一个提示信息（比如准备做意大利面的酱汁）出现后，你才想起来这回事。

压力

如果无法找回记忆,就会产生压力。在发现自己记不起走过来的熟人的名字时,你可能会感到手心正在出汗。不幸的是,压力会增加记忆提取失败的可能性或持续时间。正如我们在本书第一部分中所讨论的,位于颞叶深处的海马会存储记忆的设计图,策划记忆重组过程。在引导重组过程的同时,海马还会像胶带一样,把多个积木绑定在一起,创造出你可以有意识地访问并获取其中内容的记忆。压力会破坏海马的功能,使其难以有效地重建记忆和找回你正在寻找的内容。在压力下,你可能找不到开始组装记忆所需的设计图,或者当你试图把更多积木加到你的记忆结构上时,你最先组装的那些积木就有可能散架。

现在,你可能会回想起第 8 章的内容,然后想:"等等,我认为情绪和压力应该有助于把信息导入记忆!"的确,在压力之下建立的生化环境似乎能帮助你把一些重要的内容导入记忆中,但同样的生化环境实际上会阻止你从记忆中找回内容。有压力时,你的大脑会优先考虑弄清当前场合正在发生什么,而不是优先安排让你从先前场合获取内容的过程,而这些过程是成功找回记忆所需要的。

这就是考试焦虑会阻碍学生展示他们在课堂上所学知识的关键原因。压力会让学生更难从之前的学习中找回所需的内容。与此同时,这种压力很可能会把参加考试的经历烙印到学生的记忆中:"老师宣布只剩下 10 分钟了,而我坐在那里,怎么也想不出正确答案。"这种经历又会在下一次考试临近时引发焦虑,造成压力并导致记忆找回失败的恶性循环。

找回的记忆绝不会相同

接着,我们讨论记忆的另一个关键特征:你往往不会以完全相同的方式回想起同一件事。记忆找回每次都会略有不同,因为每次重建一段记忆时,你构建它的方式都会略有不同。[3] 有的时候,这种差异十分微妙,以至于不可能被注意到。但是有的时候,它可能导致对过去的事件做出完全不同的解读,或者对各个部分的侧重发生重大变化。

我们做个练习。回想一件你在中学时发生的特殊事情。可以是舞会、重要比赛、集会,也可以是毕业典礼。花点儿时间,努力回想所有特征。

你可能关注了很多细节,例如你穿的衣服,周围的环境,和你在一起的人,交谈的话题,你的情绪,或者你脑海中闪过的想法。每次找回的记忆可能都不包括所有可能的细节,我们很少使用所有特征来重建记忆。每次重建记忆时,我们使用的特征都会稍有不同,并利用这些特征创建一个新的结构来再现那段记忆。[4] 由于这些原因,你现在关注的细节可能与你在其他时候回想这段记忆时所关注的细节不同。

是什么引导记忆重组的?

有时很难找出导致两次找回的记忆各不相同的原因。多年来,伊丽莎白一直没有想起来她在宝蓝色涤纶毕业礼服下面穿了一条裙子,但是今天她想起了这个细节,这是为什么呢?有时候,原因非常明显。当伊丽莎白向她年幼的女儿(她马上要参加幼儿园毕业典礼)描述她的高中毕业典礼时,她的记忆主要侧重于毕业典礼的组织以及她的感受。伊丽莎白告诉女儿,她从舞台的一端走到另一端,与校长握手接过证书,刚走上舞台时她感到很紧张,但是后来,她看到了坐在台下的家人和朋友,于是感觉好多了。在最近的一次中学同学聚会上,伊丽莎白又回忆起了那个毕业典礼。这一次,她的记忆主要是关于有趣场合、老师以及校园的。她注意到了毕业典礼结束后他们是在哪里拍照的,以及在游行路线走了一半时看到的一座新建筑。两次找回记忆的原因不同,因此浮现在脑海中的细节也不同。这些不同表明记忆找回有时不是一个自发的过程——你可能也会有意识或无意识地引导它,你的目标和动机会影响记忆找回的过程。

使用合适的回忆线索

上面例子中的回忆表明,如果有合适的回忆线索,就有可能回想起看似被遗忘的场合。如果我们请你找回中学记忆,你就可能体会到回忆线索的有效性;你可能记起了一件你很久没有想过的事情。把你和过去的某个生命阶段(例如中学阶段)紧密地联系在一起的一般线索对于回忆往事特别有用,能给你足够的信息,帮助你重建记忆。

具体线索可能是一把双刃剑。有时它们可以帮助你想起很久没有回忆起来的细节。在一次中学同学聚会上,伊丽莎白的一个同学提到他们曾坐在炎热的体育馆里,等候游行活动开始。一提起这件事,伊丽莎白清晰地回想起她和好友们挤在一起,坐在长条凳上,被汗打湿的礼服贴在身上,所有人都焦躁不安地说个不停,不相信自己就要毕业了。仅仅是因为那条简单的线索,伊丽莎白就把她很久没有想到的细节重新组合起来,找回了她在体育馆里等待毕业的那段记忆。

但是需要注意的是，利用具体线索回忆时一定要小心，确保刚刚找回的内容是准确的。正如我们将在第 12 章进一步探讨的那样，我们很容易将错误的信息（错误或具有误导性的细节）引入我们的记忆中。我们往往会把别人的修饰融入自己的记忆中，或者根据别人的建议歪曲或删除事件的细节。坐在体育馆长条凳上的记忆真的发生在毕业那天吗？有没有可能是最后一次全校集会时呢？当时学生们刚刚拿到毕业礼服，尽管老师告诉他们要等到回家后再穿，但他们还是立即撕开包装，迫不及待地把它们套在衣服外面。

来自其他人的具体线索不仅会导致记忆失真，有时还会阻碍你找回其他记忆细节。如果你正在与一个亲友谈论你表哥婚宴上的主菜，这个线索可能让你很容易想起婚宴开始后你坐在桌边吃饭时的场景（因为负责这部分记忆的大脑活动增强了），但是你可能很难记得早些时候在鸡尾酒会上发生的事情和晚些时候在舞会上发生的事情（因为负责这些相关记忆部分的大脑活动受到了抑制，就好像他们为争夺更多的注意力而展开了竞争一样）。一部分记忆被唤醒，就像是把明亮的聚光灯投到昏暗房间的一个角落里——尽管那个角落能看得清清楚楚，但这种反差会使房间的其他部分更难看清。总的来说，由于有了那条线索，你最后回忆起的婚礼细节可能反而更少。

指向未来的线索

你是否有过这样的经历：你本打算回家途中在杂货店停一下，但是当你开车经过岔路口时却忘记了？前瞻性记忆错误[5]是指我们为未来某个时刻制订了计划，但是当那一刻到来时，我们却没有按计划执行。这些错误可能令人沮丧，如果是忘记服药，甚至会导致危险。

在没有外部提醒时，减少这些错误的最佳方法是创建强大的回忆线索，并反复演练。想象驾车左转，通向杂货店；体会打开转向灯时手上的感觉，想想转弯处的地标。当你第一次想到需要在杂货店停一下的时候，想一想这些画面。当你下班走向你的车时，再想一想这些画面。以这种方式建立强烈的联系后，你更有可能在合适的时间记起要执行的计划——左转，去杂货店。

环境很重要

　　记忆提取不仅会受到别人给你的线索的影响，还会受到你当时所处环境的影响。广义上，你可以认为环境包括你的内在状态（你的心情，你为什么现在找回记忆）和外部环境（你的物理环境，你和谁在一起）。所有这些都会对你的回忆产生很大的影响。

　　内在状态影响回忆往事的例子比比皆是。如果你想的是一段刚刚结束的爱情，那么你能想起来的往事的细节，很有可能不同于你在周年庆祝活动中愉快地回味这段爱情时想起来的细节。悲伤时，你更有可能记住悲伤的事情，即与当前情绪一致的往事。如果你和朋友一起回忆往事是为了让他们高兴起来，那么你可能会把注意力集中在你们一起度过的那些美好的时刻。所有这些例子都表明，你的内在状态不仅会影响你能回忆起哪些记忆，还会影响你如何重组这些记忆。

　　你的外部环境也有可能变成一个强大的回忆线索。回到童年的家乡，就有可能想起一些很久没有想起的事情。看到街角的商店，可能会让你想起存钱买漫画书的往事。路过图书馆可能会让你想起读书时间和木偶戏，这是你小时候最喜欢的两项活动，但你已经有很多年没有想起这些了。物理环境会为你提供一系列回忆线索，帮助你回想起过去的事件。

记忆是如何建立的，就如何找回

这些例子强调了记忆的一个关键原则：如果找回记忆时可以利用的信息与第一次建立记忆时可以利用的信息相同，就最有可能成功找回记忆。在一个著名的实验中，参与者要么在陆地上，要么在水下学习材料（是的，你没看错），然后在其中一个地点接受测试。[6] 在同一地点完成学习和测试的参与者比在不同地点完成学习和测试的参与者表现得更好。相同环境（例如本例中的地点）可以帮助你找到所需的线索，以更接近记忆原始结构的方式重新组合记忆。如果测试的方式与学习材料的方式相似，也会有同样的效果。闪卡不会对全是论述题的考试有多大用处；如果老师要求你把法语翻译成英语，那么重点学习如何把英语翻译成法语也不会对你有什么帮助。

导致记忆提取失败的因素有很多

有了本章的知识，你现在已经可以理解在本章开头的例子中你为何会在考试中陷入困境了。你受到的干扰可能来自相似的信息，甚至是你在回答问题时自己生成的信息。你在苦苦思索时会感受到压力，而压力只会让你更难找到正确的答案。考试可能给了一个提示，帮助你更容易地找回某些信息，实际上却阻止你找回其他信息。如果你通常在下午晚些时候，在自己的房间里，一边喝咖啡，一边学习，而考试是在上午进行，地点是一个专门的考试中心，不允许饮食，那么你的内部和外部环境都发生了变化。最后，你在学习时可能使用了某一种方式，但考试要求你用另一种方式。例如，你在学习时可能使用了闪卡，这对需要整合多个概念的简答题可能没有帮助。

如何促进记忆提取

如果你正在努力回忆某些信息，比如某人的名字或考试题的正确答案，那么你可以尝试下面这些关键步骤：

- 尽量放松。
  - 说起来容易做起来难，但放松通常是促使记忆提取的最有效办法，因为压力对找回记忆有极强的阻碍作用。在感受到压力时，你可能需要尝试不同的放松方式。慢慢地做几组深呼吸，体会腹部扩张的感觉。提醒自己每个人都有记忆提取失败的时候。记住，记忆提取失败可能只是暂时的，信息可能很快就会回到大脑中。如果你发现自己无法减轻压力，那就想办法从某些方面加以控制。
  - 还是想不起来某人的名字？那就集中注意力，表现出友好的态度，一旦你放松下来，就有可能想起他的名字。
  - 考试的第一部分看起来太难了？回想起你知道的全部内容后，掉过头去做你感到更有信心的部分。
- 减少干扰和阻碍。
  - 克制冲动，不要去想这个熟人可能叫什么名字。
  - 在做填空题时不要尝试所有可能的答案。
- 创建一般回忆线索。
  - 回想一下关于这位熟人的记忆（回忆你最后一次见到他的情景或介绍你们认识的那个人），或者回顾一下你对他其他方面的了解，比如工作或家庭。
  - 简单回顾与考试主题相关的概念。回忆这些一般信息可以为你正在寻找的信息建立额外的背景，这可以帮助你回想起需要的细节，而不会因为错误而造成干扰或阻碍。

- 如果可能的话，尽量回忆你复习时处在怎样的内部和外部环境中。

    - 虽然你不能把你的熟人传送到你第一次听到他名字的地方，但你仍然可以在心里进行时间旅行，想一想你最后一次见到他是什么时候，想象地点、氛围和在场的其他人。你也可以根据自己的心情（快乐、悲伤、担心、愚蠢）和当时的想法来做这项工作。这些回忆线索都有助于想起熟人的名字。

    - 这条建议同样适用于课堂考试。记忆提取失败后，尽你所能回到你学习时所处的环境中。想象自己在房间里学习：想象一下课本或课堂笔记是怎么放的。如果你在学习时听音乐，想想在学习期间经常播放的歌曲可能对你有帮助。

    - 对于课堂考试，改变你的学习环境，使之与你需要找回这些信息时的环境相一致，比如在你参加考试的教室里学习，也是一种很有效的做法。但是，正如我们在第8章中简要提到的，在准备考试的过程中，经常改变学习环境对你有益（前提是你提前计划，而不是临时抱佛脚）。你可以去图书馆学习，在自己的房间里学习，天气好的话还可以到户外学习。在上午和睡前复习，在喝咖啡、吃苹果的时候，以及身边没有任何食物或饮料的时候，做一些自我测试，这会让你在更多不同的环境中获取信息。毕竟，你不只是想在期中考试的时候能记起法语词汇，你还想在去巴黎的时候能用上它们。

- 你用什么方式找回信息，就用什么方式获取信息。

    - 想一想当天晚些时候你可能在社交活动中见到的那些人的

名字并没有什么错。为了确保取得更好的效果，可以尝试看着照片或社交媒体上的头像回忆他们的名字。例如，在参加同学聚会之前，打开同学录，看着他们的照片，试着回忆每个人的名字。

- 对于考试，不要照本宣科地学习课本上的材料，还要想想老师最有可能用什么方法测试你，然后针对性地学习材料。如果你不确定测试方式，那就采用多种学习方法，无论考试如何变化，你都将胸有成竹。

第 10 章

为信息建立联系

在房间的另一边,一位女士正微笑着向你挥手。她的脸很熟悉,但你是什么时候认识她的呢?她朝你走过来,开始和你说话。直到她说她很高兴上个周末见到你时,你才想起在朋友的生日聚会上见过她。突然,其他细节也回想起来了:你记得她有一个和你年龄相仿的侄女,你们还讨论过你们的共同爱好——远足。

有关细节的记忆

你是否有过类似的经历——你能想起你以前见过某人或去过某个地方,但想不起其他细节?大多数人都会时不时地遇到这种情况。这通常是因为一些信息(比如一个人的相貌或一段道路)即使不足以让你想起其他细节,也有可能引起一种熟悉感(意识到对某个人或某个地方比较熟悉)。[1] 下面我们来讨论一下为什么会发生这种情况。

让信息融为一体

回想细节（即回忆的过程）需要你把不同的信息片段连接在一起。在前面的章节中，我们把记忆比作构建结构然后重新组合的过程。前额叶皮质（前额后面的大脑部分）帮助你选择在结构中应该包含哪些细节。海马（大脑深处海马状结构）及其周围的组织对于连接记忆的内容来说至关重要，它就像锁扣一样将积木结合在一起，确保你的记忆结构既不是一些互不相连的房间，也不是一个光秃秃的脚手架。这些大脑区域共同构建的记忆结构构成了你生活中的先前事件（见图 10–1）。

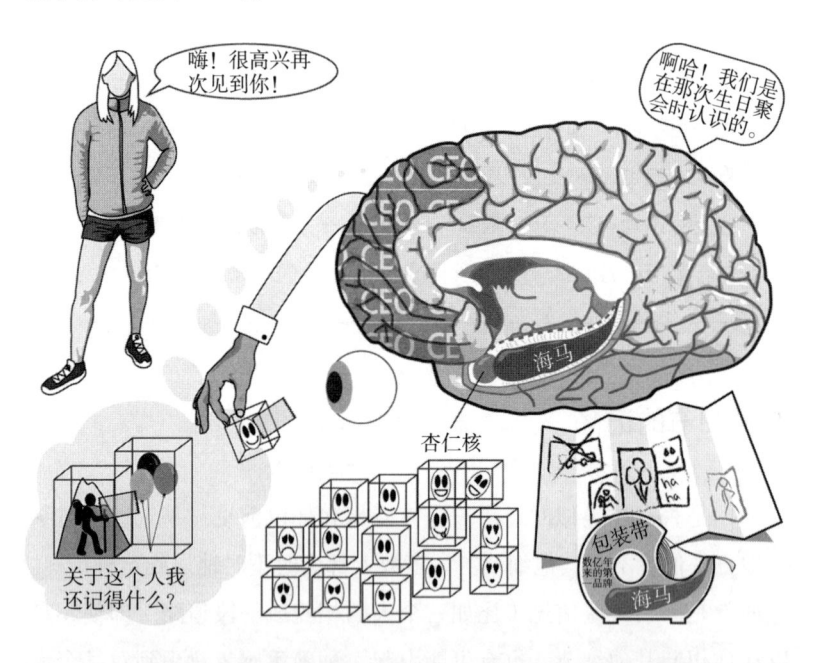

图 10–1 前额叶皮质的中央执行系统（"CEO"模式，在眼睛附近）和颞叶的海马可以帮助回忆详细的影像、声音和想法，它们组合在一起，构成了你生活中的一个事件。杏仁核帮助处理你回想起来的记忆中的情绪

如果你先前的知识可以帮助你将细节联系在一起，那么利用相互联系的细节创建记忆结构就比较容易。如果你的先验知识告诉你很多孩子喜欢在热巧克力里放棉花糖，那么你可能很容易记起你的侄子也喜欢这种组合。但是要想起他有一个名叫"火箭"的填充龙玩偶，难度可能要大一些，因为你很难记住龙和火箭之间的联系。你可能需要考虑两者都会飞这个事实，或者在大脑中想象你的侄子和一条龙乘坐火箭进入太空的画面。换句话说，在记忆中保留这些更随意的联想需要你付出努力，我们也可以借助在第 8 章介绍的帮助我们创建持久记忆的策略来实现这个目的。

　　如果记忆结构被构建（编码）并结合到一起（存储）后所有"房间"（细节）都相互连通，那么在找回记忆时，你通常可以利用某个细节的记忆来帮助你找回其他相关细节。在本章开头的例子中，一旦有关生日聚会的记忆回到了你的脑海中，你对之前如何认识那位女士的其他细节记忆就会随之回到你的脑海中。就好像站在你的记忆结构的一个房间里，可以看到一条走廊，它会把你带到另一组细节所在的另一个房间。

　　但有时前额叶皮质或海马无法发挥作用。这类失败通常发生在记忆找回的过程：房间和走廊在那儿，但前额叶皮质和海马不能协同工作，无法让海马索引（在第 4 章中介绍过这个概念）显示它们。这就好像你从远处看记忆结构：你只有一种模糊的熟悉感，但看不到任何细节。就像本章开头的例子一样，这些失败通常是暂时的。最终，在正确的回忆线索的提示下，你猛然发现自己能够进入相关的记忆结构了。你会超越这种熟悉的感觉，回忆起越来越多的细节。

　　有的时候，前额叶皮质或海马在记忆形成或存储的早期阶段无法发挥作用。也许记忆结构的脚手架已经建好了，但房间还没有建好。或者已经精心建造了这些房间，但它们没有充分地连接在一起。

在这些情况下,你仍然能认出你以前见过的某人或某事——你有那种熟悉的感觉,但你无法回想起细节。在街上漫步时,你可能意识到你以前来过这里,但不记得是什么时候。或者,你像本章开头描述的那样,尽管某人认识你,但跟他对话结束时仍然无法回忆起你们过去相遇的细节,也想不起来关于他的任何细节。

联系的类型

你想要放进记忆结构中的信息可能有多种类型。它们的相似之处在于,它们都需要前额叶皮质选择的重要细节进入记忆结构中,还需要海马像魔术贴一样,将这些细节固定在记忆结构中。但是在让各种细节进入你的记忆或从你的记忆中消失时,所需的策略略有不同。

确定信息来源

你经常需要在一条信息和你获得这条信息时的环境之间建立联系。你是从你信任的新闻媒体那里了解到的,还是从社交媒体上获悉的?哪位家长告诉你他的孩子曾因坚果过敏被送进了急诊室?这些细节对于正确决策至关重要:你应该把这则新闻说给同事听吗?在今晚的活动中能给孩子们吃巧克力酱吗?

尽管详细的信息来源很重要,但它们通常不会被构建到记忆结构中,原因通常是其他细节吸引了你的注意力。[2] 当看到这则新闻的时候,你可能没有考虑它的来源,所以你可能根本没记住详细的信息来源。在那位家长跟你谈论他的孩子时,你可能会把注意力集中在事件的悲剧性细节上,而不是说话者的身份上。在你的记忆结构中加入信息来源,通常需要付出额外的努力。你不能想当然地认为你能记住谁在何时何地说了什么。如果这些细节很重要,你需要注意它们，并付出额外的努力来记住它们。

即使你确实将详细的信息来源纳入了你的记忆结构中，在找到并将它们导回大脑时仍然需要付出额外的努力。所以，如果你赶时间或有压力——这些因素往往会促使你用更快、更不费力的方式从记忆中找回信息，那么你更有可能只是简单地复述你看到的那则新闻，而不考虑它的来源是否可靠。如果风险很高（比如坚果过敏的例子），那么在使用或分享你存储在记忆中的内容之前，有必要放慢速度，给自己一点儿时间，检查一下你的大脑中信息的来源。

我告诉谁了？

另一种与之相关的联系不是谁告诉了你某件事，而是你告诉了谁某件事。你是否有过这样的经历：你准备转述一则新闻，但是在说到一半的时候，你突然想起这好像是你第二次给这个朋友转述这则新闻了？靶记忆[3]的错误会随着成年人年龄的增长而加重，并且在阿尔茨海默病或其他痴呆患者的身上更加明显（参见第 13 章）。但我们所有人都可能遇到这类问题。与源记忆错误一样，靶记忆错误通常是忽视目标细节导致的：你可能太过专注于如何转述才能取得最佳效果，而没有真正关注是谁在听。有些时候，问题在于你没有在记忆中检测这些细节：如果你多花点儿时间回想一下你之前是何时转述这则新闻的，你就会记得你已经跟这个朋友转述过了。但是这则新闻非常适合谈话的主题，因此你迫不及待地转述（再次转述）了起来。

是动作还是想象？

在开车去机场的路上，你突然想到："我带护照了吗？会不会想着带护照实际上却没有带呢？确定你做了某个动作还是只是想象了这个动作非常重要，但是这两种情况通常很难区分。在你用大脑想象一个动作和你用大脑实际执行这个动作之间有很多相同之处。想象一个动作和实际执行这个动作所花费的时间大致相同，而且无论你是想象还是执行这个动作，动用的大脑网络都差不多。正如第2章所述，这就是为什么想象动作可以帮助我们提高这些技能的原因之一。这种相似性也意味着想象动作的记忆与实际动作的记忆具有相似的结构，导致两者很难区分。

如果在执行动作时关注你不太可能想象到的特征，就可以降低区分的难度。例如，带上护照时，你可以注意护照封面的质地，伸出手和它比较大小，看看它放在包里的位置是否安全。如果你在想象中加入一些细节，切断它与当前场合的联系，也可以减少将想象与现实混淆的可能性。举个例子，如果你希望通过想象把护照放入包中来帮助你记住带护照，那么你可以想象自己穿了一套不同于现在的衣服，或者在傍晚太阳下山的时候考虑带护照的重要性。

给事件排序

如果需要按时间线或时间顺序将事件关联起来，例如一系列历史事件或你最近的旅行行程，那么该怎么做呢？

在某些情况（例如历史事件）下，你或许可以构建一个包含所有这些时间关系的记忆结构。很多助记码就是为了帮助我们每次以特定顺序找回记忆而设计的。例如，"字钉"助记码让你首先按顺序记住10件物品［例如，1 = gun（枪），2 = shoe（鞋），3 = tree（树），等等］，然后通过想象把你要记住的内容与这些词建立联系。例如，如果你想记住美国内战中某些战役的顺序，你可以先想象在萨姆特堡战役中使用的枪支，然后将鞋与布尔朗战役联系起来，将树与七松之役联系起来，以此类推（参见第25章讨论的助记码）。

在其他情况（比如回忆你在近期旅行中看到的不同景点的顺序）

下,你希望回忆的信息很可能分散在整个旅程中建立的多个记忆结构中。有时,某段记忆中包含的信息有先后顺序的线索。如果你记得你去剧院时戴了一条项链,还记得那条项链是那次旅行途中在一家博物馆商店购买的,你就可以确定你是先参观博物馆,后去的剧院。有时候,为了确定顺序,你需要在不同的记忆结构之间进行比较,这可能相当具有挑战性。近期的一些证据表明,你之所以有时可以完成这些时间比较,原因之一是海马某些部位的细胞在做出反应时会随时间表现出缓慢变化。[4] 这意味着在旅行第一天建立的记忆结构与在第二天建立的记忆结构的时间特征略有不同,为我们的记忆提供了一种时间戳。但我们似乎很难有意识地获取这些时间特征,而且记忆中的时间感知错误比比皆是。

与情绪逃不开干系

有时候,你想记住的是与一件事有关的情绪。例如,毕业那天你有什么感受?我们认为与事件相关的情绪被保存在杏仁核(位于海马前面的杏仁状结构)或者在海马和杏仁核之间的连接中。但是,与我们前面描述的其他细节不同,这些特征具有主观性,因此,当你回忆起一段记忆时,你想起来的情绪可能与你当前的情绪状态有关,也可能与事件发生时你的情绪状态有关。如果你和朋友谈论一件事后,这件事给你的感觉没有那么糟糕了,你就会意识到与记忆相关的情绪是可塑的。幸运的是,负面情绪特别容易随时间消退,[5] 这可能与睡眠有关(参见第 20 章)。你可能知道这样一个事实:某次争吵让你勃然大怒,但是在几年后回想起那次争吵,你不太可能再次完整地体验到那种愤怒。

事件激发的强烈情绪也会影响其他事件细节被记住的可能性。现在仍然还有很多人正在研究这个主题,但有理由认为负面情绪往往会"精简"记忆,以牺牲其他细节为代价(你可能不知道争吵发生在哪里,也不知道房间里还有谁),让你清晰地记住与负面经历相关的细节(你可能记得争吵时你朋友的语气或者脸上的表情)。[6] 相反,积极的情绪可能会扩大记忆的范围,使你更容易将那些在其他情况下并不密切相关的事件元素联系起来。

融为一体的重要性

记住过去事件的细节对于好的决策至关重要。我们前面介绍的例子表明,仅仅记住一条信息往往不足以做出正确的决定,你还需要评估自己是否应该相信这条信息,与他人分享,或者坚持某个计划。此外,额外的细节有时还是其他关键记忆功能的重要组成部分。

推理

推理使你可以利用先验知识来理解当前场合。推理学习的基础是拥有在记忆中建立联系,以及在需要的时候把这些联系从记忆中提取出来的能力。这种能力可能是课堂学习和日常生活中学习的一个关键。

如果你在日托中心看到一个孩子被一个男子接走,第二天又被一个女人接走,那么当你后来看到他们在一起时可能不会感到惊讶。你不需要看到他们在一起,就可以毫不费力地推断出他们彼此认识,因为他们都和这个孩子有关系。[7] 但是,只有当你看到这个女人和孩子在一起,且记起之前看到过这个男人和孩子在一起时,你才能推断出这个男人和这个女人之间有某种联系。

同样,如果你看到一个女人拿着尿布,就可以利用你的先验知识推断出附近会有一个婴儿,即使你根本没有看到那个婴儿。但同样，除非你已经在尿布和婴儿之间建立了紧密的联系，否则无法做出这个推断；如果你没有想到这种联系，那么你也无法做出这个推断。

更新记忆

将细节联系在一起也有助于我们更新记忆。你的朋友可能在攻读生物学博士学位，但后来他决定改变职业道路，当一名摄影师。另一个朋友可能已经结婚并随了丈夫的姓。在这两个例子中，你都要更新你对朋友的了解，建立新的联系。同样重要的是，你希望出现在你的脑海中的是那些新的联系，而不是旧的联系，这样你就不会询问你的朋友她最近的生物实验有什么进展，也不会在称呼另一个朋友时使用她的娘家姓。幸运的是，我们之前介绍的海马中的时间特征可以帮助解决这个问题：通常情况下，与当前时刻的记忆结构更接近的时间特征会首先出现在脑海中，因此你能想起你朋友当前的职业或姓氏。

如何做到融为一体

现在，你知道记住细节有多重要了，下面这些提示可以帮助你更有效地将这些细节构建到你的记忆结构中，并在需要的时候调用它们。

- **关注你想要记住的细节**。这条建议听起来是不是很熟悉？我们不断地重复，是因为它太重要了。如果你不想忘记你是在哪里看到某条新闻的，就一定要注意信息来源。如果是在书上看到的，就不能忽略书名，如果是在网上看到的，就要记住那家新闻机构。如果你不想对同一个人转述两次，那么在你转述的时候，就要密切注意和你在一起的是谁；仔细考虑他们的面部表情,以及他们听到转述时的反应会有所帮助。如果你正在参与某个特定的事件(也许是婚礼或聚会),那就在心里记下你是在什么场合下转述这则新闻的。

- **将细节联系在一起**。如果创建的心理结构包含不相关的内容,创建的难度就会很大,所以要努力将细节联系到一起。创建的走廊要让结构的房间彼此相通。走廊以及你为创建这些走廊付出的努力都有助于记忆。
    - 说出来:无须过于复杂,比如出声地说"我把钥匙放在梳妆台上了",或者重复几遍"钥匙—梳妆台"。你也可以想一些新颖的说法,比如,"我的梳妆台也是我的钥匙管家"。
    - 运用心理表征:想象自己和刚认识的人站在山顶上,讨论徒步旅行的乐趣。
    - 使用助记码:如果你经常需要记住一些联系或者一长串信息,那么花点儿时间训练自己使用助记码可能会对你有好处。参见第25章。
- **尝试不同的回忆线索**。找钥匙的时候,可以想象自己之前回家的情景,也可以顺着你的进门路线走回去。如果你在回忆是谁告诉你他的孩子对坚果过敏,那就回想一下你记得的所有细节:你们是在哪里交谈的?你还和这位家长谈过什么?
- **保持冷静**。这一点我们已经说过了,但需要重复一遍:压力对于将所有相关细节添加到构建和重建的记忆结构之中这个目标尤其有害。我们充分认识到,当你急着寻找没有放在惯常位置的钥匙或者因为记不起在哪里见过某人而心神不宁时,你很难保持冷静。但是你要记住,像这样的记忆缺失很常见,而且不会持续很久,你可以深呼吸,集中注意力做好你当下能做的事情,比如尝试不同的回忆线索。

第 11 章

控制自己忘记什么和记住什么

今天是你走上新的工作岗位的第一天。走进会议室时,你被电线绊了一下,差点儿摔倒。你觉得自己脸红了,希望没有太多人看到你跌跌撞撞的样子。第二天,当你走进会议室时,你想起了这个不愉快的时刻。这是一段你想要忘记的记忆。要是有办法阻止不想要的记忆出现在脑海中就好了。

你是否希望能够控制自己忘记什么和记住什么?

你可能经常认为遗忘是记忆系统不完善导致的。但有时,就像上面的例子一样,你可能特别希望忘记一些信息:你可能不想在不合适的时候想起一件不愉快的事情,或者你可能意识到这些信息不重要,不值得记住。在这一章中,我们将探讨你能在多大程度上控制自己忘记什么和记住什么。

控制哪些细节进入记忆

作为一名大学教授，伊丽莎白知道很少有什么东西能像"这个是要考的"那样吸引学生的注意力。虽然你在计划执行方面可能不完美，但你知道如果某些东西很重要、需要记住时，就应该注意。一般而言，如果你知道某些信息很重要（它会帮助你应对以后的考试或工作面试），你的大脑就会优先将这些信息存储到记忆中。奖励会激活一些特殊的神经回路，增强你将信息存储到记忆中的能力，使海马更有可能发挥作用，建立一个包含大量细节的记忆结构。

回到过去为它贴上标签

即使你在事后才知道它的细节很重要，也会增加这些细节在你建立的记忆结构中长期存在的可能性。[1]假设你离开8楼的办公室，步行回家，但是走到你家前门时却发现钥匙不见了。你选择回家路线的细节在当时看起来可能无关紧要（你乘坐哪部电梯去一楼大厅，沿着路的哪一边走），但突然间，它们变得重要起来。至少在事件发生后的一段时间内，你可以重新确定事件细节的优先级，将你突然意识到非常重要的细节排到前面。

忘记那段记忆

反之亦然。如果你告诉某人某些内容不重要，无须记忆，他们就不会留意去记住这些信息，即使他们在第一次接触这些信息时没有意识到它无关紧要。例如，加州大学洛杉矶分校的罗伯特·比约克向参与者展示了几组单词，并告诉他们稍后将对这些单词进行测试。但在展示其中一组单词之后，研究人员告诉参与者，他们不小心犯了一个错误，刚刚展示的这组单词不在测试之列。实际上，他们测试了参与者对所有单词的记忆。结果是，参与者在回忆他们被告知不需要记住的那些单词时表现得更差。[2] 可见，当你发现这些信息不重要时，你就可以将它们清理出你的大脑。

这种将不需要的细节从记忆结构中剔除的能力是非常重要的，因为有的信息不仅不重要，而且不正确。如果有人给你提供了错误的信息，你就应该把所有细节从你的记忆结构中抹去，如果可能的话，可以用正确的内容取而代之。虽然我们都不能完美地做到这一点，但是在学习后不久发现错误时，这些"故意遗忘"机制可以减少错误在你的记忆结构中再现的可能性，最大限度地减少决策时对错误信息的依赖。[3]

这些结果表明，你可以选择将哪些信息优先构建到记忆结构中。如果你意识到某些细节不重要或者是错误的，就可以将其从结构中删除，如果在学习后不久发现它们显然很重要，还可以将它们添加到记忆结构中。

如何选择将哪些细节存储到大脑中

不管你是否意识到，你一直在通过一些选择，将信息或者存储到大脑里或者存储到外部设备中。你是努力记住要购买的一系列物品，还是列出购物清单，全靠清单才能想起这些物品？你会努力记住你在网上或书上查找到的信息，还是只记住信息源，下次需要时再去找回这些信息？

你也可能依赖其他人，把他们作为你的外部记忆助手。[4] 例如，你可以让你的商业伙伴记住客户的名字，让你的配偶记住你最喜欢吃的那道菜的食谱放在哪里，让你的孩子记住你要去看他们的演出的日期。

以这种方式"外包"你的记忆可能对你大有帮助,我们将在第22章讨论帮助你做到这一点的记忆辅助工具。例如,花费精力去记忆购物清单可能并不值得,不仅如此,如果公司或家庭中其他成员在记忆中再现的信息有很高的冗余,通常也是效率低下的表现。事实上,企业中交互记忆(依赖他人记忆来补充自己记忆的倾向性)的占比越高,绩效往往就越好。[5] 因此,在许多情况下,外包记忆可能是一个明智的策略。然而,如果你没有考虑清楚这种转嫁责任行为的后果,就会导致问题。如果你的商业伙伴离职了,关键知识会不会永久丢失?如果一个经常访问的网站关闭维护,对你能否完成任务有什么影响?

如何选择调用记忆中的哪些细节

到目前为止,我们讨论了控制哪些内容进入记忆的问题,但本章开头所举的例子是关于如何控制回忆的内容。这个例子也源于一个真实的事件。伊丽莎白在一次上课时被电线绊得差一点儿摔倒,好不容易才站稳。当时,她还是一名新入职的教授,没上过几次课。第二次去上课时,她一走近那个地方,那段记忆就回来了。电线已经不在那里了,所以当她站在教室前面,努力保持镇静时,这段记忆对她并没有什么帮助。再上课时,同样的记忆又出现在她的脑海里,因此伊丽莎白决定做点儿什么。只要有什么东西提示她想起那次小插曲(比如她从教室中之前绊倒的地方走过或者在教室其他位置看到地上有电线时),她就会努力把这段记忆从脑海中抹去。如果她感到那段记忆有死灰复燃的苗头,她就会竭尽全力压制它们,猛踩思绪的制动踏板,不让事件的全部细节回到脑海中。这个过程持续了几次课,但很快,在教室里走动时,这些记忆就再也没有闪现在她的脑海里了。现在，伊丽莎白经常在那间教室里上课，但她很少想起那件事。

这些额外的事件细节突出表现了影响调用记忆内容的两个重要原则。第一，这是一个需要付出努力的过程。伊丽莎白必须付出努力，才能把那段记忆从脑海中抹去。如果没有那些付出，在很长一段时间内，在教室里某些特征或伊丽莎白自己脑海中的某些联系的提示下，那段记忆还将继续回到她的脑海中。第二，这和清除记忆不一样。伊丽莎白并没有因为这件事而失忆，她仍然能回忆起那段记忆，但她降低了她进入那间教室时首先会想起那段记忆的可能性。

控制记忆中的情绪

有时，你想回忆先前事件的内容，但不希望再次完整地体验其中的情绪。如果你记得你因为学习不够刻苦而导致某次期末考试的成绩非常糟糕，你就会受到激励。你也许可以利用这段记忆来帮助你静下心来，为即将到来的考试做好准备，而不是与朋友鬼混。但是，如果你被得知成绩时体验到的负面情绪击倒了，这段记忆就对你毫无益处。

就像你可以控制调用记忆中的细节一样，你也可以控制记忆中的情绪。有时候，你可以在控制调用记忆内容的同时控制记忆引发的情绪，并阻止获取记忆的内容和情绪。[6] 有时候，你也许可以在找回记忆的过程中想办法调节情绪，以便针对性地逐步淡化记忆中的情绪，同时保留其他细节。

让记忆控制发挥作用

为了最有效地控制记住和忘记的内容,可以尝试以下方法:

- **建立优先级线索**。直接思考为什么某些东西很重要(或者不重要),需要(或者不需要)被记住。如果你在听课,那就告诉自己:"这些有可能考到。"如果你在听朋友谈论即将到来的旅行,你可以这样想:"我要记住这件事,以便将来向她问起这件事。"
- **外包记忆时要慎重**。在当今这个数字时代,人们特别容易依赖外部记忆辅助工具,而且往往没有意识到自己的这种行为,比如设置自动保存密码,让社交媒体发送生日提醒,把电话号码存储在手机上等。想一想应该选择将哪些信息存储在外部工具中,哪些存储在大脑中,确保你存储在大脑中的信息是最有用的。
- **把它从脑子里清理出去**。迈克尔·安德森及其同事的研究表明,如果你像伊丽莎白一样,有过不想要的记忆不断出现在脑海中的经历,一个行之有效的办法是猛踩思绪的制动装置,把那段记忆从大脑中赶走,促使它从你的意识中消失。[7] 重要的是,不要分散自己的注意力。相反,你应该付出努力,主动扑灭那段记忆,就像用熄烛器熄灭蜡烛一样。

第 12 章

你的记忆准确吗？

> 你和一大家子人围坐在餐桌旁，正在回忆之前的一次感恩节晚餐。那天晚上 8 点，火鸡才做好，所有人都饥肠辘辘！食物上桌的时候已经过了你女儿的就寝时间，她吃土豆泥时差点儿睡着了。这段记忆让所有人都开怀大笑。但这时你的丈夫轻声说道："那次晚餐时，我们的女儿不是还没有出生吗？"他记得堂妹苏茜也参加了那次晚餐，但近年来，她一直和公婆一起过感恩节。你肯定记得你女儿那天晚上吃饭时疲惫不堪的样子。但也许苏茜在场吧……如果她在场的话，那么你的女儿就还没有出生。

你可能有过几次类似的经历：你对自己的记忆从充满信心转变为怀疑其中某些内容，也许最终你意识到某件事和你记得的样子完全不一致。

回想一下我们在第 7 章到第 9 章讨论过的导致记忆发生错误的原因。你不可能关注每件事，所以一些细节永远不会进入你的记忆结构。而且，在每次提取记忆时，你可能会无意中改变某些微小

（甚至不微小）的记忆特征，遗漏一些细节，还会扭曲一些细节。通常，这些遗漏或扭曲都没有坏处，但有时它们会导致你对所发生的事情产生错误的印象。即使可以确定发生了什么（也许你在社交媒体或日记中记录了这件事），你也可能永远不会相信，因为另一个版本的过去总是浮现在你的记忆中，而你觉得它才是真实的。

有信心，但是错了

你对某段记忆的确信就能保证它是正确的吗？是，也不是。在很多情况下，信心是记忆准确性的一个不完美但相当好的保证；大多数研究表明两者之间存在正相关的关系。[1]但两者之间也可能存在重要的分歧，尤其是当信息被多次找回或多次复述时。在一个设计巧妙的实验中，来自新西兰惠灵顿维多利亚大学和加拿大不列颠哥伦比亚省维多利亚大学的研究人员向参与者展示了他们童年的真实照片。他们对其中一张照片做了修改，目的是让参与者以为他们小时候坐过热气球。[2]参与者在一到两周内接受了三次访谈，每次他们都会看到每张照片，并被要求回想关于相关事件的一切信息。你或许已经料到，所有参与者在看到假照片后都不记得有这方面的记忆。但是在第三次访谈结束时，有 1/2 的参与者报告了一些乘坐热气球的细节。此外，当被要求评价他们对这段错误记忆的信心时，他们给出的值位于信心量表的中点附近。

想象膨胀

为什么会有这样的错误记忆？一个可能的原因是，当你试图记住一件事时，你经常会想象可能发生了什么。如果有人说你以前在一家餐馆吃过饭（但你没有这方面的记忆），你可能会想象你在什么时候去过那里，和谁一起去的，点了什么。此时，你就创造了一个心理表征，这使你可能很难弄清楚它只是想象还是真实的记忆。正如我们在第 10 章中所描述的，构建心理表征时所依赖的很多过程与行动或感知相同。所以，毫不奇怪，在想象了几次某件事情是如何发生之后，你可能会相信事情真的就那样发生了。

提升信心的反馈

有时候，你对从记忆中找回的内容没有信心。当老师请你回答问题时，或者当你的孙子不停地问你"为什么"时，你可能会随便给出一个答案。但是，如果你得到的反馈表明你可能是对的（教授说："回答得很好"，或者你的孙子说："哦，对，我的老师也这样说过"），你对你的答案的信心就会猛然提升。特别有趣的是，你不仅现在更有信心，而且在你的记忆中，你当初回答问题时也更有信心。你可能不记得你当时是随便给出的一个答案；你的记忆可能很快就会让你相信：你从一开始就知道答案，而且很有信心。

正因如此，在警务和法务工作中，人们一再提出应该记录目击者对嫌疑人的首次指认。我们可以记录首次指认时的信心，供法官和陪审团考虑。首次指认的信心是一个相当好的准确性预报因子，其可靠性肯定远高于后来估计的信心，因为后者可能会受到反馈或训导的影响。重要的是，肯定性反馈不仅会增强对指认的信心，还会使目击者认为他们对事件或嫌疑人的观察非常清楚，比实际发生的更加清晰，从而影响法官和陪审团在确定目击者证词可靠性时考虑的多个因素。[3]

信息源失真与记忆混合

我们的错误记忆通常并不全都是错误的。它们也包含一些真实记忆的元素，真真假假混合在一起，形成了对过去的错误印象。就本章开头的例子而言，也许在你女儿出生之前，有一次感恩节晚餐吃得很晚，在几年后，某次感恩节晚餐正好赶上你女儿傍晚小睡的时间，所以在吃饭时她快睡着了。随着时间的推移，两段记忆可能发生了融合，但分别有一些细节保留了下来。乘坐热气球的记忆可能同样包含了真实事件的元素——也许是乘坐露天游乐场的设施到达半空中，或者是看到一个色彩鲜艳的气球后想象空中飞行的快感。实际记忆结构中的这些片段被提取出来并相互融合，就会为错误的记忆奠定基础。

错误信息的力量

前面的章节告诉我们，事件的记忆很容易被改变，因为我们在每次找回记忆时都会重建事件的细节。如果我们信任的人对某件事的发展过程给出了某种暗示，就有可能改变我们的记忆。如果暗示是错误的，就会发生错误信息效应。[4] 在伊丽莎白·洛夫特斯及其同事完成的一个著名实验中，[5] 参与者看到了一场模拟车祸，其中一辆汽车越过了**禁行**标志。在随后对事故的询问中，一些参与者被问及那辆汽车是在什么情况下越过了**让行**标志。在被询问这个误导性问题后，很多参与者记起原视频中有一个让行标志，而不是禁行标志。这个研究小组发现，即使是微妙的暗示也会影响记忆。当被问及一辆车"碰到"另一辆车时的速度有多快时，参与者记住的速度比被问及"撞车"时的速度要慢。所以，也许堂妹苏茜没有参加那次感恩节晚餐，但是你丈夫说她在场时的信心可能会导致她被融入了你的记忆中。

尽管这可能与直觉相悖，但是你自己可能就是一个强大的错误信息来源。比如，你说的谎。如果某人撒谎，说事件过程中发生了某些细节，那么他们最后有可能真的认为发生了这些细节。同样，如果某人谈论过一件事，后来又否认谈论过这件事，那么他们可能会忘记他们实际上非常具体地谈论过这件事。[6] 但是，即使你不想欺骗任何人，你对过去事件的思考——也许是假设发生一些不同的情形（"如果……"），也有可能导致错误信息。

导致记忆失真的诸多因素

考虑到你（或者和你谈论这本书的人）可能希望进一步证明错误记忆经常出现，我们邀请你参加一个改编自"DRM范式"的小实验。DRM是三位开发该范式的科学家姓的缩写：约翰斯·霍普金斯大学的詹姆斯·迪斯（James Deese）、圣路易斯华盛顿大学的亨利·勒迪格（Henry Roediger）和凯斯琳·麦克德莫特（Kathleen McDermott）。[7] 阅读下面的单词，过一会儿试着去回忆，看看你还能记得哪些单词：

- 桌子，坐，腿，座位，长沙发，书桌，躺椅，沙发，垫子，凳子，床，休息，梦，醒，枕头，打鼾，睡眠，糖果，酸，苦，糖，蛋糕，吃，牙齿，馅饼

你在完成这个任务时是有优势的，因为你正在读的这本书给了你一些记忆信息的技巧，而且你知道这个测试是要检测你的记忆力。即便如此，我们预计你仍有可能产生错误的记忆。如果没有，你可以让你的几个朋友试一下这个实验。我们预计，至少有一部分人会产生错误的记忆。

现在，记忆测试可以开始了。不要回头看，想一想我们之前展示了哪些单词？总共有25个单词，花一两分钟时间，看看你最多能

想起多少个。

如果你和大多数人一样,那么你会清楚地记住开头几个单词:桌子、坐、腿。这被称为记忆的首因效应,从我们生活中更复杂的事件中也可以看到这种效应。记住你的"第一次",无论是你的初吻、大学的第一天,还是第一次乘飞机出国,比记住后来再次发生的类似事件要容易得多。你还记得其他哪些单词:你有没有记住沙发、床、梦、糖果、糖?有没有记住椅子、睡觉、甜?如果你记得后面三个词中的任何一个,那只能说明你产生了错误的记忆!你可以回去查看那组单词,这三个词都不在其中。我们请中学生、大学生、律师、法官、医生和护士做过这类实验,结果都是一样的:很大一部分人记起了清单中没有的单词,而且很多人非常自信,认为清单中肯定有那些词。如果你没有看到原始的单词清单,只是在房间里举手表决,那么你可能会相当确信清单中有这些单词。事实上,记得有这些单词的人比记得实际展示的那些单词的人还要多!

如果你再去看看展示的那些单词,就有可能猜到为什么这个实验会导致记忆错误了。你看到的这些单词都与那些没有出现的单词密切相关。事实上,你看到的单词是经过特别挑选出来的,因为它们与未出现的单词有紧密的联系,它们代表了清单的主旨,或者说一般性主题。当你在阅读这组单词时,椅子、睡眠或甜等单词可能会突然闪现在你的脑海中。在回忆列出的单词时,如果你想到这些清单中没有包含的单词,你也会觉得它们非常熟悉。此外,在你开始回忆时,我们会敦促你尽可能多地回忆这些单词。我们告诉你清单中有25个单词,因为我们知道大多数人不可能记住全部25个单词,而知道你的答案"不全"会促使你把出现在脑海中的所有内容都当成你的记忆。因此,当目击证人在指认罪犯时,你必须提醒他对面那些人也可能不包含罪犯。

根据熟悉程度推断出真相

请快速回答：奶牛喝什么？答案当然是水，但如果你首先想到的是"牛奶"，也无须大惊小怪，因为有同样反应的大有人在。牛奶是一种饮料，而且我们会把它与奶牛联系在一起，所以很多人很快就会想到它。本书作者伊丽莎白在课堂上演示了这个实验，要求学生尽可能快地喊出答案：最先回答的学生几乎异口同声地大喊"牛奶"，过了一会儿才听到有人说"水"。当你试图快速做出反应时，很容易想当然地认为你最容易想到的信息是准确的。

真相错觉效应是人们倾向于相信突然出现在脑海中的信息是真实信息的又一个例子。这种现象说明人们往往相信多次听到的信息。相信重复信息的倾向对你的学习能力很重要（老师可能会说错一次，但他们可能不会始终传递错误的信息），孩子们在学龄时就学会了重复和真实性之间的联系。但是，这种倾向有时也会对我们有害，原因在于，即使你被警告信息来源不可靠，甚至被直接告知信息是虚假的，它仍然会继续起作用。从广告商到政客，每个人都有可能利用这种现象。在社交媒体上，它引发的问题尤其严重，因为社交媒体这种交流方式会助长肤浅思维（当你浏览一个又一个帖子时），还会诱导你重复和分享内容。

本书作者安德鲁与同事杰森·米切尔、丹尼尔·夏克特一起，研究了这种真相错觉效应对老年人和阿尔茨海默病患者的影响。[8] 实验参与者学习了 44 个模棱两可被随机标记为"真""假"的语句，比如，"煮一杯浓缩咖啡需要 32 颗咖啡豆：假"，"煮熟鸵鸟蛋需要 4 个小时：真"，然后请他们说出哪些语句是真实的。健康的老年人正确地辨别出了 77% 的真实语句，但他们把 39% 的虚假语句鉴别为真实语句。虽然这一结果本身就令人吃惊，但阿尔茨海默病患者的结果更甚。患有阿尔茨海默病的人正确辨别出了69%的真实语句，但把59%的虚假语句认定为真实语句——高于50%这个随机猜测的概率。这说明，如果你告诉一个阿尔茨海默病患者一些信息是不真实的，与什么也不说相比，他们更有可能记住这些信息是真实的。重要提示：永远不要告诉阿尔茨海默病患者什么是错误的（"晚饭后不要吃药"），而是只告诉他们什么是正确的（"空腹吃药"）。

闪光灯记忆

读到这里，你可能会想："嗯，记忆肯定不会都完美，但有些事情永远铭刻在我的记忆中，我知道这些记忆是准确的。"也许是你的初吻，也许是你第一次抱起孩子的那一刻，也许是你在得知约翰·F. 肯尼迪遇刺时所在的地点，也许是你在2001年9月11日看到双子塔在恐怖袭击中倒塌时和你在一起的那个人，也许是你在听到2016年美国总统大选结果时正在做的事。许多人对这类事件的记忆很有信心，即使它们发生在几十年前。每次回忆起这些事情，你可能都会觉得自己在重新经历那些时刻。1977年，哈佛大学的两位记忆研究者罗杰·布朗和詹姆斯·库利克创造了"闪光灯记忆"这个术语，用于描述被栩栩如生地烙进我们记忆中的那些令人大为吃惊、高度情绪化和极其重要的事件——就像拍了一张闪光灯照片，将事件的细节永远留下。

情绪记忆是完美无缺的吗？

研究表明，情绪记忆并非完美无缺；事实上，它们很容易和其他记忆一样发生类似的失真。就连布朗和库利克也认识到，认为情绪记忆在各个方面都像照片一样真实是不合适的，他们说："用闪光灯拍摄的真实照片会不加区别地保留它镜头里的所有东西，而我们的闪光灯记忆并非如此。"他们接着说，他们清楚地记得自己是在何时何地得知肯尼迪遇刺这个消息的，但细节都记不起来了。例如，他们注意到布朗"面对着一张桌子，上面放着许多东西，透过窗户能看出外面是什么天气，但这些都不在他的记忆画面中"。[9]

是信心，而不是一致性

尽管在某些情况下，情绪记忆能让我们记起更多的细节，而不是平淡乏味的经历，但对于那些唤起情感的情景留给我们的记忆来说，最值得注意的是我们能感受到这些记忆是那么栩栩如生，同时我们对它们的准确性是那么有信心——即使我们的记忆是错误的。一项早期研究证明了对情绪事件的信心与准确性之间不具有关联性，埃默里大学的乌尔里克·奈塞尔和妮可·哈什曾经让大学生报告他们是在什么情况下知道挑战者号航天飞机爆炸这个消息的。[10]几个月后，他们被要求再次报告这些情况，并评估他们对这段记忆的信心。参与者在两个时间点都给出了详细的报告，并对自己记忆的准确性非常有信心，但两次报告有许多细节不一致。情绪记忆中信心和准确性（或者一致性）之间的这种脱节已经在许多公共事件中得到了证明，因此杜克大学的詹妮弗·塔拉里科和戴维·鲁宾发表了一篇题为"闪光灯记忆的特征是信心，而不是一致性"的论文。[11]

演练提升信心

正如西北大学的肯·帕勒所指出的，造成信心和准确性脱节的一个原因可能与我们频繁思考过去的情绪经历有关。[12]我们不仅思考这些事件，还会与他人谈论。我们每次都会为事件构建一个记忆结构。经过多次演练之后，构建过程就会变得毫不费力，并且我们会认为所构建的结构和原始事件是一模一样的。但实际上，每一次重建，某块"积木"都可能会错位甚至遗漏，受其他人评论的影响加入错误的内容，或者根据我们事后了解的信息修改我们构建的结构。

记住威胁

信心和准确性之间脱节的另一个可能原因是，我们可能对情绪事件中某些比较小的细节记得特别清楚。武器聚焦效应指的是，如果看到了武器，目击证人指认嫌疑人的难度更大，更容易出错。[13] 这并不仅仅是因为人们没有看到其他细节[14]，而是所有脑力都被用于将威胁（无论是刀枪，还是挥舞的拳头）构建到记忆结构中，而其他细节（如犯罪者的脸或衣服）的构建则不是很充分。如果我们后来被要求整体考虑这个事件，我们可能会觉得自己的记忆十分清晰，因为某些部分被清楚地保留了下来。这就好像我们站在记忆结构的一个房间里，金光闪闪、某些局部纤毫毕现的记忆浮雕让我们惊叹不已，却没有意识到本该通向其他细节的走廊已经崩塌了。

防止受错误记忆的影响

如何防止受到错误记忆的影响？最重要的一条建议是：如果风险很大，那就花一些时间检测你的记忆。在想起一些内容之后，想一想为什么会想起这些内容，它们是不是正确的。考虑以下问题：

- **这些信息为什么很熟悉？** 我们很容易想起某些信息，并不意味着它一定是准确的。你知道你更容易相信你听过多次的信息，你很容易受到错误信息的影响，你可能会创造出与主旨一致的错误信息。所以，在你根据脑海中出现的信息采取行动之前，花点儿时间想一想为什么这些内容会突然出现在你的意识中。你或许会发现这可能是一个错误的记忆。

- **事情可能是这样的吗?** 花点儿时间想想你回忆起的那段记忆的细节。它们相互一致,还是相互排斥(比如,你的堂妹苏茜和你的女儿出现在同一次感恩节晚餐上)。这个办法被称为"回忆–拒绝"策略[15],也就是说,从记忆中拾取的一条信息可以帮助你确定其他信息是错误的记忆而予以拒绝。
- **你对这些内容的记忆应该有多深刻?** 如果你经常去外面吃饭,那么当有人说你以前在附近某家餐馆吃过饭时,你可能会相信他。因为随着时间的流逝,你的外出就餐的记忆已变得非常模糊了。但如果你只是在某个特殊场合才去这家餐厅吃饭,那么你应该告诉他,他也许记错人了。换句话说,如果一件事非常独特,却没有给你留下清晰的记忆,那么你更应该认为这件事可能没有发生过。

第三部分

当记忆中的东西太少或太多时

第 13 章

正常的衰老与阿尔茨海默病的区别

"我很担心我的记忆力。"一位 82 岁的会计师说,她是 3 个孩子的母亲。"我的朋友们都有记忆问题。他们中有许多人患上了痴呆,有的人甚至患上了阿尔茨海默病。我想我也快了,我知道会这样。今天早上我走进卧室,却想不起来自己在找什么——直到走回冰冷的地下室,才想起我是去拿毛衣的。想起别人的名字?还是算了吧!只要不是经常见到的人,我就很难想起他们的名字。不仅如此,我上周开车去银行的时候,儿子跟我说起了我的孙辈——他们都过得很好,然后我发现我把车开到了杂货店的停车场。我不记得最后 10 分钟是怎么开的车,也不记得我怎么去了杂货店,而不是银行。"

这位 82 岁的会计师是患了阿尔茨海默病还是正常衰老?在本章中,我们将讨论正常衰老以及阿尔茨海默病等老年性脑病导致记忆发生的变化,以便你能够区分它们。我们还将讨论如何使用其他相对完整的记忆系统来补偿正常衰老和各种大脑疾病导致的一些记忆问题。

正常衰老

60、70和80多岁正常衰老的人在记忆工作记忆中的信息时会遇到一些困难（参见第3章），在记忆新信息以及根据需要从情景记忆中找回信息时需要付出更多的努力（参见第4章），从语义记忆中回忆别人的名字时也会遇到麻烦（参见第5章）。随着年龄的增长，这些记忆上的挑战会越来越频繁，但你无须感到恐慌。我们会先研究这些困难，然后讨论受衰老影响较小的程序记忆（参见第2章）。

老年人的额叶

正常衰老导致的记忆困难通常与额叶及其与大脑其他部分的连接发生的变化有关。老年人的额叶功能没有年轻时那么好。一些研究人员和临床医生认为，这是由于轻微脑卒中或其他病变（我们将在本章后面讨论脑卒中）对大脑的这一部分及其连接造成了少量与老年相关的损伤。还有一些研究人员认为，额叶的这些变化是正常的生理变化，与疾病无关，比如脑细胞受体分布的变化有助于记忆的稳定，但代价是形成新记忆的能力减弱。

正常衰老过程中的工作记忆

别忘了，前额叶皮质是工作记忆系统中的中央执行系统。由于额叶功能会随着年龄增长逐渐减弱，所以老年人的工作记忆能力相对于年轻人肯定会有所下降。与二三十岁的人相比，老年人通常记不住那么多的信息，处理信息的能力也有所下降。这意味着老年人在通过心算对一组数字求和时的速度比年轻时慢，在第一次去某个城市时记住地图的能力也不如年轻人。

正常衰老过程中的情景记忆

随着年龄的增长,情景记忆会发生三个主要变化,这些变化都与额叶功能减弱有关。我们将逐一考虑这三个变化,看看可以通过哪些简单措施做出补偿。

首先,你需要付出更多的努力,才能集中注意力,将所需的信息纳入情景记忆。不过,简单地重复信息就可以帮助你克服这个困难。所以,要记住购物清单、要去的地址或者一天的日程,可以将这些信息重复一两遍。

其次,从情景记忆中获取想要的信息需要付出更多的时间和精力,通常还需要一些策略。额叶功能减弱,在情景记忆中寻找并重建记忆的能力就会减弱。有时候,只要集中精力,给自己一点儿时间,就足以让你想起想要的记忆。但是有时候,你需要使用一些策略,才能让你想要的记忆回到大脑中。想一想记忆是在哪个地方形成的,这个线索可能会让你找回这段记忆。关于如何提高找回记忆的能力,请参阅第9章和第五部分。

最后,老年人更有可能产生混乱、失真或完全错误的记忆。虽然这些混乱记忆可能发生在任何人身上,但由于额叶功能随着年龄的增长而衰退,所以老年人更容易产生错误记忆。正如我们在第12章中讨论的那样,在学习信息时密切关注信息的细节,并在找回信息时尽可能多地想象具体细节,可以减少错误记忆。

正常衰老过程中的语义记忆

大多数健康的老年人在回忆人名、书名或电影名时都会遇到一些困难。原因有两个:首先是额叶功能障碍。在语义知识库中找回你正在寻找的特定信息,离不开额叶的帮助。因此,发生额叶功能障碍后,老年人找回任何知识的难度可能都会增大。但是,为什么老年人尤其记不住人名呢？我们认为，这可能与随着年龄增长而经常发生的大脑颞叶萎缩有关——通常人名就存储在颞叶尖端。要提高找回人名的能力，一个方法是想想关于这个人你还知道什么：他们的职业、爱好、家庭、外貌等。本书第24章有更多关于如何提高回忆人名的能力的建议。

正常衰老过程中的程序记忆

程序记忆是正常衰老过程中通常会保留的记忆，即学习、使用技能和习惯的能力。也就是说，如果你一直想打高尔夫球（或打棒球、在雪中远足），但是因为要上班，没有时间，那么在你退休后，在60、70或80多岁的年纪，就没有任何理由不去参加课程，并开始学习这项新的运动了。但是要记住，就像在任何年龄从事任何活动一样，你也需要练习几年，才会精通这项运动（在雪中远足需要的练习时间可能会短一些）。

同样甚至更重要的是，你还可以用你的程序记忆来弥补你在情景记忆中遇到的困难。例如，也许在年轻的时候，无论你把钥匙放在什么地方，你肯定都能找到。但是现在年纪大了，你可能每天都在家里到处找钥匙。如果你用程序记忆来训练自己养成把钥匙放在同一个地方的习惯，那么在需要的时候你肯定能找到它们。

老化的记忆系统的好处

尽管经常有老年人注意到他们的记忆力越来越差，但老年人大脑在记录信息上的这个特点也有它的好处。年轻人大脑构建的记忆结构可能包含大量细节，包括一些并不重要的细节，而老年人的记忆结构可能只包含基本要素。只记住关键信息可以使老年人更容易避开"只见树木，不见森林"的常见陷阱，使他们能够从总体上了解情境的重要性。老年人大脑构建记忆结构的方式也可以让他们更容易看到不同情境之间的共同点，知道如何将在某种环境中获得的知识应用于当前的情境。事实上，一些随年龄增长而来的智慧可能归因于老年人大脑建立记忆结构的方式发生了变化。

如果不是正常的衰老

你已经对正常衰老过程中发生的记忆变化有了更好的了解，接下来我们来讨论失忆这个问题。记住，当老年人患上影响思维和记忆的脑部疾病时，他们通常会经历正常衰老过程中会发生的所有变化，以及脑部疾病带来的变化。

关于失忆的专门术语

临床医生和研究人员用来描述失忆和失忆患者的术语可能相当令人困惑。在本节中，我们将介绍一些可以用来描述许多潜在大脑问题的一般综合征（例如痴呆、轻度认知损害和轻重不等的主观认知下降），然后我们将在下一节深入研究一些特定的大脑疾病（例如阿尔茨海默病、血管性痴呆和额颞叶痴呆）。

痴呆

痴呆本身并不是一种诊断结论。它是指一个人的思维和记忆能力逐渐下降，严重时足以干扰日常功能。如果患者只是在支付账单、购物、做饭或服药等一些复杂的日常活动上有困难，则被认为是轻度痴呆。如果患者在穿衣、洗澡、吃饭或上厕所等基本日常生活中有困难,则被认为是中度或重度阶段的痴呆。大多数痴呆患者的病情会日益严重,这取决于病因。原因不同,痴呆影响的大脑区域不同,产生的症状也不同(参见图13-1)。

轻度认知损害

我们用轻度认知损害这个术语表示:(1)本人、家人或医生注意到的思维或记忆能力下降;(2)在思维或记忆测试中检测出的损害——轻度损害比较典型;(3)日常功能基本正常,但日常活动可能比较费力。注意,因为日常功能基本正常,所以从本质上讲,轻度认知损害的人没有痴呆。研究表明,大约有1/2轻度认知损害患者的病情会随着时间的推移而逐渐加重,最终以每年5%~15%的速度发展为痴呆,而另外1/2的患者的病情则保持稳定,甚至有所改善。

正常衰老　　　　　血管性痴呆

额颞叶痴呆　　　　阿尔茨海默病性痴呆

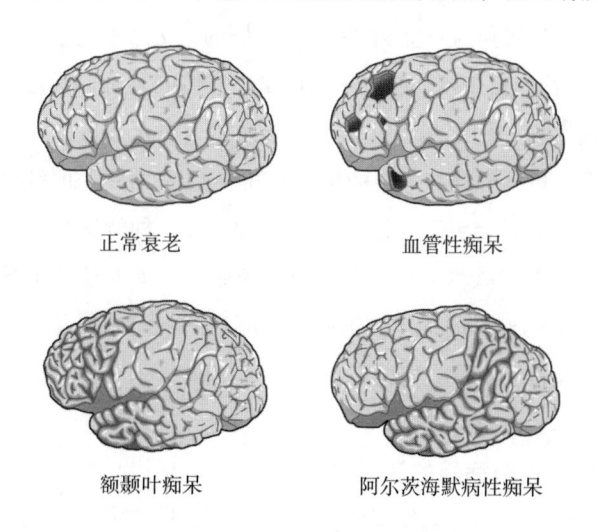

图13-1　在正常的衰老过程中,大脑只有很少的部位会萎缩。阿尔茨海默病性痴呆患者的顶叶和颞叶区域会萎缩。额颞叶痴呆患者的额叶和颞叶区域会萎缩。血管性痴呆患者会因脑卒中而导致大脑损伤

主观认知下降

有些人因为担心他们的记忆功能而去看医生，但他们的日常功能很正常，在思维和记忆测试中的表现也同样正常。他们遇到的问题是主观认知下降。大多数主观认知下降的人担心记忆力出了问题，实际上没有任何问题。但有些人注意到他们的思维或记忆能力减退了（虽然轻微，但确实减退了），尽管他们在标准认知测试中表现正常。因此，与那些在记忆力方面没有问题的人相比，少数主观认知下降的人在未来5~10年内更有可能被诊断出记忆障碍。

阿尔茨海默病

1907年，阿洛伊斯·阿尔茨海默描述了他在美因河畔法兰克福精神病院里观察到的一位51岁女性。"她的记忆严重受损，"他写道，"如果给她看什么东西，她能正确地说出它们的名称，但是之后，她会立刻就把这一切都忘了。"[1] 他接着描述了病人死后的大脑显微镜观察结果，包括缠绕在一起的神经原纤维（"只有一小团纤维表明那个位置之前有神经元"）和一些淀粉样斑（"一种特殊物质沉积在皮质中形成的粟粒状微型病灶"）。阿尔茨海默本人对这种由缠结和斑块引起的记忆疾病的描述简洁明了，但我们将稍微展开，谈一谈在患者身上经常能观察到的记忆缺失。

失忆加重，但对病情的认识减弱

因为阿尔茨海默病发展缓慢，大约需要4~12年，所以大多数阿尔茨海默病患者在发展为痴呆之前会经历轻度认知损害阶段，其他原因导致的痴呆患者也是如此。有些人在轻度认知损害之前会经历主观认知下降。一旦功能受损并被诊断为阿尔茨海默病性痴呆，病情就会从轻度发展到中度，然后发展到严重阶段。在轻度认知损害和轻度痴呆阶段，阿尔茨海默病患者通常非常清楚自己的疾病，并为自己的记忆问题感到苦恼。然而，随着病情的发展，阿尔茨海默病患者通常会忘记他们已无法形成记忆，因此不会意识到自己有什么问题。

阿尔茨海默病与衰老的叠加

因为大多数阿尔茨海默病患者都是60、70或80多岁，所以在大多数患者身上观察到的认知缺陷，实际上是由阿尔茨海默病的缠结和斑块加上正常衰老共同导致的。这意味着大多数阿尔茨海默病患者都有我们在前面讨论正常衰老的那一节里描述的所有记忆问题，以及我们现在要描述的其他问题。

快速遗忘

阿尔茨海默病最典型的情景记忆缺陷是快速遗忘。也就是说，即使在学习过程中重复信息，即使在找回信息时给出了提示和线索，记忆也无法重新组合，因为信息很快就被遗忘了。这种快速遗忘与阿尔茨海默病最先攻击且攻击力度最大的部位——颞叶的内部（包括海马）直接相关。海马和相关结构受损，将导致新事件的记忆受损、新的信息难以记住或根本无法记住、对最近事件和最近学习的信息的记忆找回受损。但是，更早期的、牢固的事件记忆通常是可以被找回的，尽管它们缺乏真实情景记忆的生动性和主观体验。有关这些主题的更多信息参见第4章和第二部分。

快速遗忘在日常生活中会导致一些典型的问题。因为阿尔茨海默病患者很难记住他们把东西放在哪里了，所以经常会丢失诸如钥匙、眼镜、钱包和手机之类的东西。因为阿尔茨海默病患者不记得说过的话，所以经常对同一个人重复讲一件事，一遍又一遍地问同样的问题，有时一个小时内会重复很多次。因为阿尔茨海默病患者在走路或开车时很难回忆起他们走过的路线，也很难记住路标，所以经常迷路，即使是在熟悉的道路上。随着病情的发展，他们开始忘记星期、日期、月份、季节和年份，因为他们无法记住这些信息。

错误记忆

阿尔茨海默病患者经常产生错误记忆。有时是一些小错误，比如，以为30年前的记忆（与去世已久的父母的对话）发生在今天，或者把昨天服用了药物记成是今天服用了药物。有时可能是更离奇的错误记忆，比如把在电视上听到的事件和自己生活中的某些部分结合了起来。曾经有病人告诉我们，他们去过一个充满异国情调的国家，但后来发现，他们把电视节目的记忆和当地一日游的记忆混在了一起。

找词困难

阿尔茨海默病最典型的语义记忆缺陷是，不仅难以回忆起人名，而且难以回忆起日常生活中使用的常见词汇，如雨伞、壁橱、书柜和照片。这种障碍非常普遍，以至于患者的家人通常都会养成一个习惯，在患者停下来寻找词语时，他们会立即为他想出缺失的词语。阿尔茨海默病的语义缺陷比正常衰老的语义缺陷更广泛，因为阿尔茨海默病的损害涉及颞叶外层的大部分。

习惯和惯例相对而言保存完好

轻度阿尔茨海默病患者的程序记忆相当完整，因此习惯和惯例相对而言保存完好，在一定程度上可以用来弥补情景记忆障碍。例如，如果阿尔茨海默病患者很难记住当天的日程安排，与其让他们1个小时询问5次，不如让他们养成查看贴在冰箱上的每日计划的习惯，他们可以想看几次就看几次。轻度阿尔茨海默病患者也可以养成使用记忆辅助工具的习惯，比如服药时从药盒里取药，或者当有人告诉他们需要记住某件事（比如约会）时，就把事情写在笔记本上。增加大脑中化学物质乙酰胆碱水平的药物，例如盐酸多奈哌齐片（安理申），也可以帮助改善记忆。

血管性认知功能损害和血管性痴呆

血管性认知功能损害是另外一种病因不同的记忆障碍，指脑卒中导致的记忆和思维受损。如果损害严重到足以干扰日常功能，我们就称之为血管性痴呆。

大多数脑卒中发生的原因是将血液从心脏输送到大脑的动脉被血栓阻塞，相应的大脑区域因为没有得到足够的血液而死亡。"血管"这个词强调了问题出现的地点。如果年龄超过55岁，之前有过脑卒中或脑卒中预警信号（称为短暂性脑缺血发作，简称TIA），曾经或现在是吸烟者，每天饮用超过一杯酒精饮料，经常久坐不动，饮食不健康，或患有心脏病、糖尿病、高胆固醇、高血压、肥胖或其他血管疾病，就有脑卒中的风险。

发生比较严重的脑卒中时，个人及其家人通常会注意到，因为它们可能导致突发性视力或言语能力丧失，突发性手臂或腿部无力或麻木，或者突发性协调或行走障碍。但程度较轻的脑卒中通常没有明显的外在表现，只有几年后随着大脑中发生脑卒中的区域越来越多，从最初的几十个发展至数百个时，才会被注意到。幸运的是，大多数脑卒中都是程度较轻的脑卒中。

对大脑连接的损伤

虽然脑卒中确实可以影响大脑的任意区域，但大多数脑卒中影响的是构成大脑连接（即大脑细胞之间的连接）的"白质"，而不是负责处理信息的脑细胞。因为大脑连接大多通向或来自额叶，所以血管性认知功能损害会导致额叶功能障碍。思维通常也会变慢，因为大脑在工作时必须绕过脑卒中造成的障碍。

和正常衰老相似，只是更加严重

因为血管性认知功能损害往往会导致额叶功能障碍，所以它会引发许多在正常衰老中观察到的问题，但影响的范围更广泛。工作记忆减弱会导致患者很难在大脑中保存并处理信息。情景记忆也会遇到一些问题，包括难以将想要的信息纳入记忆中，从记忆中获取信息时更费力，经常产生错误记忆和失真记忆。

与阿尔茨海默病不同的地方

因为血管性认知功能损害的记忆问题是额叶功能障碍导致的，所以记忆丧失与阿尔茨海默病的表现有所不同。一般来说，患有血管性认知功能损害的患者不会快速遗忘。这意味着对血管性认知功能损害的患者而言，重复可以帮助他们记住信息。由于诸如日期之类的引导性信息通常是通过报纸、广播、电视和谈话在一天当中反复观察得到的，因此患者通常会被引导至相应的日期、月份、季节和年份。他们通常不会重复问问题或说一件事，也不会自发地回想起以前记住的信息，但与阿尔茨海默病患者不同的是，暗示和线索对他们帮助很大，有了合适的线索，他们就能回想起大多数的信息。尽管找回语义信息有一些困难，但与阿尔茨海默病患者相比，他们在找词方面的困难并不是那么明显。

发生血管性认知功能损害时，控制习惯和惯例的程序记忆可能保存完好，也可能不完整，这取决于脑卒中发生在大脑的哪个部位。脑卒中经常影响基底神经节和小脑，这是程序记忆所需的两个关键大脑结构。

额颞叶痴呆

发生行为变异性额颞叶痴呆时，额叶直接受到病变的破坏（能产生这种效果的病变有很多种）。额颞叶痴呆最显著的特征是行为和个性发生明显变化，通常包括不符合社交礼仪的行为、失去同情心或同理心、强迫性或固守仪式的行为以及暴饮暴食（特别是甜食）。根据额叶损伤发生的位置，患有这种疾病的人可能表现出相对正常的记忆，也可能表现出血管性认知功能损害患者出现的所有问题。如果他们有记忆问题，往往很难改善，因为患有这种疾病的人通常不相信自己有什么问题。相反，家人需要做出改变，以适应他们。

正常压力脑积水

发生正常压力脑积水时，脑脊液在大脑内部和周围的运动就会出现问题，导致大脑内的脑室系统扩大，推挤脑室旁边的大脑连接。压力会损害大脑连接，并产生与血管性认知功能损害患者相类似的记忆问题，此外还会导致失禁和行走困难。治疗这种疾病的方法是用管子排出一些液体。

帕金森病及其他

对于患有帕金森病、帕金森病性痴呆和路易体痴呆的人，大脑基底神经节中的化学物质多巴胺减少，通常会导致肢体僵硬、行动迟缓、震颤和程序记忆障碍。因此，这些人在学习新技能、习惯和惯例方面会遇到困难。

当基底神经节中的多巴胺缺失时，额叶功能也会受损，因此患有这些疾病的人可能表现出与血管性认知功能损害患者相似的记忆问题。

原发性进行性失语和语义痴呆

原发性进行性失语症患者在语言方面的问题会影响他们的日常功能。这种疾病有几种变体，所有变体都有难以从语义记忆中找回词语的明显症状。少词性的患者在找回吊床、花瓶或毯子等常用词语时会遇到困难。不流利或语法缺失性失语患者会遇到找词困难，以及说话断断续续、费力、其他词语缺失等问题。正如第5章所讨论的，语义性失语患者不仅会遇到找词问题，而且可能会忘记一些词语的意思，比如给定一个词语（"花瓶"），他们或许不能够说出它的意思。最后，患有语义痴呆相关障碍的人不仅会忘记某些特定单词的意思，还会忘记物品本身的意思，以至于他们再也不能使用这些物品，就好像他们是在一个根本没有吊床或花瓶的文化中长大的一样。

寻找更多的信息？

想进一步了解这些内容吗？安德鲁和同事莫琳·K.奥康纳写了两本关于正常衰老、阿尔茨海默病和痴呆导致记忆丧失的书。如果你有轻度记忆问题，我们推荐你阅读《管理记忆七步骤》。[2] 如果你需要照料患有中度或重度痴呆的亲人，我们推荐《管理阿尔茨海默病和痴呆的六个步骤》这本书。[3]

最后，本章开头提到的那位82岁的会计到底是什么问题呢？没有适当的评估，我们不能说她是正常衰老，但她跟我们说的那些问题都无须担心。走进一个房间，被别的东西分散了注意力，忘记了你来这里的原因，这是很正常的。正如本章前面提到的，对于健康的老年人来说，很难记住人名是很常见的。如果你在开车的时候一心多用，你很可能会到达错误的地点，而且不记得是怎么到达那里的，因为你没有给予你要去的地方足够的注意。

衰老和晚年常见脑病导致记忆发生的变化

让我们回顾一下健康和患病人群中记忆随年龄发生的常见变化：

- 正常衰老
    - 在将信息存储到记忆之中时更费力。
    - 找回记忆时需要付出更多的时间和精力。
    - 错误记忆更常见。
    - 在找回人名、地名、书名和电影名时经常遇到困难。
    - 只记住最基本的要素可能更明智。
- 有关记忆障碍的专门术语
    - 痴呆指认知损害已严重到干扰了日常的功能。
    - 轻度认知损害指可被注意到、测试时有所体现的认知问题，但程度轻微，足以维持日常功能。
    - 主观认知下降指个人担心自己的认知能力，但在思维和记忆测试中得分正常、功能也正常的状态。

- 阿尔茨海默病
    - 快速遗忘信息的现象很常见。
    - 错误记忆很常见。
    - 即使是普通名词,也经常存在找词困难。
- 血管性认知功能损害和血管性痴呆
    - 思维和记忆过程减慢。
    - 在将信息存储到记忆之中时更费力。
    - 找回记忆时更费力。

第 14 章

你的记忆还会出什么问题？

> 一名 32 岁的男子因意识错乱被女友送进了医院。他之前很健康，只是偶尔会有偏头痛。据他的女友称，他每隔 5 分钟就会问她"发生了什么事""我们在做什么"，尽管她已经回答了好多次。当被问及这种状况开始之前他在做什么时，她看着地面，然后有点儿尴尬地解释说，之前他们进行了很长时间的性爱。经检查，这名男子的工作记忆正常，因此他可以记住信息，但如果分心几秒钟，他就会忘记与他去医院看病有关的所有事情，比如不记得几分钟前见过医生。他也不记得和女友的性爱过程，或者说，他不记得那天发生的所有事情。

这个 32 岁的男子到底怎么了？他是癫痫发作，还是脑卒中？是他的性行为引起的心理反应，还是他服用的增强快感的药物产生了副作用？

为了确定这个年轻人发生了什么，我们先讨论一些常见的会导致任何年龄的人出现记忆障碍的医疗问题以及神经和精神疾病。我们将从记忆问题最常见的一个可逆原因开始：药物副作用。（请注意，在本章中，除非另有说明，"记忆"一词是指情景记忆。）

药物副作用

现代药物的发展极大地改变了我们治疗许多疾病的能力。遗憾的是，大多数药物都有副作用，有时还会对记忆产生影响。我们将在本节讨论几类可能损害记忆的药物，并简要解释为什么这些药物有这些副作用。附录中列出了更多药物的名称，你可以看看你服用的药物是否会损害你的记忆。

注意，在停止使用任何药物或改变剂量之前，都必须咨询医生。通常，药物的主要用途带给我们的好处会超过副作用。虽然很多药物的副作用在减少剂量后会显著降低，但有些药物必须缓慢降低剂量，否则可能发生严重的并发症，如癫痫发作。

为什么药物会影响记忆？

药物是通过改变大脑中的化学信使系统来影响记忆的。你可以把这些信使系统想象成锁和钥匙：特定的化学物质就像一把钥匙，可以解锁附近脑细胞的功能，前提是这把钥匙可以打开这个细胞上的锁。在这种情况下，充当钥匙的化学物质被称为神经递质，锁被称为受体。通常，每种神经递质都对应几种不同类型（和亚型）的受体，解锁这些受体需要的神经递质数量有时会有变化。受体通常分布在大脑的多个部位，有时也存在于身体的其他部位。通常，医生使用某种药物是因为它能影响大脑或身体的特定部位，或者是因为它能影响特定类型的受体。但是有的时候，药物不仅会影响大脑或身体部位，或者受体类型，还会影响大脑的其他区域和受体类型。在后一种情况下，这种"脱靶行为"会导致药物损害记忆。在这里，我们简要说明一下当药物导致记忆中断时最有可能涉及哪些神经递质系统，并简单介绍使用这些影响神经递质系统的药物的一些常见原因。

胆碱能系统

乙酰胆碱分子是一种神经递质，产生乙酰胆碱的神经元遍布整个大脑。它可以与两种主要类型的"锁"（受体）结合，其中一种受体大量存在于海马内的细胞以及与海马通信的细胞中。鉴于海马在记忆中起到的关键作用，破坏这些"锁"和"钥匙"的药物往往会损害记忆就不足为奇了。[1] 通过对胆碱能系统施加作用影响记忆的两种最常见药物是有抗胆碱能作用的抗抑郁药和治疗头晕和失禁的药物。[2]

抗胆碱能药物：应用比较早的抗抑郁药、头晕药和失禁药

目前大多数抗抑郁处方药都是安全的，几乎没有副作用。导致记忆问题的是那些抗胆碱能药物。正如前缀"抗"（anti-）所示，这类抗抑郁药通过破坏胆碱能系统起作用。破坏胆碱能系统可能有助于治疗抑郁症的症状，但也有可能导致记忆受损。这些药物有时还会导致嗜睡和意识混乱。

抗胆碱能药物也常用于治疗头晕和眩晕。短期使用这些药物来缓解症状，如内耳感染或乘船引起的头晕，通常不会导致问题。但服用这些药物超过一两天就会导致记忆受损。

因为乙酰胆碱也能激活肌肉，所以很多治疗膀胱失禁或肌肉痉挛的药物都是抗胆碱能药物，可能会对记忆产生副作用。膀胱失禁导致的漏尿是一个严重的问题，可能使人们不敢出门，如果你或你的亲人有漏尿的问题，而服用的药物可以防止或大大减少漏尿的发生，那么我们建议继续服用。但是，许多人服用药物并没有明显减少漏尿的发生。如果出现这种情况，我们建议你和医生谈谈，看看是否可以减少剂量或停用，或者换一种效果一样好甚至更好，且副作用较小的药物。

中枢组胺能系统

组胺和其他神经递质一样，在我们的"钥匙与锁"系统中起着钥匙的作用，但它能打开的"锁"通常是用来调节其他神经递质系统的。你可以想象组胺不仅能打开组胺系统的一些锁，还能部分打开其他锁，使其他神经递质更容易打开这些锁。这有可能导致组胺对整个大脑产生广泛的影响，一些研究称组胺就是大脑整体活动水平的调节器。组胺在记忆中也有特殊的作用，在海马和杏仁核中有稠密的组胺受体。

用于过敏、感冒和流感症状、助眠和眩晕的抗组胺药物

鉴于组胺有调节大脑整体活动水平方面的作用，抗组胺药物（具有阻断组胺的作用）经常导致困倦和意识混乱也许并不奇怪。困倦会降低注意力，本身就可以扰乱记忆。抗组胺药还可以通过它们对海马和内侧颞叶中邻近结构的影响，更直接地影响记忆。应用比较早的很多抗过敏药物以及普通感冒和流感药物、夜间止痛药和非处方安眠药都属于抗组胺药物。抗组胺药物也常用于晕动病和缓解头晕、眩晕。

多巴胺系统和抗精神病药物

多巴胺是使神经通路发挥功能的一种关键的神经递质，它对运动行为以及奖励处理和决策极为重要。事实上，多巴胺对前额叶皮质和海马的正常运作都至关重要。

如果大脑中的多巴胺过少，就会出问题，导致帕金森病等；但多巴胺过多也会出问题，过度活跃的多巴胺系统被认为是精神病期间出现幻觉和妄想的根本原因。因此，治疗后一种症状的抗精神病药物（尤其是应用比较早的所谓的典型抗精神病药物）会减少多巴胺的传递。虽然开发这些抗精神病药物的初衷是治疗患有精神分裂症或躁狂症的成年人，但它们经常被用于行为困难的痴呆患者。因为这些药物会破坏多巴胺系统，所以任何年龄的人服用这些药物都会出现记忆力减退。请注意，应用比较晚的"非典型"抗精神病药物通常通过其他神经递质系统起作用，对记忆的影响可能要小一些。

γ-氨基丁酸（GABA）和苯二氮䓬类药物

γ-氨基丁酸是一种氨基酸，是蛋白质的组成部分之一，也是大脑中分布最广泛的神经递质之一。它是神经系统中的一种抑制性神经递质，所以它不会增加与之通信的细胞的活性，而是降低它们的活性。

γ-氨基丁酸的抑制作用与焦虑和其他精神疾病有关。因此，与我们之前讨论过的减少神经递质系统作用的那些药物不同，γ-氨基丁酸类药物的目标是增加γ-氨基丁酸在大脑中的作用。遗憾的是，当γ-氨基丁酸的作用被提高到对焦虑和相关疾病有益的水平时，它通常会破坏记忆。因此，苯二氮䓬类药物（一类增加γ-氨基丁酸作用的药物，通常用于治疗焦虑）肯定会导致记忆损害、嗜睡和意识混乱。事实上，如果医生不想让你记住某个医疗程序（比如结肠镜检查），就会给你使用这类药物。注意，如果要减少药物剂量或停药，一定要在医生的监督下进行。如果突然停药，可能会导致癫痫发作。

对记忆有副作用的其他药物

附录列出了更多影响记忆的药物，包括治疗癫痫、震颤或者帮助睡眠的药物，缓解疼痛的麻醉药，以及一些治疗偏头痛的药物。

记住，草药同样是一种有副作用的药物，并不因为是草药就更安全。草药可能影响多种神经递质系统。很多草药会导致记忆障碍，有些还会导致紧张、疲劳、头晕或意识混乱。

关于睡眠药物的注意事项：有很多原因导致睡眠对记忆至关重要（我们将在第20章中讨论这个问题），因此服用药物来帮助睡眠似乎是明智的。但问题是，绝大多数睡眠药物并不能帮助你获得恢复性睡眠，它们的作用更像是镇静剂，不利于你的健康睡眠。睡眠药物通常分为抗组胺药、苯二氮䓬类药物或类苯二氮䓬类物质，它们可能损害你的记忆力。如果你必须进行药物干预，那么褪黑素和对乙酰氨基酚是两个最佳选择。不然的话，正如第20章所讨论的，我们建议对睡眠问题进行非药物治疗。

通过维生素和激素调节记忆

很多疾病会影响记忆，最常见的两种是维生素缺乏病和甲状腺疾病，所以每个有记忆问题的人都应该先排除维生素或甲状腺相关疾病。

维生素缺乏病可能损害记忆力

维生素 B_{12}（氰钴胺素）水平低会导致很多健康问题，包括记忆和思维障碍。如果你注意到自己有记忆或思维问题，我们建议你检查维生素 B_{12} 的水平。注意，虽然有时维生素 B_{12} 缺乏是由于从饮食中获取的维生素不足，但更多的时候是由于维生素吸收的问题。因此，即使你在服用维生素 B_{12} 补充剂，也需要检查你的维生素 B_{12} 水平。

当皮肤暴露在阳光下，你的身体就会制造维生素D，但许多人仍然缺乏维生素D。还没有证据证明缺乏维生素D会导致失忆，但已经发现维生素D水平低和痴呆之间有很强的相关性。因此，我们建议你检查一下维生素D水平，或者咨询医生，每天服用2 000国际单位的标准剂量维生素 D_3（胆钙化醇）是否适合你。

维生素 B_1（硫胺素）缺乏会导致一种可能可逆的失忆和意识混乱（即韦尼克脑病）以及一种毁灭性的永久性失忆（即科尔萨科夫综合征，亦称健忘综合征）。在发达国家，维生素 B_1 缺乏病和这些疾病通常与酒精中毒有关。但是在世界其他地区，它们可能与营养不良有关。你可以在药店购买维生素 B_1 片，富含维生素 B_1 的食物包括全谷物、豆类蔬菜、猪肉、水果和酵母。

甲状腺疾病可能损害记忆力

体内甲状腺激素水平异常会导致记忆力受损，以及注意力难以集中、易怒、情绪不稳定、烦躁不安和意识混乱。简单的血液测试就可以检测甲状腺疾病，所以如果你有记忆问题，就应该咨询医生。

更年期激素变化

许多中年妇女在更年期前后注意到她们的记忆力发生了变化。但是，科学文献没有清楚表明记忆力变化究竟是更年期雌激素和孕酮的变化导致的，还是一种与衰老有关的作用，与这些激素变化没有特别的联系。很多人（包括男性）到了中年，记忆力会发生一些变化。可以肯定的是，激素替代疗法对绝经后妇女的记忆力没有帮助，也不能降低未来出现记忆问题的风险。

身体压力、感染和疾病都会影响记忆

多种原因导致身体出现问题时记忆力会受到影响。有时，影响是间接的。例如，身体可能会在受伤或对抗感染时释放压力激素，这些激素可能会触发一系列对记忆功能有影响的过程。有时，身体上的问题会对大脑产生更直接的影响。虽然血脑屏障能起到保护作用，像防护墙一样，阻止可能感染身体其他部位的病原体（如病毒和细菌）进入大脑，但这道屏障并不完善，有时病原体会进入大脑并导致炎症，影响思维和记忆。最根本的是，大脑的功能会受到身体其他部位的影响。

莱姆病和其他慢性感染

很多慢性感染会导致记忆和思维障碍，包括莱姆病和落基山斑疹热等由蜱虫传播的疾病。如果你所在的地区这些疾病或其他此类疾病比较常见，并且你曾在户外树林里度过一段时间，或者你发现你身上有蜱虫，那么你应该告诉医生，检测是否患了这些可以治疗的疾病。

除了这两种蜱媒疾病，可能干扰记忆的可治疗的传染病还有很多。如果你有任何感染的症状，如发烧、咳嗽、盗汗、发冷或肌肉疼痛，就应该马上去看医生，看看你是否感染了这些疾病（它不仅会影响你的记忆力，还会带来其他问题）。

最后，如果你认为你可能感染了性传播疾病，一定要尽快告诉医生。梅毒和艾滋病这两种性传播疾病可能首先因为思维和记忆困难而被注意到。这两种疾病都可能直接损害大脑，而艾滋病可导致大脑发生其他机会性感染。

脑炎

脑炎是脑部的一种炎症，通常是由脑组织的感染引起的。脑炎最常见的病因是单纯疱疹病毒，可引起口腔唇疱疹。由于某些我们不完全了解的原因，在极少数情况下，病毒通过口腔或鼻子中的神经传播到颞叶中，并开始攻击大脑。因为颞叶内侧是海马所在位置，而颞叶外侧的下部是语义记忆的所在位置，所以这种脑炎可能会对情景记忆和语义记忆造成毁灭性的损害。

新型冠状病毒肺炎（COVID-19）

你是否听说过与新冠病毒感染有关的"脑雾"一词？脑雾不是一个医学或科学术语，人们只是用它来描述自己的思维迟钝、模糊、不敏锐。新冠病毒感染可能会通过几种方式损害大脑，从而导致脑雾，每种方式都可能导致记忆和思维障碍。首先，它可以直接感染大脑，引起脑炎。其次，它是脑卒中的一个危险因素。再次，新冠病毒经常感染肺部，使大脑缺氧。除了这些非常严重的问题之外，许多被认为已经从新冠病毒感染中完全康复的人在工作记忆方面也存在持续的损伤，[3] 这导致他们难以记住新的情景信息和语义信息。最后，一些德国和美国医生猜测，直接感染病毒、全身性炎症、脑卒中风险增加以及肺部和其他身体器官损伤这几个因素加在一起，可能会使新冠病毒肺炎的幸存者在未来患阿尔茨海默病的风险增加。[4]虽然现在判断这种猜测是否正确还为时过早，但我们希望不是这样。

糖尿病

糖尿病可以通过几种途径导致记忆障碍。首先，正如后文所述，糖尿病是脑卒中的一个风险因素，而脑卒中会导致记忆问题。其次，血糖水平过高或过低，有时可能出现记忆丧失和意识混乱的状况。最后，如果对糖尿病的控制过于严格，血糖浓度反复下降到较低水平，是十分危险的，海马和大脑的其他部分将有可能受到永久性损伤。

住院、大手术和麻醉

许多人在因严重的医学问题或大手术（例如危及生命的感染或髋关节手术）住院时，可能会出现意识混乱、神志不清和记忆问题。有时，如本章前文和附录所述，这类记忆问题与当时服用的强效药物有关。有时，它们与身体所承受的压力以及压力反应引发的激素级联反应有关。随着身体恢复健康、药物的作用逐渐消退，记忆应该会恢复正常。

有时，意识混乱和记忆问题与麻醉有关，这就引出了一个我们经常被问到的问题：全身麻醉会导致长期记忆障碍或痴呆吗？现有的医学文献表明，如果操作得当，全身麻醉不会导致永久性记忆障碍或痴呆。不过，它有可能引起谵妄（意识混乱），延长住院时间，同时让人感到不适。还有可能导致失忆的症状，即使接受全身麻醉的患者在日常生活中还没有明显表现出这些症状。由于最后这两个原因，我们通常建议在外科医生和麻醉师认为安全的情况下尽量使用局部或脊髓麻醉。但是，如果接受的外科手术非常精细，病人在手术过程中的任何活动都会导致问题，那么全身麻醉将是最安全的方法。

器官衰竭

为了让你的大脑正常运转，你的其他器官都必须正常运转，这不足为奇。所以，如果你或你的亲人有严重的肝脏、肾脏、心脏或肺部问题，大脑就将无法正常运转，有可能出现记忆障碍。在身体器官恢复后，大脑和记忆功能在大多数情况下都会恢复正常。

神经系统疾病

在这里，我们将讨论一些导致记忆问题的常见大脑疾病。第13章已经介绍了痴呆、轻度认知损害、主观认知下降、阿尔茨海默病、血管性认知功能损害、血管性痴呆、额颞叶痴呆、正常压力脑积水、帕金森病、帕金森病性痴呆、路易体痴呆、原发性进行性失语症、语义性痴呆，以及与之相关的记忆问题。

脑肿瘤

通常，脑肿瘤可以通过三种途径导致记忆问题。首先，某些肿瘤会直接侵入并破坏大脑的某个记忆中心，如海马（负责情景记忆）、小脑（负责程序记忆）或它们的连接部分。其次，某些肿瘤，比如在鼻子上方的大脑结构（垂体）中发现的肿瘤，可能会破坏甲状腺激素或其他对记忆很重要的脑化学物质。最后，由于肿瘤生长在颅骨内部有限的空间内，所以很多肿瘤（即使是良性的、没有癌变的肿瘤）会压缩大脑的某个记忆中心或它们之间的连接。因为肿瘤会导致失忆，所以通过脑部扫描寻找肿瘤是评估记忆障碍的一项标准内容。

癫痫和癫痫发作

癫痫和癫痫发作可以通过两种途径损害记忆。第一，虽然大多数癫痫发作会导致完全失去意识、手臂和腿有节奏地抽搐、膀胱失禁，但有些发作很轻微，只表现为轻微的意识状态变化。这些局灶性意识障碍性发作（以前叫作部分复杂性发作或小发作）通常难以发现。但一旦发生，它们经常会干扰大脑编码或存储新记忆的能力。当出现间歇性记忆问题时，应考虑这种局灶性发作。在典型的情况下，你可能会注意到你的亲人有相当严重的情景记忆丧失，但是当他们在神经心理学评估中接受广泛的记忆测试时，他们的记忆似乎完全正常。在这种情况下，可以进行脑电图检查。

第二，一些慢性癫痫患者可能间歇性地出现持续数分钟以上的长时间发作。持续时间长、难以停止的发作有时被称为癫痫持续状态。这种长时间发作可能会永久性地损伤海马，导致海马形成疤痕，这就是所谓的海马硬化。毫不奇怪，海马硬化患者通常会出现情景记忆损伤。

多发性硬化

多发性硬化是一种自身免疫性疾病，会影响白质，即大脑中的连接部分。因为大部分大脑的白质都与额叶相通，所以额叶功能受到的影响最大。这种破坏类似血管性认知功能损害，不仅会使工作记忆能力下降，而且获取新信息和从情景记忆中找回先前学习的信息的能力也会下降。如果希望了解更多关于大脑白质损伤会导致哪些记忆困难的信息，可以参阅第 13 章关于血管性认知功能损害的部分。

脑卒中和出血

大多数脑卒中发生的原因是将血液从心脏输送到大脑的动脉被血栓阻塞，大脑的某个部分因无法获得足够的血液而死亡。当脑动脉破裂，血液突然在脑内积聚时，也可能出现出血性脑卒中。最后，在大脑和颅骨之间还有可能出现两种出血——硬脑膜下血肿和硬脑膜外血肿。所有这些脑卒中和出血都会导致记忆问题，常见的机制有三种。

第一，脑卒中或出血可能直接损害某个记忆中心，如海马或其连接。第二，脑卒中或出血可能会对某个记忆中心或其连接施加压力。第三，如第 13 章所述，脑卒中的累积可能导致血管性认知功能损害或血管性痴呆。

脑卒中和出血会导致各种各样的记忆问题，这取决于损伤发生的部位。如果脑卒中损伤了海马或其连接，通常会出现情景记忆问题。如果损伤发生在颞叶的下部和外侧，就有可能出现语义记忆问题。如果损伤发生在基底神经节或小脑，通常会出现程序记忆问题。

无论是血栓性脑卒中还是出血性脑卒中，都是突然发生的，如果大到足以引起记忆问题，就会被注意到。而且，尽管硬脑膜下血肿通常是在跌倒后发生的，但它们可能需要缓慢发展几天或几周后，才会大到足以引起记忆问题。

最重要的是，如果你或你的亲人突然或在跌倒后的几天或几周内失忆，那么你应该立即打电话给医生，因为可能已经发生了脑卒中或出血。

颅脑损伤、脑震荡和慢性创伤性脑病

颅脑损伤是指外力造成大脑损伤。中度或重度颅脑损伤会影响多种记忆，具体情况取决于受伤的是大脑哪个部位。例如，小脑损伤会影响程序记忆，而左颞叶损伤会影响情景记忆和语义记忆。

脑震荡是一种轻微的颅脑损伤，对大脑功能有暂时性的影响。损伤发生前后的记忆丧失是脑震荡最常见的症状之一，记忆缺失的持续时间甚至被作为判定脑震荡严重程度的标准之一。脑震荡恢复后，患者经常难以集中注意力，这会影响工作记忆，以及获取新信息和从情景记忆中找回先前所学信息的能力。

如果反复发生轻微的头部碰撞，不是两三次，而是成百上千次，那么无论是否达到了引发脑震荡的标准，都有可能在以后的生活中患上一种进行性退行性疾病，即慢性创伤性脑病。前拳击手、前美式橄榄球运动员或受过冲击伤的退伍军人都有患慢性创伤性脑病的风险，那些曾被亲密伴侣暴力伤害过的人也是如此。这种疾病通常始于额叶的微小区域，但在疾病的中期，它会扩散到海马。由于这个原因，慢性创伤性脑病患者通常首先会出现注意力不集中的问题，工作记忆受到影响。随着病情的发展，他们的情景记忆能力可能会被破坏，最终的表现可能与阿尔茨海默病患者相似。

短暂性全面性遗忘

短暂性全面性遗忘是一种罕见的神经系统疾病，患者会突然丧失形成新记忆的能力，同时失去几小时或几天的先前记忆。他们会反复询问"我在哪里""发生了什么"以及诸如此类的问题，在得到答复大约5分钟后，他们又会重复同样的问题。如果排除了突发记忆丧失的其他原因，如脑卒中、癫痫发作、血液生化问题以及本章讨论的所有其他原因后，就可以肯定地告诉患者及其家人，这种记忆丧失通常是暂时的，他们很可能在 24 个小时内恢复记忆（但他们无法形成新记忆的这段时间除外）。虽然没有人完全确定是什么导致了短暂性全面性遗忘，但它在偏头痛患者中更为常见，而且通常是由引发偏头痛的那些因素引起的。

精神疾病

在这里，我们将描述一些常见精神疾病中可能出现的记忆问题，以及一种精神治疗方法——电休克疗法。

焦虑

我们已经在本书多次讨论了焦虑和压力（参见第 3、7 和 9 章），因为它会通过多种途径损害多种类型的记忆。首先，当你焦虑或有压力时，就会不停地思考并关注让你焦虑或感受到压力的事情。这些反复出现的想法（通常具有侵入性）会削弱你集中注意力的能力，损害你记住信息的工作记忆能力，以及学习新信息和找回以前所学信息的情景记忆能力。其次，焦虑和压力导致激素被释放到血液中，比如肾上腺素，它会触发"或战或逃"反应，迫使大脑把注意力集中在周围可能构成威胁的事物上——即使这些事物与你当前的目标毫无关系。因此，你的注意力再一次从如何利用工作记忆或情景记忆转移到了让你焦虑的事情上。高水平的应激激素皮质醇会损害海马的功能，使其更难从记忆中找回信息；在慢性压力和焦虑的情况下，它还与长期记忆障碍有关（参见第 15 章）。最后，因为信息首先需要进入情景记忆，才能被概括、巩固并成为长期语义记忆的一部分，所以焦虑也会破坏语义记忆，使你更难记住那些词语或生物途径。

抑郁

和焦虑一样，抑郁也可以通过多种途径损害多种记忆。感到悲伤时，你可能满脑子都是困扰你的那些事。这些悲伤的想法可能会让你很难专注于你想要学习或记住的东西，损害你利用工作记忆保存信息、利用情景记忆学习信息或者让信息变成语义记忆的能力。此外，抑郁还会导致大脑化学物质和连接线路发生生物学变化，干扰额叶和海马的正常功能，而额叶和海马是工作记忆、情景记忆和语义记忆的关键结构。

注意缺陷多动障碍

全球有 8%~12% 的儿童患有注意缺陷多动障碍（即儿童多动症），[5] 使其成为最常见的影响记忆的精神疾病。这是一种异质性疾病，有多种病因。一些研究人员和临床医生认为，注意缺陷多动障碍只是人类正常行为连续体的一端，其症状可能是儿童每天必须在教室里静坐数小时的社会要求的一种反映。但是在某些情况下，它似乎与额叶或其连接的延迟成熟有关，而在另外一些情况下，它可能与影响额叶、额叶连接或相关大脑结构的轻度脑部疾病有关。

不管原因是什么，也不管它是正常的还是不正常的，大多数符合该症诊断标准的人与同龄人相比，工作记忆都有所减弱。工作记忆减弱会导致通过情景记忆获取新信息的能力受损，因此会损害将新信息概括和巩固为语义记忆的能力。正是由于这个原因，患有注意缺陷多动障碍的儿童在学校学习上有困难，因为学校学习大多涉及获取新的语义信息，比如词汇、日期、事实、公式、规则等。

双相情感障碍

双相情感障碍以前被称为躁狂–抑郁性精神病，患者会表现出高涨的快乐情绪，随后可能转为躁狂以及悲伤、抑郁的情绪。我们说过抑郁会损害记忆，而躁狂也会损害记忆。虽然快乐、热情高涨的心情常常能增强记忆力和生产力（也许能让你在创纪录的时间内记住戏剧表演的台词），但是人们在真正狂躁的时候会表现出过高的热情。他们过于活跃，不能集中注意力，不能专注于目标导向的活动。因此，工作记忆、情景记忆和语义记忆都会受到损害。

精神分裂症

精神分裂症患者往往会出现幻觉（通常是幻听）、妄想（如偏执）、思维和行为紊乱以及其他症状，因此这些人大多在工作记忆、情景记忆和语义记忆方面都有缺陷并不是一个令人奇怪的现象。关于这些记忆障碍的确切机制的研究非常热门。事实上，一些研究人员认为，了解患者记忆损害的本质也将有助于更好地从根本上了解这种疾病本身。

然而，人们普遍认为，这些记忆障碍有的是受到内部刺激的干扰造成的，也就是说，如果你同时听到自己脑海中的声音，就很难注意到别人在说什么。如果偏执狂导致你认为所有人都在欺骗你，你就有可能只想着要弄清楚你刚认识的这个人会如何欺骗你，以至于你没有注意到他们的名字。

此外，一些研究通过功能性磁共振成像扫描表明，精神分裂症患者的大脑也有异常。与健康人相比，精神分裂症患者的前额叶皮质、海马和相关结构的激活程度有所降低。[6] 鉴于前额叶皮质对工作记忆的重要性，前额叶皮质和海马对情景记忆的重要性，以及完整的情景记忆对创建新的语义记忆的重要性，精神分裂症患者有工作记忆、情景记忆和语义记忆损害的表现就不足为奇了。

电休克疗法

电休克疗法是一种非常有效的治疗方法，可以用于其他疗法无效的严重抑郁症。这种治疗的目的是引起痉挛（同时使用药物来防止身体抽搐）。电休克疗法通常每周进行两三次，持续数周。正如本章前面提到的，癫痫发作会导致失忆。如果使用得当，电休克疗法并不会对大脑造成永久性损伤，但情景记忆（构成我们生活的记忆）经常会受到明显的损害。例如，挪威卑尔根大学的马林·布隆贝格、阿萨·哈默及其同事对右脑接受电休克疗法（标准程序）的重度抑郁症患者的记忆表现进行评测后发现，尽管他们在标准的神经心理学记忆测试中的表现没有因为接受电休克疗法而发生变化，但在治疗6个月后，电休克疗法确实损害了找回情景记忆的能力。[7] 然而，因为电休克疗法在治疗抑郁症和其他一些疾病方面效果很好，所以它仍然可能是你或你的亲人的最佳选择。

游离性遗忘和多重人格

在讨论精神疾病导致的失忆时，如果闭口不谈可能导致遗忘的心理障碍，那么讨论就是不完整的。心理障碍是实实在在的疾病——患者的记忆障碍绝不是"假装的"，但它们通常是由心理创伤导致的，而不是像脑损伤或药物引起的遗忘那样，是由大脑结构发生的已知的直接变化（即大脑生物化学变化）导致的。在讨论更多细节之前，我们觉得有必要提一下，电影中涉及的这两种情况通常与医学上观察到的疾病不一样。

发生游离性遗忘（包括心因性遗忘和游离性漫游症，这两个名词出现的时间更早）时，患者无法回忆起重要的个人信息，而这些信息通常不会因为我们在第8章中描述的普通遗忘而丢失。在诊断之前，必须排除脑部疾病，如脑卒中、癫痫和短暂性全面性遗忘。

在排除了这些和其他神经系统的原因之后,最常见的原因是经历或目睹过创伤性事件,如身体虐待、性虐待、强奸、战斗、种族灭绝、自然灾害或亲人死亡。其他原因包括严重的内在冲突,如实施犯罪行为后极度内疚或自责的心理,或看似无法解决的人际关系困难。通常这种遗忘都是局部的或选择性的,仅限于无法回忆起特定的一起或多起事件。例如,患者可能不记得激烈战斗的那些日子,或者目睹可怕事件的那几分钟。普遍性游离性遗忘较为少见,患者无法回忆起自己的身份和生活史。除了遗忘事件外,他们还可能无法使用已经学过的技能和知识,因此表现出情景记忆、程序记忆和语义记忆方面的问题。与其他原因导致的遗忘不同,大多数游离性遗忘的消退速度较快(通常在几天内消退),之后记忆会再次恢复。

发生多重人格时,患者有两种或两种以上的人格状态。它通常发生在儿童时期,因长期受到严重的身体虐待、性虐待或情感虐待而致病。以一种身份形成的记忆,另一种身份可能使用,也可能不使用,因此,从患者、他们的家人和医生的角度来看,记忆中可能存在明显无法解释的空白。与游离性遗忘不同,多重人格患者遗忘的时间和事件可能非常普通,没有留下创伤。

酒精和毒品

那么使用或滥用酒精、毒品呢?它们都是导致失忆的重要原因,我们要用整整一章(第 19 章)来讨论它们。

导致失忆的原因有很多

现在,你是否知道本章开头讨论的那名 32 岁男子出了什么问题?尽管他的问题是性爱时发生的,但你是否发现它不完全符合游离性遗忘的特点？在考虑了下面列出的所有情况之后，可以断定这个人很可能患上了短暂性全面性遗忘症。正如本章前文所述，这是一种与偏头痛相关的良性疾病。

- 药物副作用（尤其是抗胆碱能药物、抗组胺药物、典型抗精神病药物和苯二氮䓬类药物）
- 维生素缺乏病（尤其是维生素B_{12}、维生素B_1和维生素D缺乏）
- 激素失衡（包括甲状腺疾病）
- 身体压力、感染和疾病（包括莱姆病、新型冠状病毒肺炎、脑炎、糖尿病、大手术及麻醉、器官衰竭和睡眠不足）
- 神经系统疾病（包括脑肿瘤、癫痫和癫痫发作、多发性硬化、脑卒中、短暂性全面性遗忘和颅脑损伤）
- 精神疾病（包括焦虑、抑郁、注意缺陷多动障碍、双相情感障碍、精神分裂症、电休克疗法、游离性遗忘、酒精或毒药的使用）

* * *

在考虑了导致遗忘的常见疾病之后，接下来我们来考虑导致遗忘偏离正常轨迹的那些疾病，比如创伤后应激障碍。

第 15 章

创伤后应激障碍:无法遗忘

> 2001 年,心理学家玛格丽特·麦金农乘坐越洋航空公司的夜间航班,从多伦多飞往葡萄牙的里斯本。新婚丈夫就坐在她的旁边。飞机刚刚飞越了半个大西洋,机舱里就响起了广播声,通知乘客飞机遇到了困难,要求他们穿上救生衣,做好在海上"迫降"的准备。乘客们等待了 30 分钟。在这期间,飞机的系统一个接一个失灵。飞机摇晃着,乘客和他们的随身物品已东倒西歪。人们尖叫起来,有的人祷告,有的人已晕倒。在最后一刻,人们终于看到了陆地,然后是跑道。飞行员在亚速尔群岛的一个小岛上找到了一个军事基地。在尖厉的"抓稳扶牢!抓稳扶牢!"声中,飞机成功着陆。大多数都平安无恙,只有一小部分人身体受伤。

这是一个真实的故事,有一个所有人都喜闻乐见的完美结局。但是,一段时间之后人们才发现,这不仅是一个故事的结局,也是另一个故事的开始。对于不同的乘客来说,第二个故事的展开方式迥然不同。随着时间的推移,一些乘客觉得他们已经从痛苦的经历中走出来了，于是一切都成为过去。但另一些人继续在他们的思想、记忆和噩梦中重新经历那个事件，尽管他们为了避免想起此事会调整自己的行为，这些都是创伤后应激障碍（PTSD）的典型症状。

我们在这一章将讨论创伤后应激障碍患者的记忆发生的变化，对他们来说，今天的经历被昨天创伤的影响打乱了。

记忆的疤痕

在1890年出版的《心理学原理》一书中，心理学家、哲学家威廉·詹姆斯写道："印象激发的情感可能非常强烈，相当于在大脑组织上留下了疤痕。""疤痕"这个词用得很恰当，它让人联想到创伤性事件可能给人们的未来带来的伤害，更让人联想到情感记忆能持久存在的特性，仿佛事件永远烙在我们的脑海中一样。与平常经历的记忆相比，情感记忆的遗忘曲线更平缓。虽然情感记忆和平常经历的记忆一样，也会丢失或扭曲一些细节，但我们至少可以记住事情的要点。

创伤记忆

作为一名心理科学家，麦金农博士很快意识到，越洋航空公司的航班为研究创伤性事件的记忆、比较创伤后应激障碍患者与非创伤后应激障碍患者的记忆模式提供了一个无与伦比的契机。飞机的飞行有详细的记录，包括广播、机舱灯熄灭、氧气面罩打开的时间等。飞机上的每个人都以完全相同的顺序经历了这些事件。但是事件的细节会给每位乘客留下什么样的记忆呢？

麦金农博士及其同事发现，虽然已经过了好几年，但乘客对事件的许多细节仍然记忆犹新，他们记住的细节远多于同一时期的其他事件。通过观察一小群乘客的大脑活动模式，他们发现杏仁核（与情绪有关的微小的杏仁状大脑结构）在找回这些负面记忆的过程中非常活跃，与找回情景记忆时观察到的活跃区域一致。[1]

控制叙述

这种清晰记住事件细节的能力并不能确定一个人是否患有创伤后应激障碍，也不能确定记忆是否准确。但记忆模式有一些有趣的不同之处。当麦金农博士要求幸存者描述飞机上发生的事情时，那些患有创伤后应激障碍的人对事件和发生过程中的事实给出了更多的评论，而且他们在回忆当时情景时重复的次数也多于没有患创伤后应激障碍的人。这些患有创伤后应激障碍的人似乎无法控制他们的记忆，他们会提供无关的事实和评论，而不是将注意力集中在直接的飞行体验上。

这个事件的特征非常适合研究创伤记忆，但也使我们很难知道这些发现是否可以推广到其他创伤。乘客只经历了一次创伤性事件，但死亡威胁持续了很长时间；他们是集体经历这个事件的，许多人的身边都有亲人陪伴，而且研究人员只研究了成年人。麦金农博士和她的同事承认，记忆模式可能会因创伤的性质不同而有所不同——有的是多次、发生在童年的创伤，有的是持续时间不同或社会背景不同的单一事件造成的创伤。

尽管有这些附加说明，但在这些乘客身上看到的结果（至少在广义上）确实与其他研究一致，这表明创伤后应激障碍可能会使一个人失去找回记忆的控制权。有时，这种失去控制的状况似乎会导致记忆碎片化，记忆要么杂乱无章，要么丢失了最严重创伤发生时的细节。患者可能仍然能够大致描述所发生的事情（也许是依靠反复演练），但是他们无法控制自己对创伤性事件的重新体验。[2]

侵入式记忆

由于无法控制自己的重新体验，患有创伤后应激障碍的人经常会产生侵入式创伤记忆。侵入式记忆是指不自觉地出现在脑海中导致日常功能遭到破坏的记忆（通常具有丰富的感官知觉特征）。患者可能会重新体验与创伤性事件相关的部分影像、声音或气味，并从现实回到创伤发生的那个时刻。

侵入式记忆并不是创伤后应激障碍患者独有的，而是和许多精神疾病同时发生，[3] 甚至可能是对创伤性事件的常见反应。例如，在一项针对经历过机动车事故的人的研究中，大约75%的人报告在事故发生后的最初几周有侵入式记忆。[4] 由于大多数人在一生中都会经历或目睹创伤性事件，[5] 这意味着我们大多数人都有可能在某个时候产生侵入式记忆。

在创伤发生后的瞬间，人们在不自觉地回忆这段经历时甚至会做出一些修改。丹麦奥尔胡斯大学的多尔特·伯恩特森认为，提醒人们回忆创伤事件在一开始可能有好处，因为有助于防止再次暴露于危险之中。但是，随着时间的推移，这种好处可能会逐渐消除，因此在通常情况下，这种不自觉的记忆应该会消退。[6]

事实上，随着创伤性事件越来越久远，侵入式记忆通常会消失。机动车事故发生3个月后，只有25%的人仍然有侵入式记忆。[4] 但在创伤后应激障碍患者中，侵入式记忆持续存在，这是该疾病的一个核心临床特征。

如果没有遗忘

正如第11章所讨论的,人们可以(通过努力)把信息抛到脑后,这样它就不会在不想要的时候回来。迈克尔·安德森及其同事将其比喻成我们对肌肉动作的抑制:我们的本能可能是伸手去接从厨房台子掉下来的东西,但如果那是一把刀,我们就会收手,让刀掉下来。同样,如果某些线索提示我们回忆起不愿意想起的事件,我们也会尝试抑制记忆找回的过程。[7] 随着时间的推移,这些努力会减少我们想起这段记忆的可能性,[8] 避免给记忆留下"伤痕",就像我们避免刀在我们身体上留下伤痕一样。

但对于创伤后应激障碍患者来说,试图忘记往往是徒劳的。创伤后应激障碍患者很难把信息从脑海中抹去,即使他们知道这些信息无关紧要或者应该抑制。[7,9] 有趣的是,这种将记忆从脑海中抹去的能力与创伤后应激障碍症状的严重程度有关——越不能抑制记忆,创伤后应激障碍的症状就越严重。虽然侵入式记忆是创伤后应激障碍的一个关键症状,但有趣的是,创伤后应激障碍可能既是一种记忆障碍,也是一种遗忘障碍。

战斗闪回

尽管创伤后应激障碍这个术语是在1980年左右,即越南战争之后开始流行起来的,但自古以来人们就已经认识到战争会带来心理压力。据希腊历史学家希罗多德的描述,公元前490年马拉松战役的幸存者就出现了类创伤后应激障碍症状。战争的心理影响在美国内战期间被称为"达科斯塔综合征",在第一次世界大战期间被称为"炮弹休克",在第二次世界大战期间被称为"战斗疲劳"。[10] 随着时间的推移，我们逐渐认识到，创伤后应激障碍症状并不是炮弹爆炸对神经系统造成的物理损伤（即"炮弹休克"），而是战斗中的情感创伤导致的结果。（但是请注意，在某些情况下，冲击伤也可能导致神经系统损伤，进而导致爆炸相关颅脑损伤，或最终导致慢性创伤性脑病，如第 14 章所述。）

事实上，在战斗中感受到的严重压力引发创伤后应激障碍的可能性非常大。对于有过战斗经历的退伍军人来说，无论何时，都有大约 10%~15% 的人被诊断为创伤后应激障碍，有接近 1/3 的人在他们生命中的某个时候符合创伤后应激障碍的诊断标准。[11] 他们像其他创伤后应激障碍患者一样，经常因为记忆闪回而再次体验创伤性事件的某些片段带给他们的痛苦感受。他们可能会听到武器发射的声音，闻到橡胶燃烧的气味，或者在吸气时品尝到尘土的味道。这些感觉将他们带回到过去，回到遭受创伤的那一刻。

睡眠受到干扰

对于很多创伤后应激障碍患者来说，睡眠并不能缓解他们的痛苦，因为他们在睡眠时总会做噩梦，而且非常逼真。[12] 噩梦可能是在睡眠时感官活动连续不断地轰炸大脑造成的结果。患有创伤后应激障碍的退伍军人的睡眠模式发生了改变，其中一些干扰表明，睡眠中的大脑无法有效地控制感官信息的流通。[13] 这可能导致睡眠时做一些有强烈感觉的噩梦，并且由于睡眠不能发挥其典型作用，即从记忆中剥离强烈情感和具体感觉（参见第 20 章），因此还有可能导致在白天清醒时出现记忆闪回的现象。

因为压力而变小

鉴于海马在记忆中的关键作用，这个大脑区域结构和功能的改变与创伤后应激障碍有关自然不会让人感到奇怪。例如，一项研究检查了1 800多人（有的患有创伤后应激障碍，有的没有患创伤后应激障碍）的多个大脑结构，发现创伤后应激障碍患者的海马体积明显更小。[14]

这些发现可能表明海马体积减小是由于经历了压力源而导致的。经历严重压力（比如在战斗中经受的压力）可能触发一连串的过程，导致大量神经化学物质被释放出来，而这些化学物质可能会破坏细胞的生长和功能，尤其是海马中的细胞。另一种可能是，在承受严重压力时，体积更大的海马可能会保护人们，使他们不会患创伤后应激障碍。一些包含同卵双胞胎参与者的研究发现，在有参战经历的退伍军人中，没有患创伤后应激障碍的人的海马比患有创伤后应激障碍的人的海马大。不仅如此，他们从未参加过战斗的同卵双胞胎也显示出相同的模式。[15]

创伤后应激障碍是一种记忆障碍吗？

创伤后应激障碍是一种焦虑症，但在过去的10年里，科学家们提出将其定性为记忆障碍是否更合适。当然，记忆障碍是创伤后应激障碍的一个突出表现，并且是诊断标准的一个必要条件。但是，这些记忆障碍仅仅是创伤后应激障碍的一种症状吗？是否有可能是导致创伤后应激障碍的一个根本原因呢？

一些创伤后应激障碍模型表明，侵入式记忆可能导致其他症状。[16,17]逃避行为可能源于人们希望尽量减少接触触发记忆的线索。不想要的记忆可能会导致认知和情绪发生负面变化：在不合适的时间被不愉快的记忆轰炸时，很难专注于手头的其他任务并有效地调节情绪。

杜克大学的戴维·鲁宾和他的同事提出的创伤后应激障碍"助记模型"（mnemonic model）更明确地提出记忆是创伤后应激障碍治疗需要关注的一个焦点。[18]传统上，人们广泛关注哪些事件特征可能与创伤后应激障碍的患病率或创伤后应激障碍症状的性质有关。助记模型表明，除了越洋航空公司航班这类极为罕见的事件以外，临床医生几乎不会考虑患者经历的创伤性事件，而是致力于治疗患者对创伤性事件记忆的反应。正如我们在第二部分中讨论的那样，这些记忆会受到多种因素的影响。因此，创伤后应激障碍的治疗靶点是记忆表征本身。

一方面，以记忆为中心的创伤后应激障碍模型必然很简单。创伤后应激障碍是一种复杂的疾病，可以从很多方面影响患者的认知功能、情感健康和社会融合。另一方面，重点针对记忆特点的治疗（利用行为治疗，或者利用哌唑嗪等药物，减少侵入式记忆的强度或频率）通常对恢复其他功能领域有效。随着我们对记忆可塑性的了解越来越深入，并获得了破坏记忆存储和找回机制的工具，将创伤后应激障碍视为一种记忆障碍表明我们可以找到一些新的治疗方法，改善创伤幸存者的日常体验。虽然我们不知道这些新的治疗方法到底是什么样的，但是当我们在第20章讨论睡眠时，我们将回到大脑如何处理情感创伤这个话题。

创伤后应激障碍患者的记忆会发生改变

- 创伤后应激障碍患者经常会重新体验他们的创伤记忆。这些记忆似乎是侵入式的，而且在事件发生后很长一段时间内仍然存在。
- 创伤后应激障碍患者通常报告说，他们在注意力集中或将新信息纳入记忆方面存在普遍的困难。
- 创伤后应激障碍与睡眠中断有关，这可能进一步加剧记忆上的挑战。
- 尽管记忆障碍长期以来被认为是创伤后应激障碍的一个显著特征，但是一些现行研究正在调查记忆结构的建立和重组随时间的变化是否对创伤后应激障碍有更直接的因果作用。

第 16 章

能记住一切的人

> 每次在电视上（或者其他任何地方）看到一个日期闪过，我就会不由自主地回想起那一天，想起当时我在哪里，在做什么，那天是星期几，等等。整个过程连续不断，无法控制。
>
> ——吉尔·普莱斯

1983年3月10日发生了什么？2008年8月8日是星期几？2021年1月31日是什么天气？除非我们碰巧选择了一个对你有特殊意义的日子，比如说生日或周年纪念日，否则你很可能回答不了这些问题。但是对于少数一些人来说（比如吉尔·普莱斯，她是神经生物学家、记忆研究者吉姆·麦高[1]援引的一个例子），回答这些问题几乎就像回答他们今天早餐吃了什么一样容易。当然，找回信息可能需要一些时间，但细节就在那里，等待着他们去回忆。

在本章中，我们将探讨那些拥有非凡记忆能力的人——他们能记住一切，无论是否出于自愿。

照相式记忆的神话

我们首先要消除一种常见的误解,即有些人有"照相式记忆",只需要短暂地看一眼,比如一页书或一张照片,就能在很长一段时间之后仍准确回忆起它的所有细节。没有科学证据可以证明这种能力的存在。与之最接近的记忆现象是遗觉记忆(eidetic memory)[2],它是一种视觉后像,可以让人在脑海中保留几秒钟或几分钟的细节,从而有足够长的时间来描述它们,但这仍然是一种快速消退的表征。与照相式记忆的概念不同,遗觉记忆不足以让人完美地描述记忆的细节。和我们的所有记忆一样,遗觉记忆也会丢失一些细节,还有可能假设一些不存在的细节。遗觉记忆在儿童中比较常见[3],但在成人中却极为罕见,因此有人提出了语言的发展可能会破坏这种视觉能力的假设。

专业知识和记忆

通常,当成年人表现出可以记住大量详细信息的能力时,要么是他们使用了某些记忆策略(参见第五部分),要么是这些信息与专业领域有关。就像在第 8 章中提到的,高等级国际象棋选手只需简单地看一眼以某种符合逻辑的方式排列在棋盘上的棋子,就能根据记忆,以近乎完美的准确率,恢复棋子在棋盘上的位置。但是,如果向同一名棋手展示棋子随机排列的棋盘,记忆的效果就会变差。[4] 棋手的记忆力并没有什么特别出众的地方,但他的棋艺却很出众。他对国际象棋的理解为他提供了强大的组织原则,帮助他将不同的棋子组合到一起,减少了对记忆的需求。

自我专长

幸运的是,即使你没有任何像国际象棋这样的专业领域的专业知识,也至少掌握一种专业知识:关于你自己的知识!人们一听到自己的名字就会自动定位,并自然而然地思考周围世界中的信息与自己有什么关系。你可以利用这些专业知识来帮助你记住与自己相关的信息。大量研究表明,如果你被要求处理的信息与自己有关,而不是与其他人有关,你就能记得更好。[5]

我们来做个小实验。想一想,你对下面这些问题的回答是"是"还是"否":

你诚实吗?你的邻居严肃吗?你值得信任吗?你性格温和吗?你的邻居有野心吗?你的邻居外向吗?你有礼貌吗?你聪明吗?你的邻居机智吗?你有耐心吗?你的邻居忠诚吗?你的邻居友善吗?你乐观吗?

现在,试着回忆在这些问题中出现的所有形容词。通常情况下,人们会更好地记住与自己相关的形容词(本例中,这些形容词包括诚实、值得信任、性格温和、有礼貌、聪明、有耐心和乐观),而不是与其他人有关的形容词。

记住每一个昨天

有一些人并不仅仅擅长记忆与他们相关的信息,而是几乎记得过去发生的每一刻。这种能力被称作超级情景记忆。这个术语表明这种卓越的记忆力并不适用于所有领域。大多数人在实验室记忆力评估中的表现各不相同，有的善于记住数字或面孔，有的则不那么擅长。许多人会忘记把眼镜放在哪里了。他们并没有显示出接近神话般的"照相式记忆"的能力。但是当涉及回忆他们的过去时，他们的记忆力与我们大多数人有着惊人的不同，就好像他们可以倒回特定的日期，以惊人的清晰度重新经历事件一样。

毫无疑问，这些人的记忆力在本质上有所不同。可以预料，如果他们位于记忆能力连续体的极端，就会有很多人落在这个连续体的其他位置上。我们可以预料，有些人可能记不住过去的每一天，但他们记得的日子比我们大多数人都要多——他们可能有高级情景记忆，但没有超级情景记忆。到目前为止，还没有强有力的证据证明可以这样分级。这些人似乎属于一个特殊的群体，在记忆方面能够完成我们大多数人无法完成的壮举。当然，这并不意味着我们无法通过努力和有效策略（如第五部分介绍的策略）使我们的记忆能力接近这些人。

对于这些人来说，我们在第二部分中描述的记忆的一般原则似乎仍然适用。他们的记忆力并不完美，也会忘记过去事件的一些细节。而且，和其他人一样，他们的记忆也容易受到错误信息的影响。在一项研究中，实验者提供了关于飞机失事视频的错误信息（视频并不存在）。[6]许多参与者（甚至是那些拥有超级情景记忆的参与者）后来都错误地记得他们看过这个视频。不过，虽然记忆的一些一般原则（比如记忆重建这个特性）似乎仍然会起作用，但这些人的非凡记忆能力的确不容置疑，全世界只有大约100人被确认拥有这样的能力。

日历专家

一些因发育障碍或其他原因导致脑损伤的人，尽管在许多智力领域有明显的障碍，但在某一特定领域表现出了非凡的能力。人们将这些人称作"专家"。患有孤独症的专家最常见。孤独症是神经发育方面的一种疾病，其特征是社交和交流障碍，以及重复行为和兴趣受限。虽然有的专家在音乐、绘画或计算方面表现出非凡的才能，但很多都是日历专家。这些人能够在很大的时间范围内根据日期确定某天是星期几，许多人还可以解决反向问题，确定一个月中的某一天是多少号（例如，1987年4月的第三个星期三是几号？）。

记忆和心算

很难理解日历专家是如何解决这些问题的。许多日历专家对公历表现出浓厚的兴趣，经常花大量时间研究它。他们可能是结合记忆和根据日历规律进行简单计算而得出答案的。我们都知道一周有7天，因此可以很快地推断出星期与日期的匹配关系（例如，一个月的1日、8日、15日、22日和29日一定属于一个星期中的同一天）。但是可以利用的规律还有很多。例如：4月1日和7月1日一定属于一个星期中的同一天；在非闰年，1月和10月的第一天是一个星期中的同一天，2月、3月和11月也是如此。除了极少数例外情况，星期与日期对应的日历结构每28年重复一次。这些知识可以用来解决日期问题。一些专家还可以根据记忆中特定的星期与日期匹配关系（例如，2019年3月3日是星期日），利用基本的周–月模式来确定与之相邻的星期–日期匹配关系。

大脑中的日历

一些案例研究通过调查日历专家解决日期问题时的大脑活动，证实他们确实使用了记忆策略和心算。当一位专家被要求将一周中的某一天与相应的日历日期联系起来时，他的海马、颞叶和额叶被激活了，所有这些区域都与长时记忆的活跃区域相一致。[7] 另一名专家在被要求指出某个星期–日期匹配关系是对还是错时,与工作记忆和心算相关的顶叶区域变得活跃,当询问的是更遥远的日期时,这些区域更加活跃。[8]

心理日历和心理日记

虽然工作记忆、长时情景记忆和长时语义记忆可用于解决日期问题,但成为日历专家并不需要出色的情景记忆。日历专家在记忆方面的惊人表现与那些具有超级情景记忆的人有很大的不同。虽然许多人可能会依靠情景记忆来解决日期问题,但日历专家在解决这些问题时似乎并没有采用这个方法(参见图16-1)。事实上,一位

问题:1980年12月18日是星期几?

大多数人　　　　　　日历专家

情景记忆:　　　　　　工作记忆和心算:
激活　　　　　　　　　激活

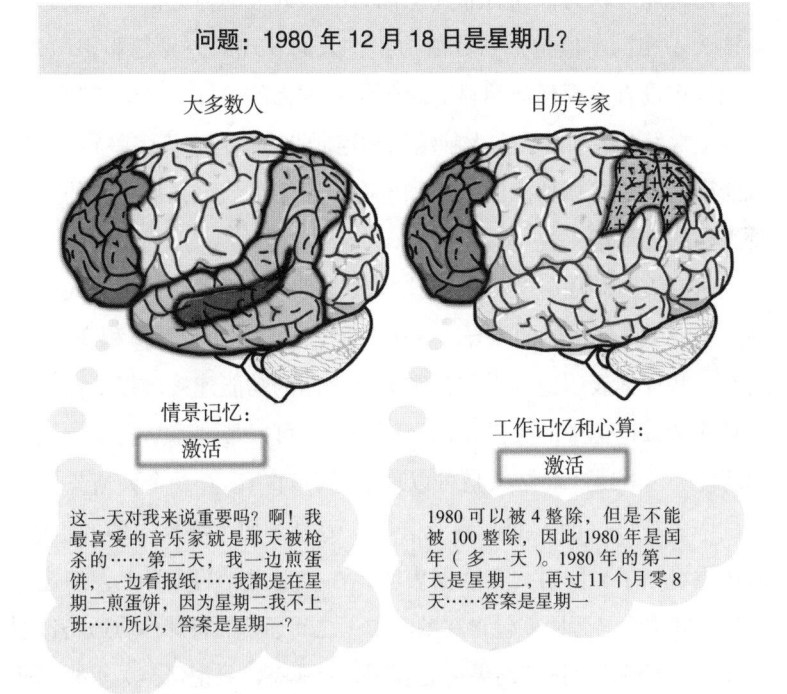

这一天对我来说重要吗?啊!我最喜爱的音乐家就是那天被枪杀的……第二天,我一边煎蛋饼,一边看报纸……我都是在星期二煎蛋饼,因为星期二我不上班……所以,答案是星期一?

1980可以被4整除,但是不能被100整除,因此1980年是闰年(多一天)。1980年的第一天是星期二,再过11个月零8天……答案是星期一

图16-1　日历专家解决日期问题的方式与我们不同

第16章　能记住一切的人　　189

25 岁、有严重情景记忆障碍的日历专家在多个情景记忆任务中的表现低于前 1% 的人，并且在自传式经历方面的表现被归类为"绝对不正常"。[9] 但一些日历专家对过去的个人事件的记忆则高度准确。在一项研究中，一位 15 岁专家的家长提供的发票记录了 7 年时间内发生的具体事件。当这位专家被要求根据发票上的日期回忆当天发生的事件时，他的回忆非常准确，并且与发票相一致，尽管这些经历中有很多其实都是相当平常的事件，比如全家在餐馆里聚餐。[10]

拥有非凡记忆力的人的大脑

你可能会认为，拥有非凡记忆力的人的大脑与记忆力一般的人应该大不相同。但是，到目前为止，人们发现的差异都非常微妙，视觉检查没有发现任何明显的解剖结构方面的差异。虽然孤独症患者与正常发育的同龄人在大脑结构和连通性方面存在许多差异，[11] 但目前尚不清楚患孤独症的专家和没有专家能力的孤独症患者的大脑是否有系统差异。

研究人员利用磁共振成像技术观察拥有超级情景记忆的人的大脑，发现了一些可能的差异。其中一个人的右侧杏仁核体积变大了，还有一些证据表明他的杏仁核和海马之间的功能连接增强了。鉴于海马在情景记忆中的关键作用，而杏仁核可以帮助海马更有效地发挥功能，[12] 出现这些结果是可以理解的。对一小群在个人情景记忆测试中表现极好的人的观察[13]表明，海马旁回（海马周围的组织）的灰质增加了。同时，有证据表明，在表现优异的人身上，加速额叶和颞叶（海马旁回就包含在颞叶中）之间通信的特殊白质通路特别稳健。综上所述，这些结果可能表明，对典型情景记忆至关重要的回路结构发生相对微妙的变化后，才有可能拥有超级情景记忆。

提升记忆力

我们必须牢记：记住每一个细节或每个日常经历并不是一个必要的目标，甚至不是一个有用的目标。如第二部分所述，剔除一些细节有助于看到所经历事件之间的联系，做出有效的决策。尽管如此，我们还是可以从那些拥有非凡记忆力的人身上学到一些重要的东西。虽然我们可以心安理得地抱怨我们与那些拥有非凡记忆力的人在各个方面的不同，但在一些重要的方面，他们也利用了我们所有人都能从中受益的两种广泛的能力：

- 获取专业知识。就像国际象棋选手和通过埋头分析日历系统而获得知识的日历专家一样，我们都可以通过努力获取特定领域的专业知识，并利用这些专业知识来增强记忆力。
- 活在当下。玛丽露·亨纳（出演过电视情景喜剧《出租汽车》）是大约 100 位拥有超级情景记忆的人之一，她在《记忆全提升》[14] 一书中说："当我们积极参与生活，敞开心扉去感受周围的所有刺激时，就能建立起一辈子都能想起并尽情品味的记忆。"这个观点很好。活在当下，欣然接受通过感官获得的信息，不让手机或脑海中的待办事项分散我们的注意力，我们就能更好地记住事情。

要了解更多关于如何提升记忆力、如何更好地利用玛丽露·亨纳的建议，你可以继续阅读本书的第四部分和第五部分。

第四部分
做出正确的选择

第 17 章

运动：延长生命的灵丹妙药

如果我们告诉你，每天喝一种神水，就可以改善睡眠、振奋情绪，最重要的是，还可以提升你的记忆力，你会喝吗？如果我们还告诉你，这种神水可以让你的身体再次焕发青春、延年益寿，你会喝吗？也许这种神水是从山顶上的魔泉冒出来的，你每天要花 30 分钟爬山才能到达那里，你会爬上这座山，去喝这种让你延年益寿、保持青春、安稳睡眠、幸福愉快、提升记忆力的神水吗？你肯定会。现在，假设你在过去的一年里每天都爬上了那座山，也喝到了神水。你确认神水的确有神奇的效果：你变得更强壮，更健康，身体更结实。你感觉良好，每晚都睡得很香，而且记忆力更强。有一天，你爬上山顶，发现我们在那里等你。我们告诉你，你每天喝的泉水其实就是纯净水，你的身体、睡眠、情绪和记忆发生的神奇变化是因为你每天都在爬山。我们还告诉你，接下来，只要你每天花 30 分钟完成像爬山这样中等强度的步行运动，你就能继续获得同样的好处。听到这个消息，你不高兴吗？

我们希望你会喜出望外，因为我们说的都是真的，每一个字都是真的。运动真的是生命、青春、睡眠、幸福和记忆的灵丹妙药。我们并不是说它会让我们在所有这些方面都日臻完美，但它确实会让你的生理机能更年轻，还会延长你的寿命，有助于你的睡眠，振奋你的情绪，增强你的记忆力。正因如此，我们在讨论你可以通过哪些东西提升记忆力时，会把运动作为我们的第一选择。接下来，我们将讨论应该做多少运动，做什么运动，并通过一些数据揭示运动的好处。但首先，我要给你提个醒。

咨询医生

在开始一个全新的锻炼计划之前，一定要咨询医生。如果你的家族成员有心脏病史，吸烟或曾经吸烟，超重，或有以下任何情况：高胆固醇、高血压、糖尿病或糖尿病前期（高血糖）、哮喘或其他肺部疾病、关节炎、肾脏疾病，那么你更应该咨询医生。最后，如果在运动时遇到以下情况，应该打电话给医生或拨打911（美国大部分地区适用）寻求医疗救助：胸部、颈部、下巴、手臂或腿部疼痛或不适；头晕或昏厥；呼吸短促；脚踝肿胀；心跳加速；腿部疼痛；或者你担心的其他症状。

如果你有任何关节疼痛等矫形外科问题或健康问题，也要咨询医生，看看哪种运动对你最好。例如，如果你的膝盖或臀部有问题，那么游泳可能比慢跑更好。不能使用双腿的人可以通过器械进行有些强度的上肢运动。

任何时候开始运动都不晚，也不早

想知道自己是不是年龄太大，现在开始运动已经晚了？研究表明，即使是 70、80 和 90 多岁的老年人，定期锻炼也有好处。[1] 还有一些研究表明，在中年开始进行剧烈运动，可以将痴呆的发病时间推迟近 10 年。[2] 所以，无论你是 29 岁还是 92 岁，都是开始运动的合适年龄。

你应该做什么运动，做多少运动？

有氧运动

美国疾病控制与预防中心、美国运动医学会和美国国立卫生研究院等组织建议的最低运动量都是每周 5 天，每次 30 分钟的适度有氧运动。有氧运动是指任何能让你的心跳更快、呼吸更急促的活动。30 分钟的快走就是一种中等强度的有氧运动，而在相同时间内跑更长距离则是更剧烈的运动。如果你的心脏、肺、骨骼、关节和身体的其他部位健康强壮，每天做 60 分钟的剧烈运动更有益于大脑健康。

好的有氧运动还包括游泳、骑自行车、划船，以及利用椭圆机或上身（仅限手臂）健身器完成的运动。你可以参加有氧运动、尊巴、舞蹈或动感单车课程，也可以参加篮球、网球、足球、冰球、滑雪和高尔夫球（如果打球时步行而不是坐高尔夫球车的话）等运动。如果不确定哪种运动最适合你，那就尝试不同的运动，看看哪种是你最喜欢的。你进行的运动应该有一个非常重要的特点：你经常（即使不是每天）运动，是因为你非常喜欢这种运动。交叉训练（在不同的日子做不同的运动）是减少骨骼和关节磨损的好方法，不仅能让你的心脏剧烈跳动，还能锻炼不同的肌肉。

锻炼力量、平衡性和柔韧性

此外，建议每周至少花 2 个小时进行一些有助于力量、平衡性和柔韧性的活动，如瑜伽、太极和普拉提。除了有益身体健康之外，这些运动对大脑健康也很重要，因为它们有助于防止跌倒，这是导致头部受伤的主要原因。跌倒的风险随着年龄的增长而增加，例如在65岁以上的成年人中，每年有1/3的人会跌倒。大约1/4的跌倒者遭受严重后果，如头部受伤，这可能导致永久性认知障碍，甚至死亡。

降低脑卒中的风险

脑卒中是导致记忆力和思维能力受损的主要原因，而久坐不动的生活方式是脑卒中的主要危险因素之一。运动可以帮助减少许多导致脑卒中的危险因素。运动有助于减肥，这可以降低超重或肥胖人群脑卒中的风险。与保持健康体重的成年人相比，超重成年人患脑卒中的可能性要高22%，肥胖成年人患脑卒中的可能性要高64%。[3]对于年轻人来说，风险增加的幅度更大，超重和肥胖会使他们脑卒中的风险分别增加36%和81%。[4]运动可以降低"坏的"低密度脂蛋白胆固醇的水平，同时增加"好的"高密度脂蛋白胆固醇的水平。运动可以降低血压和患糖尿病的风险。即使是糖尿病患者，只要经常运动，也能更好地控制血糖。基于所有这些原因，运动可以降低脑卒中的风险。

睡得安稳

正如我们将在第20章详细讨论的那样，睡眠对记忆系统的正常工作至关重要。无论你是年轻人还是老年人，运动都能帮助你睡得更好。经常运动的人报告说他们的睡眠质量更好，入睡时间更短，夜间醒来的次数也减少了。他们还说对药物的需求也减少了——这一点很重要，因为不损害记忆的睡眠药物几乎不存在（褪黑素除外，参见第 20 章）。选择你方便的时间进行运动，把运动变成你的一项日常事务。只是要记住两点：睡觉前运动实际上会让你保持清醒，可能需要几个月的定期运动才能达到最佳的促进睡眠的效果。

感觉良好

我们在第 14 章讨论了焦虑和抑郁对记忆和思维能力的损害。幸运的是，运动可以减少焦虑和抑郁。即使你没有焦虑或抑郁，运动也能让你心情愉快。在开始运动后的几分钟内，你就能体验到这种情绪提升的效果，而且这种效果通常会持续 24 小时。运动可以提高大脑中血清素和去甲肾上腺素（这两种化学物质可以提升你的情绪）的水平，这个过程还能教会你的身体如何更有效地应对生理和心理压力。运动有时会产生一种欣快感（即跑步者高潮），这是因为身体会释放内源性大麻素（身体产生的化学物质，与大麻的一些成分相似）。[5] 如果你参加健身班或者去健身房，或者你去户外散步，运动还可以帮助你更多地参与社交。此外，运动可以给你一种成就感。由于所有这些原因，运动不仅可以减少你的焦虑和抑郁，而且几乎和药物一样有效，副作用也更少。[6]

锻炼大脑

运动和记忆最令人兴奋的地方在于，运动会释放大脑中的生长因子，扩大海马的体积，提升记忆力。这些效果在年轻人、中年人和老年人身上都能看到，最快可以在 6 周内观察到，并且在持续锻炼的情况下至少维持一年。[7,8] 海马体积增加约 2%，相当于逆转了 1~2 年的与年龄相关的萎缩。运动会增加化学物质脑源性神经营养因子

（BDNF）的水平。一项研究发现，这种物质的释放量与海马体积的增加有关，而海马体积的增加与记忆力的增强有关。[8]

BDNF增加海马体积、增强记忆力的魔法是如何实施的呢？大多数研究人员认为，BDNF的作用原理是增加海马中新生脑细胞的数量——要么促进它们的发育，要么保护它们存活下来。[9]这句话可能会，也可能不会让你吃惊，但我们刚听到这句话时很吃惊，因为我们在上学时认为成年人不会产生新的脑细胞。但我们现在知道你会，而且你的一生都在产生新的脑细胞。猜猜大脑的哪个部位产生的新细胞比其他部位多？是的，没错儿，就是你的海马。最重要的是，运动时，你会释放大脑中的生长因子，而这些生长因子会产生新的脑细胞，增强你的记忆力。

锻炼心理柔韧性

你是否有过这样的经历：沿着小路完成徒步旅行后，感觉头脑特别清楚？如果是这样，你已经亲身体会到运动是如何帮助你的工作记忆在脑海中灵活自如地处理信息的（参见第3章）。你在运动期间或者运动刚结束后可以察觉到这些好处。[10]如果运动既包含有氧部分（如爬山），又包含认知部分（如沿着徒步旅行路线前行），那么你获得的好处有可能更多。

运动、阿尔茨海默病和痴呆

运动可以降低患阿尔茨海默病和相关痴呆的风险。一项研究观察了携带*APOE-e4*基因的人在开始锻炼计划前后的海马体积（*APOE-e4*基因会增加患阿尔茨海默病的风险）。一年半后，那些习惯久坐的人的海马萎缩了3%，而坚持锻炼的人的海马几乎没有萎缩。[11] 而且，正如我们之前提到的，中年人进行剧烈运动可以将痴呆的发病时间推迟近10年。[2]

即使是那些已经被诊断患有轻度认知障碍或处于轻度痴呆阶段的阿尔茨海默病患者，运动也会让他们受益。一些研究表明，他们的记忆力和思维能力得到了改善；还有一些研究表明，他们的身体机能得以保持，生活质量也得到了改善。[12, 13]

制订锻炼计划

那么，你还在等什么呢？制订一个计划，每周5天至少做30分钟的运动。记住，如果增加一点儿剧烈运动，比如把运动时间增加到60分钟，并且坚持每天运动，只要你的身体能承受住，就会产生更大的好处。从你能完成的具体的小目标开始，然后逐渐加码。制订应对恶劣天气的应急计划。例如，"这周我要进行5天的快走运动，每天30分钟，在室外时就欣赏风景，在室内时就听音乐"。保持终生锻炼的习惯。爬上那座山，去服用生命的灵丹妙药：运动。

通过运动让记忆保持最佳状态

通过强健身体的方法，保证强健的头脑。

- 如果你不确定什么运动最适合你，或者在运动时感到了不适，那么在开始一个全新的锻炼计划之前，先咨询医生。
- 每周进行5~7天的有氧运动，每天30~60分钟。
- 每周至少进行2个小时的力量、平衡性和柔韧性锻炼。

第 18 章

营养：人如其食

> 你打开冰箱，拿出2升装的健怡可乐、瘦牛肉饼和低脂热狗，然后走到食品柜前，拿出用来裹肉饼和热狗的低热量白面包卷，还有超薄薯片。晚饭后，你吃了一些低脂肪的奶油曲奇。你拍着肚子，微微皱眉，心想："嗯，广告上说这些食物是健康的，但我吃了感觉不是非常好！"

"人如其食"这句老话很有道理。你吃的食物被用来构建氨基酸、蛋白质、脂质、核酸和其他分子，这些分子构成了你的身体，并使它能够发挥身体机能。毫不奇怪，有些食物比其他食物更有助于形成这些生命的基石，尤其是在大脑健康方面。所以，饮食健康很重要。说起来容易，但哪些食物是健康的，哪些是不健康的呢？像藜麦和全麦这样的谷物对你有好处还是会导致痴呆？吃红肉真的不健康吗？浆果真的像人们说的那样有益健康吗？维生素和补充剂呢？我们将在这一章讨论这些问题。

一般原则

第一，大脑的健康直接关系到身体其他部位的健康。所以，一定要吃对心脏、血管和其他器官的健康有益的食物。

第二，必须根据身高将体重保持在健康范围内，也就是说，体重指数应保持在 18.5~24.9。如果不知道如何计算体重指数，可以到美国国立卫生研究院的网站上寻找相关信息。[1]

第三，成分单一的完整未加工食物最佳。

第四，从食物中摄取维生素、抗氧化剂和其他营养物质比服用补充剂要好，维生素 D 和维生素 B 除外。

第五，单一的"超级食物"并不存在。你可以按照地中海饮食食谱，保持均衡和适量的饮食，才最有益于健康。

地中海饮食

7 500 多篇公开发表的文章都认为地中海饮食有益健康：除了对大脑健康有好处以外，还可以降低患癌症、糖尿病、高血压、高胆固醇和心脏病的风险。研究表明，中年人采用地中海饮食，可以降低患阿尔茨海默病的风险。[2] MIND 饮食疗法（干预神经退行性延迟的地中海–终止高血压膳食疗法）已被证明可以减缓认知能力下降、减少阿尔茨海默病的发病率。[3,4] 其他研究表明，地中海饮食对认知能力总体上是有益的，其中吃鱼最关键。[5] 一项研究表明，磁共振成像扫描显示，采用地中海式饮食的人的大脑要年轻 5 岁。基本的地中海饮食食谱包括：

- 鱼

- 橄榄油
- 鳄梨
- 蔬菜
- 水果
- 坚果
- 豆类
- 全谷物（包括碎小麦、大麦和糙米）

基于地中海饮食的MIND食谱包括：

- 每天吃橄榄油
- 每天吃绿叶蔬菜
- 每天吃其他蔬菜
- 每天吃全谷物
- 每隔一天吃坚果和豆类
- 每周吃两次浆果
- 每周吃两次家禽
- 每周吃一次鱼

现在，你可能想知道：葡萄酒呢？它不是地中海饮食的传统组成部分吗？请继续读下去，我们将在第19章讨论葡萄酒和其他含酒精的饮料。

哪些鱼最好？

我们建议要经常吃鱼。你可能想知道吃哪种鱼最好，哪种鱼的汞含量可能很高、应该避免。汞含量低、适合食用的鱼包括大西洋鲭鱼、黑鲈鱼、鲇鱼、蛤蜊、鳕鱼、螃蟹、小龙虾、比目鱼、黑线鳕、龙虾、鲑鱼、沙丁鱼、扇贝、虾、鳐鱼、鲷鱼、鱿鱼、罗非鱼、鳟鱼和罐装淡金枪鱼。汞含量特别高的鱼类有剑鱼和大眼金枪鱼，这些鱼不要多吃。美国食品和药物管理局（FDA）有一个非常详尽的指南，告诉你哪些鱼比较好。[6]

适量吃一些全谷物没有坏处

全谷物是地中海式饮食的一部分，但是有些人认为吃任何谷物（即使是全谷物）都对大脑有害。这个想法有两个事实依据。

第一，精制谷物有害健康。精制谷物会去除麸皮和胚芽，导致谷物失去营养价值和纤维。剩下的白面粉或白米几乎都是碳水化合物，这些复合糖很快就会被肠道转化为单糖。单糖被吸收后，会导致血糖和胰岛素飙升，这对大脑不利。因此，白面包、白米饭、大多数意大利面和许多冷食谷类食品、蛋糕、饼干和糕点都不利于大脑健康。

第二，乳糜泻患者对麸质过敏，而麸质是小麦的一部分。多项研究发现，如果乳糜泻患者食用麸质，无论他们是否知道自己对麸质过敏，都有可能出现记忆和思维问题。一些没有乳糜泻的人也注意到，食用麸质后，他们的记忆力或思维能力变差了。因此，我们认为患有乳糜泻或已知对麸质敏感的人肯定不应该食用含有麸质的小麦。

然而，全谷物及其制品（如小麦面包、黑麦面包、燕麦、大麦、糙米和藜麦）营养丰富，转化为糖的速度很慢，不会导致血糖升高。没有证据表明，作为地中海饮食的一部分，适量食用全谷物会损害记忆力或增加患阿尔茨海默病或其他痴呆的风险。

ω–3 脂肪酸

鱼、核桃和绿叶蔬菜有益大脑健康的一个原因是它们含有ω–3脂肪酸。虽然你的身体可以制造你需要的多种脂肪，但它不能制造ω–3脂肪酸，所以你需要从食物中获取它们。主要的ω–3脂肪酸有三种，名字都很长。下面我们做一个简单介绍。

（1）二十二碳六烯酸（DHA）与大脑健康和认知功能、炎症控制以及心脏健康有关。
（2）二十碳五烯酸（EPA）与心脏健康和炎症控制有关。
（3）α–亚油酸（ALA）是能量的来源，也是DHA和EPA的组成部分。

你是否应该服用ω–3脂肪酸补充剂呢？一项研究发现，18~45岁的成年人连续6个月每天服用约1克DHA，可以改善情景记忆和工作记忆[7]，但同期杂志上的相关评论认为该研究存在严重问题。[8] 虽然有研究表明低水平的DHA会增加患轻度认知障碍或阿尔茨海默病的风险[9]，但一项严谨的研究发现，每天服用2克DHA对轻度至中度阿尔茨海默病患者没有任何好处。[10]

基于这些研究，我们的建议是不要服用补充剂，但是要确保你的饮食中包含一些含有ω–3脂肪酸的食物。如前文所述，ω–3脂肪酸最常见的来源包括鱼类（尤其是脂肪丰富的鱼类，如鲑鱼和金枪鱼）、核桃、绿叶蔬菜（如羽衣甘蓝），以及亚麻籽和亚麻籽油。

维生素D

维生素D对大脑健康至关重要。如果儿童没有摄入足够的维生素D，就会导致佝偻病，这是一种会影响骨骼和大脑的疾病。维生素D水平低的成年人患阿尔茨海默病的可能性是维生素D水平正常的成年人的两倍。[11]很多人缺乏维生素D。尽管你可以通过皮肤制造这种维生素，但你仍然需要去户外活动足够的时间才能保证吸收，且不能涂防晒霜——我们不建议这样做。

鉴于维生素D缺乏的严重性，我们建议你服用维生素D补充剂。每天摄入2 000国际单位的维生素D_3对大多数人来说是合适的。你也可以从富含脂肪的鱼（如鲑鱼）、在紫外线下生长的褐蘑菇和牛奶、谷物、橙汁等富含维生素D的食物中获得维生素D。注意，维生素D会与某些处方药发生相互作用，因此在服用维生素D补充剂之前应咨询医生。

维生素B

维生素B是另外一类有时需要我们服用补充剂的维生素。正如我们在第14章中提到的，低水平的维生素B_{12}除了会导致记忆和思维障碍外，还会导致抑郁、焦虑和精神病。动物肝脏和蛤蜊中的维生素B_{12}含量最高，不过鱼类和其他贝类、肉类、牛奶和酸奶中也含有一些。随着年龄的增长，许多人很难从食物中吸收足够的维生素B_{12}，但通过服用补充剂（如每天250微克或500微克），通常可以解决这个问题。不过，有些人根本无法吸收维生素，必须采用注射的方式。确定你是否需要通过口服药或者注射补充维生素B_{12}的最好方法是看医生，检查你的维生素B_{12}水平。

维生素B_1缺乏会导致一种可能可逆的记忆丧失和意识混乱（韦尼克脑病），以及一种毁灭性的永久记忆丧失（通常与酗酒有关）。富含维生素B_1的食物包括全谷物、豆类、水果和酵母。但是，对于酗酒的人，我们建议每天服用100毫克的维生素B_1。

虽然缺乏维生素B_6和维生素B_9（叶酸）并不常见，但它们会导致意识混乱和记忆障碍，有时也会出现在老年人和有肾病、自身免疫性疾病和酗酒的人身上。低水平的维生素B_6和叶酸也与患阿尔茨海默病的风险增加有关。富含维生素B_6的食物包括鹰嘴豆、金枪鱼、鲑鱼、土豆、香蕉、火鸡、意大利红酱、牛肉、开心果和黑巧克力。富含叶酸的食物包括深绿色叶菜、水果、坚果、豆类、豌豆、海鲜、鸡蛋、乳制品、肉类、家禽和谷物。也可以通过服用复合或单维生素B摄入维生素B_6和叶酸。但是请注意，过量的维生素B_6有剧毒（会导致严重的神经病变），所以我们建议每天摄入量不要超过50毫克。对于叶酸，我们建议每天摄入不超过1 000微克，除非你怀孕了或计划怀孕（在这种情况下，应该咨询医生）。

以下食物应该少吃

现在你已经知道地中海饮食食谱中哪些食物对你有益，接下来你可能还想知道哪些食物对你不好。到底是哪些食物呢？其他食物几乎都是。以下食物应该少吃：

- 红肉
- 黄油和人造黄油
- 油炸食品
- 快餐食品

- 深加工食品
- 糕点和糖果
- 白面包、白面粉和白米饭
- 大多数意大利面食
- 普通苏打饮料和果汁，以及无糖苏打饮料和含有人工甜味剂的果汁

想知道无糖苏打饮料和果汁有什么问题吗？事实证明，人工甜味剂可以模仿糖的作用，因此会导致你体内的胰岛素飙升。这是有害的，原因有二。第一，这些高胰岛素峰值对大脑无益。第二，胰岛素激增会让你感到饥饿，饮用添加人工甜味剂的饮料后，你会吃得更多。

喝什么呢？

说到水，白开水是搭配食物的最佳饮料之一。如果你喜欢气泡，苏打水也可以。咖啡和茶（因为含有咖啡因，所以要适量）也是很好的饮品。不含咖啡因的咖啡、茶和草药茶是一个很好的选择，你既可以享受这些饮料，又不会摄入咖啡因。用薄荷、其他草药、草药茶、一点儿水果甚至蔬菜调味的凉水不仅味道不错，也对你有好处。（我们将在第19章讨论含酒精饮料。）

甜点

你们有些人可能会想，鉴于这些证据，你就不应该再吃甜点了。并非如此！首先，浆果和其他水果营养丰富，是很棒的甜点。其次，

少量的巧克力已被证明对思维、记忆和情绪有好处。你只要记住，这些好处来自真正的生可可，所以巧克力越黑越好。

在美国，黑巧克力的可可含量至少为35%，甜巧克力至少为15%，牛奶巧克力至少为10%，这意味着即使是黑巧克力，可可含量可能也不是很高，所以要查看包装上的成分含量。有些黑巧克力含有60%~90%的可可。每天推荐的巧克力食用量在0.35~1.6盎司[①]之间，大约是一块普通巧克力棒的1/3。记住不要超量——巧克力的热量、脂肪和糖含量很高，所以吃太多巧克力对你的健康是有害的。

没有证据的营养素

下面，我们将提到几种某些人提倡但我们不推荐的特定饮食、食物和香料。因为鱼和其他海鲜对你有好处，所以你可能认为鱼油对你也有好处。遗憾的是，没有研究支持用鱼油作为补充剂。同样，尽管有些人声称椰子油可以改善记忆力和大脑健康，降低患阿尔茨海默病的风险，但没有科学研究支持这种说法。银杏也被认为是有益的，但随后的研究表明，银杏对阻止认知能力下降、预防阿尔茨海默病或其他痴呆没有任何好处。[12,13]

白藜芦醇

白藜芦醇存在于蓝莓和红酒中，被认为是这些食物中包含的大脑保护因子。正因为如此，研究人员精心设计了一项为期一年的研究，让轻度到中度阿尔茨海默病患者每天服用2 000毫克白藜芦醇（相当于60吨蓝莓或186瓶红酒中的白藜芦醇含量）。虽然白藜芦醇

[①] 1盎司≈28.35克。——编者注

没有损害大脑，且耐受性良好，但研究人员没有观察到明显的有益效果。[14] 所以，虽然白藜芦醇不会伤害你，但我们也不推荐。

姜黄素

我们喜欢辛辣的咖喱，一直希望能在临床和科学期刊上看到一项组织严密的大型研究证明咖喱香料姜黄根粉中的姜黄素有益记忆、思维或大脑健康的报道。遗憾的是，这样的研究至今仍然没有出现。所以，如果你喜欢辛辣的咖喱菜，那就尽情享用吧。但鉴于目前现有的证据，我们不建议你通过在每周菜单中添加更多的咖喱来增强你的记忆力。

生酮饮食

生酮饮食是一种高脂肪、低碳水化合物、富含充足蛋白质的饮食，已成功地帮助一些别无他法的儿童控制住了癫痫发作。两项分别涉及 20 个和不足 20 个受试者的小型研究表明，生酮饮食可以改善阿尔茨海默病患者的记忆或增加流向脑部的血液。但是，除非有更大规模的研究，否则我们不推荐这种饮食。虽然它可以促进减肥，这对某些人可能有好处，但它也有严重的副作用，包括便秘、低血糖、胆固醇升高和肾结石。

Prevagen 补充剂

Prevagen 是一种非处方补充剂，含有水母中发现的水母发光蛋白质。广告上吹嘘 Prevagen 是"美国领先的记忆支持产品和大脑健康补充剂"。当然，从销量来看，这句话可能没有错。但是它有用吗？根本没用。事实上，美国联邦贸易委员会指控其制造商有虚假和欺骗性广告的嫌疑。[15] 所以，不要浪费钱了。

什么时间开启健康饮食都不会晚

现在，你也许认为地中海饮食提倡的最低限度加工的完整食物对你和你的记忆力都有好处。那么你是否担心自己太老了，已经不能通过改变饮食习惯来改善大脑健康了？好消息是，现在还不晚。一项研究发现，即使是55~80岁的成年人，采用地中海饮食食谱也能获益。[16]

你不需要做到完美

不要因为追求完美而烦恼。有充分的证据表明，只要在饮食方面做出一些健康的选择，就有益于你的记忆和思维能力，并降低患阿尔茨海默病的风险。例如，"严格"遵循MIND饮食（本章前面介绍过）的人患阿尔茨海默病的风险降低了53%，但那些只是"适度"遵循这种饮食的人患阿尔茨海默病的风险仍然降低了35%——降低的幅度已经不小了。

在预算范围内健康饮食

想要健康饮食又不想超出预算？这里有一些建议。

- 购买应季的新鲜水果和蔬菜；它们不仅便宜，而且更有可能是本地生产的。
- 购买当地的鱼（如果有的话）；可能会更便宜、更新鲜。
- 购买商店自营品牌的食品。
- 为了避免昂贵和不健康的冲动消费，提前列出购物清单，不要饿着肚子去食品杂货店。
- 购买食材时要超过烹饪一顿饭的使用量,并将多余的部分冷藏或冷冻,以备第二天晚上食用。

健脑饮食

为你的身体提供良好的营养,保持记忆力。

- 根据身高保持健康的体重,也就是说,体重指数应保持在 18.5~24.9。
- 吃地中海饮食食谱上的食物:鱼、橄榄油、鳄梨、蔬菜、水果、浆果、坚果、豆类、全谷物和家禽。
- 某些食物要少吃,包括红肉、黄油、人造黄油、油炸食品、快餐食品、深加工食品、糕点、糖果、白面包、白面粉、白米饭、大多数意大利面、普通汽水、无糖汽水和果汁。

第 19 章

酒精和毒品作用下的大脑

> 你慢慢睁开眼睛,在昏暗的灯光下环顾四周,看到地上到处都是空空的啤酒瓶、葡萄酒瓶和白酒瓶。你的目光落在床头柜上,那里堆满了吸毒用具、空袋子和皱巴巴的纸。你继续环顾四周,突然发现你不知道这是哪里,你是怎么来这里的,也不知道昨晚发生了什么。你能记得为聚会做的准备,但之后的一切都记不起来了。你想知道到底是因为喝了什么、抽了什么、吸了什么、吃了什么、注射了什么,才在你的记忆中留下了这样一段空白。

我们希望你从未经历过这种什么都不记得的"短暂性昏厥"。正如我们将要讨论的,酒精、大麻和毒品都会损害你的记忆力。它们的影响通常比我们故事中的完全丧失意识更微妙,但同样真实。在这一章中,我们将通过研究数据来回答这样一些问题:你应该喝红酒还是戒酒?大麻对记忆力有益还是有害?毒品像那些老电视广告所说的("这是你吸毒后的大脑")那样糟糕吗?那些广告有没有夸大其词?

酒精

你是否经历过喝了一两杯酒之后就难以记住信息（比如某人的名字）的情况？尽管人与人之间存在个体差异，但酒精会干扰程序记忆和情景记忆这一点已经得到了充分的证实。

程序记忆

在考虑酒精对程序记忆的影响时（参见第 2 章），你可能首先想到的是像"啤酒乒乓球"这样的派对游戏，但这方面最重要也是最可怕的一个事实是：1/4 的机动车死亡事故与酒后驾驶有关。程序记忆对你的反应时间、转弯和变道等日常驾驶动作以及对前方汽车突然减速等情况的自动反应至关重要。酒精会破坏与程序记忆密切相关的几个重要大脑区域，包括小脑（位于头部的后部和底部）。事实上，习惯性饮酒会损害小脑，从而永久性地损害程序记忆。

情景记忆

酒精对情景记忆的影响在编码（学习）过程中尤为显著。晚上喝太多酒的人可能会发生酒精性昏厥，第二天早上醒来时不记得前一天晚上发生了什么。即使是少量饮酒，也会影响学习和记忆。

为了进一步了解酒精对学习的干扰，多伦多的一组研究人员让健康年轻人喝下含有大量酒精的橙汁（"酒精组"）或只含有少量酒精但能品尝出其中含有酒精的橙汁（"安慰剂组"），然后进行磁共振成像扫描。在大脑被扫描时，两组人都要学习一些物体和人名配对组合。研究人员发现，在摄入酒精后，部分前额叶皮质（你的中央执行系统，参见第 3 章和第 4 章）活跃程度降低，海马旁边的大脑区域也是如此——当你建立记忆时，这些大脑区域通常都很活跃（参见第二部分）。24个小时后，在不进行磁共振成像扫描时测试他们，与安慰剂组相比，酒精组对物品和人名配对组合的记忆都受到了影响。[1]

在另一项研究中，大学生在第一天学习了一些信息，准确率约为90%。然后参与者被分成三组。对照组在第七天进行了记忆测试，他们的准确率仍然约为90%。第二组成员在第一天睡觉前喝了酒，达到了微醺的状态；在第七天，他们的记忆准确率下降到了50%以下。第三组成员在第三天睡觉前喝了酒，也达到了微醺的状态；到第七天，他们的记忆准确率下降到约为60%。这个令人惊讶的结果表明，酒精不仅会在你醉酒时干扰你的记忆，还会干扰你对当天或本周早些时候学到的信息的记忆。为什么会这样呢？因为酒精会干扰睡眠，而睡眠在记忆中起着至关重要的作用（我们将在第20章讨论这个问题）。

适量饮酒是好还是不好？

你已经知道酒精会干扰记忆功能，但是，适量饮酒对大脑有好处吗？毕竟，红酒是地中海饮食食谱的传统组成部分。事实上，一些研究发现，每天喝一杯酒精饮料可以降低痴呆风险。[2]但是，一些论文对这一发现提出了质疑，认为之前一些显示饮酒对降低痴呆风险有益的研究是有问题的。[3]对现有酒精摄入数据的广泛研究发现，它是全球疾病负担的主要风险因素，并指出"最安全的饮酒量是零"。[4]一些研究人员认为，适度饮酒与健康之间的微小相关性可归因于一个事实：生病时，人们通常会停止饮酒。他们认为，并不是饮酒让你保持健康，而是不健康的人不饮酒。

我们的建议

首先，不要欺骗自己。无论是12盎司的啤酒、5盎司的葡萄酒，还是 1 盎司的鸡尾酒，甚至是一杯酒精饮料，都会对你的情景记忆和程序记忆造成一定的损害。这并不意味着不能喝酒，但是如果你想要记住你在聚会上遇到的 10 多个人的名字，那么不喝酒的话，记住这些名字的可能性更高。同样，如果你周末不喝醉，你也更有可能记住你在这一周学到的知识。酒后不要驾车，也不要从事涉及安全的其他程序记忆任务，比如骑自行车、高山滑雪。（在所有这些情况下，都不应该喝一杯以上的酒，但要注意，每个人的酒精耐受度是不同的。要了解自己，有些人只喝一杯酒就相当于醉驾。）

其次，我们看到的临床和科学文献表明，每天喝一杯酒精饮料既不会帮助大脑也不会伤害大脑。所以，如果你喜欢在晚餐时喝一杯葡萄酒，或者在球赛时喝一杯啤酒，那就喝吧。但我们强烈建议你限制饮酒，每天饮酒量不超过两杯，一周不超过 7 杯。

再次，如果你想变得更健康，那么我们绝对不建议你喝酒。如果你现在不喝酒，没有证据表明喝了酒就会对你的大脑有益。

最后，如果你有酗酒史，那就要戒酒。

大麻

现在，美国有十几个州允许大麻用于娱乐用途，它的医疗用途只在两个州是违法的。在加拿大等国家，将大麻用于娱乐用途也是合法的，在其他近 50 个国家，大麻已被合法化或者不算违法。这是否意味着科学证明它不会损害大脑功能？不幸的是，答案是否定的。正如我们从酒精（和垃圾食品）上学到的那样，一种物质是合法的，并不意味着它对你有好处。而且，大麻在中国属于一种毒品，被严令禁止。

程序记忆

吸食大麻会损害程序记忆吗？正如我们之前讨论过的，你完成的最重要的程序记忆任务是驾驶。尽管几项早期研究表明大麻吸食者可以通过身体机能补偿大麻中毒，而且驾驶时更加谨慎，[5]但后来的研究发现，大麻检测呈阳性的司机涉及致命车祸的比例随着大麻合法化而急剧增加。例如，在华盛顿州涉及致命车祸的司机中，大麻检测呈阳性的比例从9%上升到了18%。[6]但我们应该谨慎看待这一统计数据，因为没有中毒的大麻使用者可能在几周内都会检测出阳性。但是，急性大麻中毒与碰撞事故次数增加、横向运动增加（如频繁变换车道）、制动延迟增加和反应时间变慢有关。[7]总而言之，大麻会损害程序记忆。

情景记忆

除了是否吸食大麻外，长期吸食大麻的人和不吸食大麻的人之间通常还有很多其他不同点，因此很难对他们进行直接比较。一些关于大麻及大麻吸食者的前期研究可能就是因为这个事实而被证明是错误的。但是，位于波士顿的马萨诸塞州总医院的研究人员避开这个问题，设计了一个巧妙的实验。他们邀请了88名年龄在16~25岁之间的大麻吸食者参加一项研究。在测试了他们的注意力和情景记忆后，随机选择了2/3的人，让他们停止吸食大麻一个月，让另外1/3的人继续吸食，并对继续吸食者和停止吸食者进行了尿检监测。结果很清楚：停止吸食大麻对注意力没有影响，但对情景记忆有显著的有益影响——尤其是在对材料进行编码（学习）时。[8]考虑到16~25岁的人经常在学校学习，需要学习新的材料，这个发现具有非常重要的意义。在30~55岁的吸食者中，当他们停止吸食大麻28天后，情景记忆也有类似的增强。[9]此外，一项综合了6项研究的元分析发现，与不吸食大麻的人相比，大麻吸食者在前瞻性记忆（前瞻性记忆是指记住将来要进行某些行动的能力）方面受到了影响。[10]因此，很明显，大麻会损害情景记忆，但在停止吸食大麻后记忆功能似乎会恢复正常。

THC与CBD

大麻成分复杂，其中包括 Δ9-四氢大麻酚和大麻二酚（分别被称为THC和CBD）。大麻会使人产生"飘飘欲仙"的主观感觉，并损害人的记忆，主要原因是THC具有毒性。[11] 若干研究（尽管不是所有研究）发现，CBD或许能够改善急性THC中毒患者的情景记忆。[12] 因此，从理论上讲，大麻中的CBD或许可以逆转THC引起的记忆损害效应。不幸的是，虽然这个观点在20世纪90年代可能是正确的，因为当时大麻中THC和CBD的平均浓度之比约为15:1，但是今天这个比例可能已经超过80:1了。[13] 也就是说，现在大多数大麻中的CBD不足以抵消记忆受到的损害。

为了揭示这一问题，华盛顿州立大学的研究人员卡丽·卡特勒和她的同事们准备了THC含量各不相同的大麻，有的含CBD，有的不含CBD，让参与者吸食其中的一种。他们发现，这些大麻都会损害日常生活中某些方面的常用记忆，比如不假思索地想起一组事物，或者回忆你是从哪里了解到了一些信息。有趣的是，所有这些大麻都对区分真假记忆的能力产生了影响。[14]

如果没有发生THC中毒，CBD能否改善记忆呢？为了回答这个问题，瑞士巴塞尔大学的研究人员将34名健康年轻人分成两组，让他们学习15个不相关的名词。然后，让其中一组吸12.5毫克的CBD，另一组吸味道相似的安慰剂。安慰剂组的参与者记住了7.0个单词，而CBD组的成绩略好一些，记住了7.7个单词。[15] 影响并不是特别显著，研究的规模也不是很大，但确实很有趣，值得进一步研究。

鉴于CBD有可能改善健康年轻人的记忆，因此一些人想知道CBD是否可以改善阿尔茨海默病等疾病导致的记忆障碍。尽管研究人员已经开始研究这种可能性，但到目前为止，还没有研究发现CBD能改善阿尔茨海默病患者的记忆力或任何其他认知功能。不管怎样，当本书作者安德鲁诊治的阿尔茨海默病患者或他们的家人问他是否应该尝试CBD时，他总是鼓励他们去试一试，还让他们告诉他后续的效果。到目前为止，还没有人说它对记忆、情绪或焦虑有任何有益的影响。但也没有人说CBD对记忆有任何不良影响，这与已发表的研究一致。

大麻属于一种毒品

我们总是按照我们的理解去解读记忆科学中的数据，并将这些发现呈现给你。当然，如何将这些发现融入你的生活取决于你自己。大麻有许多记录在案的医疗用途。事实上，它于1850年被添加到美国的医药目录中，并一直保留到了1942年，后来由于政治原因而不是科学原因将其删除。我们认为，数据清楚地表明大麻中的THC和酒精，和我们在第14章讨论过的、附录中列出的100多种经批准的药物一样，会干扰程序记忆和情景记忆。就像这些药物一样，虽然大麻可用于治疗慢性疼痛或其他疾病，但它会影响你的记忆。（事实上，一项研究表明，在开始使用医用大麻后，人在某些方面的思维能力得到了改善。研究人员推测，这可能是由于参与者使用的已知会损害记忆和思维的处方药比以前少了，例如阿片类药物、苯二氮䓬类药物、有抗胆碱能作用的抗抑郁药和丙戊酸等情绪稳定剂，具体可参见附录。[16]）现在，你已经知道即便是医疗用途，也可能会对驾驶、记忆新信息以及记住未来行为的能力产生影响。在中国，大麻是一种毒品，被严格禁止使用。

可卡因

尽管关于可卡因对记忆的影响可以说的东西很多，但在这里我们想强调一点：可卡因容易造成脑卒中。它会使你的血压升高，导致血管收缩，扰乱正常的心脏功能。因可卡因引起的脑卒中而导致记忆障碍和晚期血管性痴呆的不在少数。这些人中有很多在20或30多岁时脑卒中。要了解更多关于脑卒中和血管性痴呆的知识，可以参阅第13章和第14章。

摇头丸

摇头丸（MDMA，即3,4-亚甲基二氧基甲基苯丙胺，也被称为"莫利"）是一种娱乐性毒品。与不食用摇头丸的人相比，食用摇头丸的人表现出工作记忆和情景记忆方面的障碍。有趣的是，他们对言语信息的情景记忆和前瞻性记忆都受到了特别严重的损害。[10,17] 情景记忆受到损害可能与在摇头丸使用者中观察到的海马活跃程度降低有关。[18]

甲基苯丙胺

虽然哌甲酯和右苯丙胺等可以改善注意缺陷多动障碍患者的工作记忆和情景记忆，但甲基苯丙胺其实是一种毒品。甲基苯丙胺会损害情景记忆，包括前瞻性记忆。[10,19]

阿片类药物

在使用含有芬太尼、对乙酰氨基酚、羟考酮成分的药物或其他阿片类药物时，即使是作为处方药用于镇痛，也会导致记忆障碍和意识混乱。好消息是，不仅戒断后记忆力会改善，而且利用危害较小的阿片类药物美沙酮进行维持治疗也能改善记忆力。[20]因此，如果你或你的亲人因使用阿片类药物而导致了记忆问题，我们建议你立即寻求治疗，改善你的记忆力和生活。

致幻剂

经典的致幻剂有麦角酸二乙胺（LSD）、麦司卡林（佩奥特仙人掌中的活性化学物质）、裸盖菇素（致幻蘑菇中的活性成分）和N,N-二甲基色胺（DMT，亚马孙河区印第安人酿造的死藤水中的主要致幻化学物质）。在过去，临床医生利用这些药物帮助病人从记忆中找回童年的经历。因此，考虑这些药物是否对记忆有益是有意义的。

然而，科学研究清楚地表明，致幻剂会对工作记忆、语义记忆和非自传式情景记忆产生剂量相关性损害，低剂量会导致一定损害，而高剂量会导致更大的损害。[21]它们可能有利于找回自传式情景记忆，但通常只能在那些有被抑制或不愉快记忆的人身上观察到，因此这种促进作用被认为是通过中断抑制控制过程实现的。最后，应该指出的是，在致幻剂的影响下，人更有可能产生错误的记忆，因为关于外星人、天使和精灵的记忆时有发生。因此，即使致幻剂可以促进自传式情景记忆的找回，这些记忆的准确性也可能不可靠。

酒精、大麻和毒品对你的大脑的作用

了解不同物质对记忆的影响：

- 即使是一杯含酒精饮料也会干扰程序记忆（比如开车）和情景记忆（比如记住生活中的新事实和新事件）。
    - 饮酒会影响你记忆当天和本周早些时候学习的知识。
    - 成年人每天喝一杯含酒精饮料不会永久性地损害大脑，但也没有理由为了健脑而喝酒。
- 大麻会损害你的程序记忆和情景记忆。
    - CBD本身不会损害记忆，甚至可能有助于记忆。
    - 没有证据表明大麻会对记忆造成永久性损害。
- 可卡因、摇头丸、甲基苯丙胺、阿片类药物和致幻剂都会损害你的记忆力。
    - 可卡因会导致脑卒中（甚至对于年轻人也是如此），并可能导致血管性痴呆和终生记忆问题。

第 20 章

睡个好觉

你一直有语言天分,因此在上大学后,你决定学习两门新的语言——德语和阿拉伯语。你习惯于按计划行事,已经规划好了整个学期的学习计划。你给两门语言分配了相同的学习时间。对于阿拉伯语,除了上课,你计划在周一、周二、周三和周四各学习 1 个小时,学期一共有 10 周,所以总的学习时间是 40 个小时。但是,德语期中考试和期末考试都安排在假期结束、刚刚返校的时候。你知道如果在考试前学习,记忆会更清晰,所以除了上课,你计划在期中考试之前的两天里每天学习 10 个小时,期末考试也是如此,总的学习时间同样是 40 个小时。新学期开始了,你按照自己的计划学习。令你高兴的是,你在期中考试和期末考试中都得了 A。进入大学二年级后,你继续学习这两门语言,但是你发现你对其中一门语言掌握得很好,而另一门语言几乎全忘了。

哪一门语言你掌握得好,哪一门语言被你忘记了?为什么会这样?我们将在本章回答这些问题以及一些相关的问题。毫无疑问,你已经猜到了，这与你的睡眠有关。睡眠对正常的记忆功能至关重要。

疲劳的时候很难集中注意力

睡眠对记忆很重要的第一个原因是显而易见的。正如你在第一部分和第二部分中学到的，为了学习并记住新的信息，你需要关注这些信息！我们都知道疲劳的时候很难集中注意力，因此熬夜学习徒劳无益，你疲惫的大脑在编码你想要学习的信息时效果很差。

睡眠的两种驱动力

我们为什么会累？睡眠是由两种驱动力决定的。

睡眠压力（也称为睡眠负债）在你醒着的时候逐渐积累，清醒的时间越长，入睡的压力就越大。睡眠压力与大脑中某些化学物质的积累有关，当你睡觉时，这些化学物质的水平会恢复正常。

昼夜节律控制着你正常的睡眠和清醒模式；你会在闹钟响之前醒来，有时差反应，都是因为这个原因。你的昼夜节律主要是由白天看到的光线决定的。光线会在几个小时后触发褪黑素的释放，而褪黑素是一种激素，它会告诉你的大脑是时候开始睡觉了。

当你的睡眠压力达到足够高的水平时，或者当你的昼夜节律触发褪黑素的释放时，表明是时候该睡觉了，你也会感到疲倦。如果睡眠形成规律，这两种驱动就是同步的，所以到了该睡觉的时候，你的睡眠压力肯定达到了最大值，褪黑素水平也会迅速上升。但是，如果这两种驱动力不同步，其中一种就会让你感到疲劳，使你很难学习新的信息。

例如，假设你乘坐晚上 8 点 30 分起飞的航班，从波士顿飞往伦敦。由于忙了一天准备这次旅行，你在飞机起飞前就睡着了，一直睡到 6.5 个小时后飞机着陆时才醒。虽然伦敦现在是早上 8 点，6.5 个小时的睡眠也足以缓解你的睡眠压力，但是你仍然疲惫不堪。这是为什么呢？因为根据你的昼夜节律，现在是波士顿时间凌晨 3 点，你应该睡得正酣。

再假设你在家里，没有跨越时区，但你刚刚为了工作熬了通宵。现在是早上 8 点，你的昼夜节律已经准备好让你以清醒的状态迎接新的一天，但你已经筋疲力尽了，因为你的睡眠压力已经累计超过 24 个小时了。

咖啡因有用吗？

现在，假设你非常疲劳，或者是因为熬夜导致睡眠压力不断积累，或者是因为昼夜节律被打乱了——你刚刚度过一周的长假，假期里你每天都睡到中午，但是在这个周一的早上，你又开始在 8 点上班了。那么在这种情况下，喝一杯咖啡、茶或含有咖啡因的能量饮料，对你有帮助吗？

根据你的切身体会，你的答案可能是：有，也没有。咖啡因可以暂时阻止睡眠压力的影响，恢复一定程度的清醒，使你能够集中注意力记住信息。但是，面对越来越大的睡眠压力，咖啡因只能起到这么大的作用。重要的是，咖啡因可以帮助你在一段时间内保持清醒，但保持恒定的昼夜节律和好的睡眠是它无法做到的。这就引出了导致睡眠对记忆至关重要的另一个原因。

睡眠有助于学习新知识

还记得海马吗？它是大脑中形状像海马的那个部分，负责记忆的存储、保持和找回，我们在第一部分和第二部分已经讨论过了。海马存储新记忆时会用到一定的细胞数量。超过这个限度，你可能无法将新信息与已经学过的信息区分开来，也可能会用一段记忆覆盖另一段记忆。你是否曾经在连续几个小时学习同一种材料后，发现事实的细节开始相互混淆，到最后你想要学习的大部分内容似乎都搅到了一起？这可能是一个信号，表明你记忆这类信息的能力已经达到了极限，现在该睡觉了。

正如你在第4章所学到的，睡觉时，找回最近获得的记忆的主要责任从海马转交给大脑皮质（大脑的外层），这些记忆可以被更永久、更长期地存储在那里。如果是关于你的记忆，那么它可能仍然包含与海马的联系。但是，如果记忆是关于事实的（比如罗莎·帕克斯是谁），那么它与海马的连接就有可能被切断，但是这不会降低这种语义记忆的准确性（参见第5章）。无论是哪种情况，你都成功释放了海马的能力，所以醒来后又能开始新的学习了（参见图20-1中的上图）。

大脑的收缩

如何释放大脑的处理能力？有证据表明，大约80%的大脑突触（神经元之间的连接）在我们睡觉时收缩。连接变小表明记忆痕迹强度降低或完全消除。这种收缩是有选择的，最稳定（可能也是重要）的记忆痕迹不受影响，而其他连接收缩是为新的学习做准备。人们认为，这种机制是我们可以随着时间的推移，忘记前一天发生在我们身上的不重要的事情，但仍然记得重要事情的一个原因。[1] 但是这种记忆选择模式并不是唯一原因；正如我们将要讨论的，在睡眠中重新激活重要的记忆也是至关重要的。

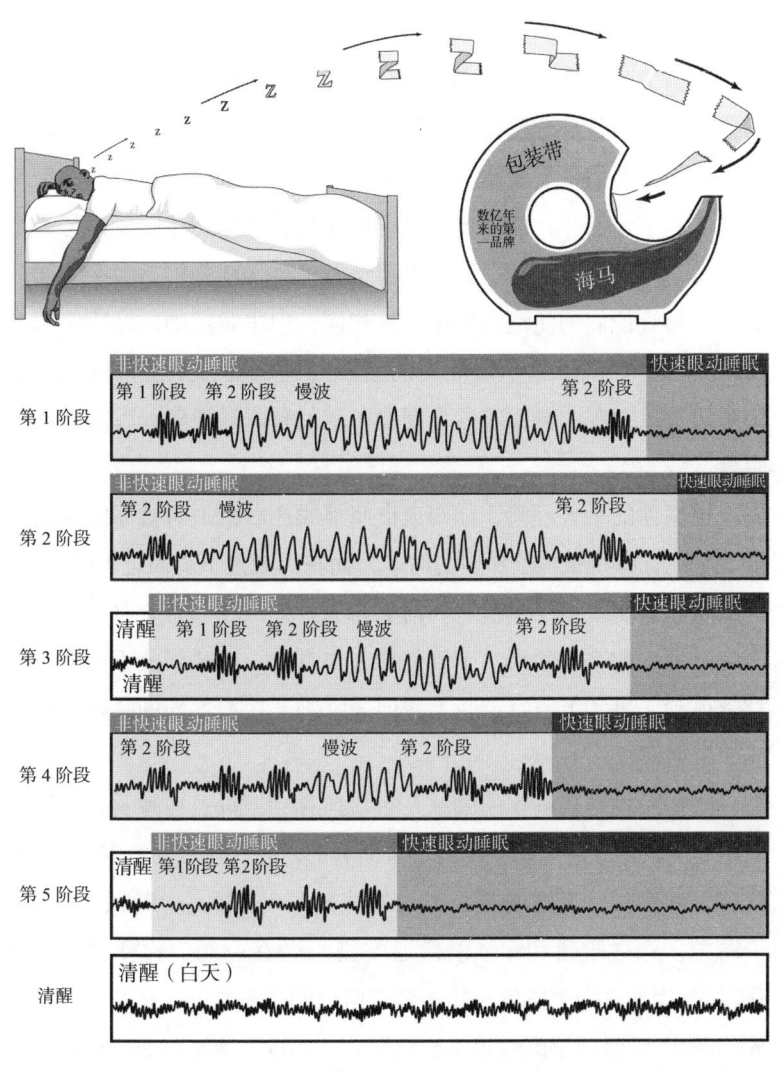

图 20-1 睡眠可以恢复海马的结合能力（上图）。夜间典型睡眠循环的脑电图波形（下图）

睡眠的几个阶段

加州大学伯克利分校的马特·沃克证明了睡眠对新学习过程的重要性，并为其部分机制提供了证据。他邀请大学生中午时到他的实验室，让他们认真观察 100 张面部照片，每张照片上都有一个不一样的名字。然后，随机选择一半的学生，让他们午睡，而另一半则保持清醒。下午 6 点，每个人再学习另外 100 张附有名字的面部照片。尽管他们的注意力集中程度相同，但午睡组的成绩比清醒组高出了 20%。此外，学习能力的增强与睡眠的特定阶段有关。哪个阶段最重要呢？要回答这个问题，我们首先需要解释睡眠的不同阶段。[2]

根据你的个人经验，你知道夜间被噪声吵醒或者被尿憋醒通常都发生在你睡得很浅或做梦的时候，而在因疲惫不堪而进入"深度"睡眠状态后，就很少发生这种情况。也许你只在倒时差时才有过从深度睡眠中醒来的经历。不管怎样，你都有一种睡眠分不同阶段的直觉体验。事实上，每天晚上我们通常都会按照不同的睡眠阶段完成 5 个循环。

这些阶段是根据你的眼睛是否快速移动，以及在睡觉时通过脑电图监测仪记录的大脑活动波形来命名的。在快速眼动睡眠（REM）阶段，你会做活跃且奇怪的梦。非快速眼动睡眠（NREM）分为 4 个阶段。第 3 阶段和第 4 阶段通常被组合在一起，称作"慢波睡眠"，因为在这两个阶段，你的脑细胞以同步放电，在脑电图上形成"慢波"。慢波睡眠是很难被唤醒的"深度"睡眠，非快速眼动睡眠第 2 阶段是"较浅"的睡眠，因为你更容易被唤醒，而第 1 阶段是更浅的睡眠，被唤醒时你可能甚至没有意识到你已经睡着了。

图 20-1 显示了正常夜间睡眠中的一些典型睡眠周期。可以看出

在整个晚上不同周期花费的时间比例是变化的。还要注意,每晚短暂醒来一两次是正常的,尽管你可能不记得你曾经醒来。

我们继续介绍马特·沃克让大学生学习面孔–名字组合的实验。他发现,如果学生午睡,那么对他们学习更多组合有益的是非快速眼动睡眠第 2 阶段的时间。非快速眼动睡眠的第 2 阶段会有大量活动爆发,人们将它们在脑电图上表现出来的形状称为睡眠"纺锤波"。事实上,睡眠纺锤波的数量本身与学生学习更多面孔–名字组合的能力相关。这一发现和其他类似的发现表明,这些纺锤波可能有助于记忆的处理,从而避免被遗忘。

用睡觉巩固记忆

现在你已经知道了睡眠对记忆如此重要的另一个原因——它可以巩固你的记忆,将它们从短暂的记忆转化为可以在几天甚至几年后回忆起来的长时记忆。正如我们在第 4 章和第 5 章中所讨论的,许多再现生活事件的情景记忆仍然与海马有联系,而大多数关于事实和信息的语义记忆只是存储在大脑皮质中。

这种依赖睡眠的巩固过程不仅释放了海马学习更多新知识的能力,还有助于巩固记忆中已经学到的信息。例如,如果你在晚上学习一组事实后睡 8 个小时,那么你能记住的内容所占的比例就比你在上午学习然后保持清醒 8 个小时多 20%~40%。此外,一夜之后你能记住的事实数量与总的非快速眼动睡眠时间有关。[3] 在晚上睡觉前复习你想要记住的信息,可以帮助你记住新学的信息。

你的程序记忆(你对所学技能如篮球和滑雪的记忆)也会在你睡觉时得到巩固。睡觉时,你的大脑会演练执行某个动作所需的那些运动命令。有时,这意味着睡一觉醒来后你的某项运动技能与入睡前相比增强了。正如我们在第 2 章中讨论的那样，尽管这种"离线"学习在醒着的时候也可以进行，但睡觉时（尤其是在非快速眼动睡眠第 2 阶段）效果更好。因为非快速眼动睡眠第 2 阶段在睡眠快结束时最为普遍，所以如果运动员为了早起练习牺牲一个小时或更多睡眠时间，早起练习就对他们没有帮助。例如，篮球运动员勒布朗·詹姆斯知道睡眠对他的表现具有重要意义，因此他晚上会睡 8~9 个小时，白天还有可能小睡几个小时。

睡觉可以帮助你记住重要的事情

睡眠并不是不加区别地保留所有记忆——非快速眼动睡眠会优先加强被大脑通过某种方式贴上"重要"标签的长时记忆。不重要的记忆（比如你今天早餐吃了什么）不会得到强化，过了几个晚上，就有可能彻底遗忘。大家可以回顾一下第一部分和第二部分，了解为什么有些记忆会被标记为重要，而有些则不会。

你能利用睡眠强化特定记忆吗？

如果非快速眼动睡眠对记忆真的有如此大的益处，那么你可能想知道是否可以通过什么方法在睡觉的时候强化你当天学到的某些特定内容。

为了测试这个想法，西北大学的肯·帕勒及其同事让参与者将 50 个独特物体的图像与计算机屏幕上的 50 个特定位置联系起来。每个图像都与某个相关的声音配对，比如猫叫。然后，他们安排参与者小睡，并让他们在非快速眼动睡眠期间听 25 种配对的声音。播放这些声音时音量很低，以免吵醒参与者。小睡后，他们让参与者根据小睡前的学习，用电脑鼠标将每个物体的图像移动到电脑屏幕上的特定位置。12名参与者中有10名对睡觉时播放声音的物体的定位更准确。注意，参与者不知道他们在小睡时听到了声音，事实上，在研究人员要求他们猜测睡觉时听到了哪些声音时，他们给出的是近似随机的答案。[4] 目前已有超过90项、涉及2 000多名受试者的实验证实，在非快速眼动睡眠第2阶段和慢波睡眠中重复播放线索有助于增强对线索材料的记忆，包括气味、声音和词语。[5]

那么，你是应该把你希望牢牢记住的信息录音，并在睡觉的时候播放，还是应该在睡觉时听特定的音乐或闻特定的气味，以便从整体上增强你对听特定音乐或闻特定气味时所学到的信息的记忆呢？或许都可以试一试吧。目前，人们正在通过实验研究这些技术的实际应用，试图找到增强记忆力的新方法。

关联记忆：快速眼动睡眠

你可能已经注意到，到目前为止，我们主要讨论了非快速眼动睡眠在记忆中的作用。但快速眼动睡眠也很重要。有人提出了一个有趣的假设：在快速眼动睡眠期间，你新巩固的记忆会与之前的所有记忆（包括你对生活的情景记忆和对事实及知识的记忆）建立联系。

如果我们问你，当我们说"梦"时，你的脑海中浮现的第一个词是什么，你可能会想到"睡眠"，如果我们说"医生"，你可能会想到"护士"，因为"睡眠"和"护士"分别与"梦"和"医生"关系紧密。但是，当哈佛大学的罗伯特·斯蒂克戈尔德及其同事把参与者从快速眼动睡眠中叫醒时，他们发现（根据参与者对不同单词组合的反应速度来判断）更容易想到的其实是松散关系，而不是紧密关系。从快速眼动睡眠中醒来的参与者更有可能将词语与关系不是很紧密的事物联系到一起，比如"梦"与"甜"、"医生"与"办公室"，而不是将词语与关系紧密的事物联系起来。就好像在快速眼动睡眠期间，大脑会尝试不同的联想，看看其中是否有任何有用的新发现一样。通常情况下，它们不会有什么发现，尽管它们可能会导致奇怪的梦。但是，正如我们在第10章所讨论的，注意到不同记忆之间联系的能力对于做出新的推断至关重要，因此，有时快速眼动睡眠关注的这些松散关系会为研究问题提供重要的新视角。

在这些想法的引导下，西北大学的克里斯汀·桑德斯等人发现，头天晚上还让参与者束手无策的智力题，到了第二天早上就有20%被他们解决了。虽然我们认为这一比例本身就彰显了睡眠的力量，但如果参与者在睡觉时听到与智力题相关的声音，他们还能多解决10%的难题。[6] 这个实验不仅证明了睡眠能够帮助你解决问题，还证明了重新激活记忆在寻找解决方案中的重要性。

历史上最常被提起的在睡梦中创造性地解决问题的例子是门捷列夫，他在1869年2月17日做了一个梦，梦见所有元素都被放到了元素周期表中。在清醒状态下，他花了几个月都没能完成这项工作。睡醒后，他赶紧把梦中的情形记录了下来，并且只对其中一个地方做了修改。也许某个问题也让你困惑，你的大脑在清醒时一直在努力解决这个问题。当你躺下来，闭上眼睛，准备睡觉时，你可以花一两分钟思考一下这个问题。也许第二天早上醒来后，你就知道答案了。

第二天早上你就会感觉好一些

在你心烦意乱时，是否有人对你说"别担心，明天早上你就会感觉好一些"？当你第二天醒来时，你感觉好些了吗？可能是的。事实上,你每天早上都会感觉好一点儿。你会"感觉好一点儿",与睡眠的一些功能有关。我们刚刚说过:睡眠可以帮助你从新的视角看问题。你可能在入睡前还因为不知道第二天与同事的谈话如何进行而担心,但是第二天早上,你可能会意识到几年前老板批评你的那次经历有借鉴意义,可以帮助你建设性地引导这次谈话。

睡眠的另一个重要功能是去除与记忆有关的痛苦情绪,同时保持记忆的内容。因此,你仍然非常清楚地记得是什么让你烦恼,但是在睡眠中,当你从记忆中检索这件事时,你不会每次都重新体验它的情感。

我们再次借助马特·沃克的一项研究,去理解这种情绪剥离是如何在睡觉时发生的。他让参与者观看能激发强烈情绪的照片,与此同时利用核磁共振扫描仪监测他们的大脑活动。不出所料,杏仁核(呈杏仁状结构,位于海马前面,负责产生情绪)非常活跃。所有的参与者在12个小时后再次接受扫描,但1/2参与者的第一次扫描是在晚上进行的,因此在两次测试之间睡了一觉,而另外1/2的参与者的第一次测试是在早上进行的,因此在两次测试之间一直没有睡觉。研究人员发现,睡过觉的参与者的情绪感受和杏仁核再次激活的程度都明显减弱,而没有睡觉的参与者则没有这些表现。此外,这些重要的减弱表现与快速眼动睡眠的时间长短有关,这表明这是这一睡眠阶段的另一个重要功能。[3]

阿姆斯特丹的里克·瓦辛和他的同事进行的一项相关研究发现,快速眼动睡眠不仅对杏仁核的这种变化很重要,而且快速眼动睡眠必须相对连续,几乎没有中断,杏仁核才能成功发生变化。快速眼动睡眠严重碎片化的参与者并没有表现出睡眠抑制情绪的有益作用。[7]

另一位研究人员——拉什大学的罗莎琳德·卡特赖特发现,为了让抑郁症患者摆脱痛苦情绪和痛苦经历的困扰，就必须让梦与痛苦经历建立联系。如果没有梦见痛苦的创伤经历，就无法将情绪从事件中移除，抑郁也不会缓解。[8]

你连续几天梦见一件令人不安的事情，结果在接下来的几天或几周内，你觉得那件事没有那么令人不安了——如果真的发生过这种情况，或许会让你难以忘怀。本书作者安德鲁就有过这种经历，他梦见的是他生命中最痛苦的创伤性经历：他的儿子丹尼在两岁前被诊断出患有严重的孤独症。丹尼始终没有学会说话，所以在几个星期、几个月的时间里，安德鲁做的各种各样的梦都与丹尼开口说话有关。安德鲁有时仍然会感到悲伤，因为他会想如果孩子没有孤独症会是什么样子。但是，可能也是因为这些梦，安德鲁已经能够克服丹尼的缺陷带来的痛苦，看到丹尼的优点以及享受与丹尼相处带来的欢乐。

睡眠可以降低患阿尔茨海默病的风险

在第 13 章中，我们提到了阿尔茨海默病是由淀粉样斑和神经原纤维缠结（由蛋白质聚集形成，在显微镜下可以看到）引起的。大多数研究人员认为，这种疾病始于淀粉样斑。然后，当斑块变得足够大时，就会破坏邻近的脑细胞，然后形成缠结，杀死脑细胞。

研究表明，我们在白天都会产生这种淀粉样蛋白。我们不清楚淀粉样蛋白的正常功能是什么，但一些研究人员（包括本书作者安德鲁）认为它与大脑抵御感染有关。因此他们认为，有一些淀粉样蛋白可能对人体有益，但如果数量过多，就会直接导致阿尔茨海默病。我们的身体如何去除多余的淀粉样蛋白，以免患上阿尔茨海默病呢？当然是通过睡眠。

罗切斯特大学的迈肯·奈德加德在大脑排污机制（被称作"胶状淋巴系统"）方面做了一些开创性研究。虽然这个系统在白天是活跃的，但在晚上它的活跃程度是白天的 10~20 倍。所以，我们需要睡眠来清除多余的淀粉样蛋白。

正如你所料，有研究表明，如果睡眠不好，患痴呆和阿尔茨海默病的风险就会增加。[9,10] 但也有研究表明，可以通过改善睡眠来降低患阿尔茨海默病的风险。[11]

睡眠可以降低脑卒中和血管性痴呆的风险

继阿尔茨海默病之后，脑卒中是导致记忆丧失和痴呆的最常见原因。我们在第 13 章和第 14 章详细讨论过，睡眠不足会增加超重、高血压、糖尿病和心脏病的风险，而所有这些都会增加脑卒中、失忆和痴呆的风险。

不要熬夜

现在你已经清楚地知道睡眠对记忆和大脑非常重要，如果"开夜车"，彻夜不睡觉，第二天的考试成绩只会下降。与睡个好觉相比，睡眠剥夺除了会导致第二天感到疲倦、难以集中注意力之外，还会导致你记忆前一天所学信息和学习新知识的能力减弱。

可以利用周末补觉吗？不行。你可以从银行借钱，以后再还，但睡眠不像银行。当然，如果生活环境不允许你在一周内获得足够的睡眠（比如，你初为父母或倒班工作），那么你可以想办法在可以的时候小睡一下，在可能的情况下尽量早一点儿睡觉。有证据表明，在熬夜前一天多睡一会儿可以帮助你的大脑更好地工作。但是，要想实现理想的记忆功能，就应该把每晚睡个好觉放在第一位。[12]

睡眠和学习

现在有一些人经常无视健康睡眠指南，晚睡早起，然后在周末补觉。这些危险的违规者是谁？当然是学生，尤其是青少年。

虽然我们以幽默的方式引入了这个话题，但学生的睡眠可不是闹着玩的。人们研究了小学、初中、高中、大学和医学院学生的睡眠，发现无论在哪个学校，都是睡眠好的学生的学习成绩更好。[13,14]

重要的是，麻省理工学院的研究人员在一项研究中测量了大学生在考试前一个月、前一周和前一晚的睡眠和考试成绩。有趣的是，他们发现虽然考试成绩和考试前一晚的睡眠没有关系，但考试前一个月和一周的睡眠质量和考试成绩之间有很明显的关系。睡眠的这种有益作用非常强，几乎可以解释班上 1/4 学生的成绩差异。[15] 这项研究和其他类似的研究表明，长期良好的睡眠习惯确实会对学习产生影响。

说到学校，当上课时间从 7:30 推迟到 8:30 或更晚时，学生们的学习成绩明显更好。青春期是一个与生理节奏变化相关的生长阶段，睡眠开始时间和醒来时间都会变晚，因此改变上学时间可以使他们更好地与青少年的自然生理节奏保持一致。以明尼苏达州伊迪纳的一所学校为例，在将上课时间从早上 7 点 25 分改为 8 点 30 分后，学生在美国高中毕业生学术能力水平考试中的英语和数学成绩分别从 605 分和 683 分提高到了 761 分和 739 分。[3] 今天就向你所在的学区提出申请，要求按照自然规律安排上课时间吧。

你有睡眠障碍吗？

睡眠障碍很常见，有时与其他问题无关，但通常是由药物副作用或其他疾病引起的。睡眠障碍通常与以下一种或多种症状有关：鼾声很大，因为喘不过气而憋醒，入睡过程中总是想动一动腿脚，睡眠多动，第二天感到疲倦。如果你怀疑自己可能有睡眠障碍，一定要看医生。如果这些疾病扰乱了你的睡眠，你的记忆力也会遭到破坏。

你应该服用安眠药吗？

如果难以入睡，应该服用安眠药吗？答案既肯定又否定。有两种"安眠药"通常是安全的，既不会损害你的记忆力，也不会增加患痴呆的风险：褪黑素和对乙酰氨基酚。

褪黑素

正如我们在本章前面所描述的，褪黑素是身体分泌的一种激素，有助于调节你的睡眠周期。褪黑素水平上升，就是在告诉你的身体准备睡觉了。如果你因为任何原因（包括时差）在调节睡眠周期方面有困难，那么服用褪黑素可能会对你有好处。如果你对这种药物感兴趣，一定要告诉医生，因为它可能与其他药物相互作用。

但是在你服用这种药物之前，你可以在下午1点到3点之间去户外或者在阳光明媚的窗户旁边待至少30分钟，看看你是否可以自己分泌褪黑素。阳光照射会帮助你在大约8小时后，也就是晚上9点到11点之间产生褪黑素。遗憾的是，我们很多人都在室内工作，没有机会晒太阳。这个问题在冬天更加复杂，因为寒冷的气温可能会让你不愿走出大门。

因此，服用褪黑素药片来调节睡眠周期可能是有益的，至少在一段时间内对你有益。等你的身体调整好节奏后，你也许就可以停止服药了，因为你已经通过训练调整好了睡眠周期。在睡觉前 1 小时服药，首剂量 0.5 毫克，然后按照 1、3、6、9、12、15 毫克这个梯度，每 2~3 周增加一次剂量，直到睡眠改善或达到最高剂量。可以尝试不同的剂量，在同样有效的前提下将剂量减至最低。换句话说，如果你尝试了从 0.5 毫克到 15 毫克的所有剂量，发现 3 毫克和 15 毫克的效果一样，那就把剂量减少到 3 毫克。

记住，褪黑素可以调节睡眠周期，但不能让你立即入睡，所以千万不要在半夜服用褪黑素，否则你可能会扰乱自己的正常入睡时间。

对乙酰氨基酚

你是否曾因关节痛、腰背痛、肌肉酸痛或落枕而彻夜难眠？很多人都有这样的经历。正因为如此，对乙酰氨基酚（亦称扑热息痛，品牌包括泰诺、必理通等）这种温和的止痛药可以帮助你入睡。同样，如果你想尝试这种方法，就一定要告诉医生。我们建议在睡觉前 30 分钟服用一片 325 毫克的药片。

不要服用其他处方和非处方安眠药

对于市面上其他的处方和非处方安眠药呢？我们强烈建议你不要服用。安眠药不能使人自然入睡。它们是镇静剂，会损害你的情景记忆和程序记忆，不仅对你当天早些时候学习的信息和技能有影响，对你第二天要学习的信息和技能也有影响。许多药物还会导致依赖，一旦停用就更难入睡。一项大型荟萃分析调查了大约 4 500 人的数据，发现与安慰剂相比，安眠药只是"略微改善"了入睡的速度，平均缩短了22分钟。[16]

为了让你的记忆力保持最佳状态，我们强烈建议你不要服用安眠药（褪黑素和对乙酰氨基酚除外）。美国医师学会也支持这个建议。与这些安眠药造成的记忆损害相比，22分钟的睡眠时间可以忽略不计。很少有人头一沾枕头就睡着。在床上躺上10~20分钟才入睡并没有什么问题。

如果你很难入睡，又不想吃药，该怎么办呢？你可以使用本章最后介绍的非药物技术帮助你入睡，或者向医生咨询认知行为疗法。

你有没有想过通过饮酒来帮助你入睡？酒精实际上会扰乱睡眠，使睡眠碎片化，干扰睡眠的有益特性，还会像第19章所讨论的那样，妨碍学习和记忆。

不要临时抱佛脚

现在让我们回到本章开头的故事。你在大学学习了两门新语言。虽然你在这两门课上花的时间是一样的，但是在学习阿拉伯语时你每天学习1小时，每周学习4天，10周共学习40个小时。在学习德语时，你在期中考试前的那两天和期末考试前的那两天每天学习10个小时，总共也学习了40个小时。你这两门课都得到了全A。但是第二年回到学校后，你发现你对其中一门语言记忆深刻，而另一门语言几乎全忘了。看到本章的这个部分，你应该已经知道是哪门语言记忆深刻，哪门语言全忘了，以及其中的原因。

每天学习1个小时阿拉伯语，然后在睡觉时记住这些知识，你就不会让海马承受过多的信息，并且每天晚上都有时间巩固存储在海马中的信息，形成新的、持久的情景记忆和语义记忆。所以，你不仅能在考试时记住阿拉伯语这门课程的信息，还能在第二年记住这些信息。

相比之下，如果是每天学习10个小时德语，一共学习4天，你的海马就根本无法在短短几个晚上的睡眠中将学到的所有信息都转移到你的大脑皮质。这就是你应该间歇学习而不是在考试前临时抱佛脚的主要原因之一。

利用睡眠帮助记忆

下面是一些改善睡眠和优化记忆力的建议。[17]

- 在睡前复习你想要记住的材料。这会减少其他信息的干扰，使记忆中的信息更有可能在夜里得到加强。
- 如果你在学习时听平静、放松的音乐，那么在准备睡觉时也听同样的音乐。这可能会增加你学习的信息在夜里被重新激活的可能性。
- 不要临时抱佛脚。间歇学习，记住：学习、睡觉、重复，这三个步骤缺一不可。
- 不要"开夜车"。留出时间睡觉，你会记住更多的信息。
- 确保每晚睡眠充足。
- 记住，你可能需要每晚躺在床上7~9个小时才能获得所需的睡眠量。如果你不确定需要睡几个小时，就从8个小时开始，然后根据需要，增加或减少睡眠时间。
- 怎么知道自己每晚是否睡眠充足？回答以下问题。如果你对其中一个或多个问题的回答是"否"，就试着增加睡眠时间，看看是否会感觉更好。
    - 如果你忘记设置闹钟，会在接近预定的时间醒来吗？
    - 上午晚些时候你是否精力充沛，不感到困乏？

- 快到中午时，如果没有咖啡因，你的身体机能可以保持最佳状态吗？
- 如果关掉灯，让你听无聊的讲座，或者看枯燥乏味的电影，你能轻松地保持清醒吗？

• 如果你有失眠、入睡困难的情况或者经常在半夜醒来呢？
  - 早晨起床后，你是否感觉休息得很好？你是否整天都能保持头脑清醒，反应灵敏？上面这些问题能帮助你了解你每晚睡眠是否充足，对于所有这些问题，你的回答是否都是"是"？如果是，那么你可能根本不需要在床上躺那么长时间。试着每周减少15分钟的睡眠时间，直到你发现你可以更快地入睡或者达到7小时睡眠这个下限。
  - 记住，很多人在床上躺15~20分钟才能入睡，这是正常的，这不是个问题。
  - 还要记住，在正常睡眠过程中，夜间有几次短暂的醒来是正常的。如果醒来后能在10~15分钟内恢复睡眠（也许先要去一次厕所），这通常不是问题。
  - 上午要尽早让自己暴露在阳光下，而且每天下午早些时候（通常下午1点到3点是最佳时间）至少再暴露30分钟，以便刺激身体释放褪黑素。

• 每天在同一时间上床、起床——周末和工作日一样。这一点非常重要。如果需要慢慢适应，就先设定好起床时间。几周后，你可能就会慢慢发现，每天晚上一到某个时间，你就感到困乏了。听从身体发出的信号，将那个时间作为你的标准就寝时间。
  - 如果你有小睡的习惯，最好不要在下午3点以后，也不要超过20~30分钟。（如果小睡的时间过长，你很可能会在深度睡眠中醒来，这会让你长时间困乏无力，还有可能让你晚上难以入睡。）
- 选用舒适的床垫和枕头。
- 卧室里不应有电子设备（避免电子设备的响声和灯光），黑暗，凉爽，通常保持在18~20摄氏度之间比较合适。
- 如果你经常在入睡或重新入睡时看闹钟，那就把闹钟背对着自己，或者把它拿走。
- 上床前后不要看蓝色LED（发光二极管）屏幕（如电脑、平板电脑和智能手机的屏幕）。即使打开了蓝光滤光器，睡前一小时看屏幕也会影响晚上的良好睡眠。
- 睡觉前不要看邮件，也不要做让人无法放松的事情。
- 睡前减少焦虑和担心。看看书，听听音乐，做一些冥想练习，或者洗个热水澡。试着建立一个夜间流程，帮助你的身体知道是时候睡觉了。
- 白天运动。这将帮助你入睡，让你晚上睡得很香。（注意，傍晚或夜间运动会让你难以入睡。）
- 含咖啡因的饮料（如咖啡、茶、可乐和能量饮料）会让你保持清醒，所以确保你在一天的早些时候喝这些饮料，比如上午。数量也很重要。最好不要喝含咖啡因的饮料。记住，"不含咖啡因"的咖啡仍然含有一些咖啡因，因此可能也要停掉，尤其是在下午和晚上。巧克力（包括热巧克力）含有一种类似咖啡因的物质，也会让你难以入睡。
- 不要使用尼古丁。它也是一种兴奋剂，会让你难以入睡。
- 减少饮酒量，尤其是在傍晚和夜间。酒精似乎有助于睡眠，但事实并非如此。酒精会使睡眠碎片化，导致夜间多次短暂醒来。它还会抑制快速眼动睡眠，因此，幻觉是酒精戒断的一个症状。幻觉实际上可能是快速眼动睡眠反弹并进入了清醒意识。

- 避免在晚上大吃大喝。水果虽然健康，但含有大量的水分，可能会让你在半夜里频繁上厕所。

- 某些处方药可以在白天时间服用，但如果在晚上服用，就会影响你的睡眠。询问医生是否可以将服药时间由晚上改为下午或上午。

- 如果你已经在床上躺了30分钟，并且对入睡感到焦虑或兴奋，那就起来，在另一个安静、光线昏暗的房间里做一些安静和放松的事情，直到你平静下来。

- 如果你已经在床上躺了30分钟，仍然因为无法入睡而感到焦虑，或者仍然很兴奋，那么你可以起床，去另外一间安静且灯光不是很明亮的房间，做一些让人放松的事情，直到你平静下来。

- 如果你已经在床上躺了30分钟，没有焦虑，也不是很兴奋，而是全身放松地打瞌睡，那么你无须起床。只要是在你平时睡觉的时间里打瞌睡、放松自己、闭着眼睛躺在床上胡思乱想，都有恢复体力的作用。

- 如果你仍然难以入睡，可以试着记录至少两周的睡眠日志。记录你上床的时间、希望的入睡时间、起床时间、你的感受（精力是否恢复了）、夜里起床了几次（每次大约多长时间）、一天喝了多少含咖啡因的饮料、什么时候喝的、做了多少运动、什么时候做的、吃饭的时间、吃了什么以及你认为可能重要的其他信息。将日志与本章中了解的信息进行比较，你可能会发现很多改善睡眠的方法。

- 最后，每个月有几次入睡困难是完全正常的。这并不意味着出了什么问题，也不意味着你需要改变睡眠习惯。

第 21 章

社交、音乐、正念和大脑训练

天气晴朗,你透过窗户看向外面。有人在走路,还有一些孩子在玩耍,而你却坐在家里的电脑前。电话响了,你拿起了电话。"不,"你回答说,"对不起,我今天不能和你一起去散步,我需要利用这个计算机程序进行脑力训练……你一会儿要去跳舞……嗯,听起来很有趣,但我可能还要再完成一个计算机模块。"你打完电话,叹了口气,把眼睛从窗口移开,继续进行计算机脑力训练。

计算机脑力训练是保持你的记忆力和大脑健康的最好方法吗?还是和朋友一起散步和跳舞效果更好?听音乐有好处吗?或者只是一种分散注意力的娱乐活动?正念冥想有什么作用吗?积极的态度有多重要?我们将在本章回答这些问题以及诸如此类的其他问题。

参加社交活动

我们是社会动物

人类的大脑并不是为了解决填字游戏或数独游戏而进化出来的。人是社会动物,在某种程度上,人类大脑进化的目标是理解和促进复杂的社会互动。[1] 如果我们需要某个东西提醒我们注意社交活动对认知和情感健康的重要性,那么新冠肺炎疫情就能满足这个需要。疫情带来的社交隔离,以及因此产生的孤独感和疏离感,不仅会危及你的情绪健康,还会危及你的认知健康。

社会参与和认知障碍

如果你是中年人或老年人,那么参与社交活动已经被证明可以降低认知能力下降的风险,以及随后发展成轻度认知障碍和痴呆的风险。[2] 这些影响并不小。芝加哥拉什大学的一组研究人员对1 000多名老年人进行了5年的跟踪调查,发现社交活动最积极的人认知能力下降的幅度比社交活动最少的人小70%。[3](但是,值得注意的是,这些风险的降低通常是基于相关性的。也就是说,这类研究有的其实是要告诉我们,那些出现认知障碍的人逐渐不再参加社交活动了。)

寻求积极的社会互动

对认知健康有益的社会互动被认为是"积极的"和"愉快的",这并不令人吃惊。消极的社会互动会让你面临认知能力下降的风险。[4] 所以,无论你年龄多大,我们都建议你去追求并培养积极的社会互动。别忘了,除了学校、工作和你现有的亲朋好友之外,你还可以考虑积极参加当地的社区中心、俱乐部或户外运动。清真寺、犹太教堂、基督教堂和其他集会场所经常有与宗教组织有关的社会活动。你也可以参加学习班，通过学习新的运动、爱好、语言或游戏来参加社交活动。参与的机会很多，所以今天就选择一个，开启改善大脑的新一程吧！

听音乐

音乐可以启动大脑

除了社交活动，可能没有什么能像听音乐那样激活多个大脑部位。音乐可以同步多个大脑区域的活动，包括处理声音的听皮质，处理图像的视皮质，以及协调大脑活动的前额叶皮质——就当前的讨论而言，说它是大脑这支管弦乐队的"指挥"或许是最贴切的。[5]音乐还能激活大脑中与运动有关的运动系统，包括与程序记忆有关的一些区域：前运动皮质和小脑。你能分辨音乐节拍这个事实可以证明音乐与你的运动系统的这些联系。[6]最后，音乐还能激活你的情绪记忆和情景记忆区域，包括靠近海马的区域。[7]

音乐让你感觉很好

也许是因为音乐能给人积极的感觉，所以人们认为它对情绪健康和认知功能有各种各样的益处。美国退休人员协会（AARP）对3 000多名18岁及以上的成年人进行了调查，发现音乐与自述的焦虑和抑郁程度降低、大脑健康状况很好或非常好、生活质量好、心情愉快、心理健康以及学习新事物的能力有关。[8]

音乐疗法和舞蹈有益于老年人

音乐疗法已经成功地用于改善轻度或中度阿尔茨海默病患者的

情绪和记忆。西班牙穆尔西亚的研究人员 M. 戈麦斯·加列戈和 J. 戈麦斯·加西亚发现，接受 12 次音乐治疗后，患者的整体认知功能在简易精神状态检查（MMSE）中的得分从 15.0 分提高到了 19.6 分（满分为 30 分），这相当于将患者的病情逆转到了 2 年前的状态。[9] 音乐还被证明对中度至重度痴呆患者保留的旧记忆有积极作用，使原本沉默寡言、不爱活动的人变成了性情活泼的舞蹈爱好者。[10]

事实上，人们发现，兼具运动和社交互动优点的舞蹈对健康老年人特别有益。一项荟萃分析发现，持续 10~18 个月的舞蹈干预维持或改善了老年人的认知功能。[11]

为学习选择合适的旋律

学习时应该听音乐吗？音乐对你的记忆有帮助、有损害还是没有影响？不同的研究者发现了不同的结果，但是西班牙马德里的克劳迪娅·埃凯德、戴维·德尔里奥及其同事对这些不同发现做出了解释。他们发现，用器乐做背景音乐不会对记忆一组不相关词语产生即时影响，也不会在 48 个小时后产生影响，但它确实会损害对视觉空间信息的记忆。[12] 作者在解释他们取得的发现时说，这是因为器乐和右脑的视觉信息之间存在竞争关系，和左脑的言语信息之间不存在竞争关系。如果作者是对的，那么在学习时听有很多歌词的音乐就有可能影响你的词汇测试成绩，而听器乐可能会影响你的艺术史期末考试成绩。

音乐也可以激励你延长学习时间，让你在理解新材料时能够坚持更长时间。如果你一边学习一边听你喜欢的音乐，你可能会在图书馆待得更久（远离社交媒体的诱惑）。音乐唤起的积极情绪也有助于抵消即将到来的考试带给你的压力，而压力可能会破坏你理解和学习材料的能力。

所以，在学习的时候可以听你喜欢的音乐，但是不要让它和你正在学习的材料形成竞争。

用舞蹈陪伴你度过夜晚的时光

无论你是年轻人还是老年人，我们都建议你听喜欢的音乐，如果能随着音乐动一动，那就更好了——无论是在卧室里随着爵士乐轻轻摇摆，在客厅里随着嘻哈音乐蹦蹦跳跳，还是跳迪斯科度过夜晚的时光。

脑力训练：正念练习

别忘了集中注意力

想要记住信息（例如车停在哪里，推销词应该包括哪些要点，刚才做自我介绍的那个女人叫什么名字），第一步就是要集中注意力。这看起来似乎是一个非常简单的概念，但正如第一部分和第二部分所讨论的，有时候并不容易做到。我们都很容易分心，你可能会考虑需要在商场完成哪些任务，而不是车停在车库的哪个地方。一想到上午要去推销商品，你可能就会焦虑不安，因此无法集中精力去记忆那些要点。也许开胃小菜看起来太诱人了，以至于当那个女人告诉你她的名字时，你并没有注意听。因为你没有注意，所以你不记得停车位置、推销词要点或者那个女人的名字也就不足为奇了。

通过正念练习增强注意力

要想增强注意力（并因此提升记忆力），可以采用正念练习的方法。它可以教你如何活在当下，专注于手头的事情。许多研究表明，

正念练习可以增强你的注意力和记忆力。[13, 14]

正念练习是如何增强注意力的呢？为了回答这个问题，澳大利亚阳光海岸大学的本·伊斯贝尔、马修·萨默斯及其同事进行了一个有趣的实验。他们用脑电图检测了已参加 6 个月正念训练的健康老年人大脑电活动的变化。训练包括要求参与者培养对呼吸伴随感觉的正念意识。除了在测量注意力的任务中表现得更好外，研究人员还观察到脑电图发生了变化，表明正念训练增强了两种大脑过程：不仅提高了大脑通路处理来自感官信息的效率，还增强了大脑中央执行系统将注意力引导到感兴趣的信息上的能力。也就是说，正念训练增强了"自下而上"和"自上而下"这两种促进注意力的过程（第 3 章介绍过这些过程）。[15]

从练习 1 分钟开始

虽然正念练习并不适合每个人，但它可能适合你。如果你想尝试一下，有很多方法可以帮助你。除了线上和线下课程，还可以利用纸质书、有声读物、在线视频和智能手机应用程序学习。本书作者安德鲁每天早上花十几分钟练习，伊丽莎白也在练习。我们都建议你找一个时间把正念融入你的日常生活中，比如早晨醒来的时候，或者作为你睡前程序的一部分，或者在运动后的平复期。我们还建议你循序渐进，从每天 1 分钟开始，然后每周增加 1 分钟，直到达到目标。在掌握了专注于呼吸的基本知识之后，就可以将正念融入其他活动中，比如下车走到办公室的那段路程。

保持积极的态度

积极的态度真的能改善记忆力吗？简而言之，是的，它能极大地改善记忆力。积极的态度可以长时间维持你的记忆力和脑力。但是，消极的态度也会损害你的记忆力。让我们来看看其中几个原因。

态度和行为

耶鲁大学的贝卡·利维及其同事在几项研究中调查了态度对老年人记忆的长期影响。通过对巴尔的摩衰老纵向研究 38 年以来数据的调查，她发现，对衰老持积极看法的老年人（比如"智慧随年龄增长"）与持消极看法的老年人（比如"老年人健忘"）相比，记忆力下降的幅度要小 30%。[16]

这是怎么回事呢？答案可能与她和同事进行的另一项研究有关，该研究调查了参加俄亥俄州衰老与退休纵向研究的 241 名老年人的自我认知。她发现那些态度更积极的人往往有更多的预防性健康行为，比如定期锻炼，均衡饮食，按规定服用药物。[17] 所以，态度对记忆和大脑健康如此重要的一个原因是，积极的态度可以产生积极的行为。

自证预言

态度也会产生更直接的影响。如果让人们看一些具有威胁性的词语或陈述，短短几分钟后，他们在记忆上的表现就会发生变化。例如，老年人在记忆测试中看到"老朽""衰老"等消极词汇时的表现，比看到"有智慧""贤明"等积极词汇时差。如果医生在不经意间暗示：现在你变老了，记忆力下降是意料之中的事，也有可能产生这种效果。[18]

没有积极的态度？那就做出改变！

这些具有威胁性的固定印象是如何影响记忆力和其他能力的

呢？尽管这方面的研究尚在进行之中，但有两点非常清楚。首先，虽然这些影响很小，但确实存在，并且已经在数十项研究中被反复验证。其次，有很多方法可以减少、消除甚至扭转这些固定印象的影响。例如，如果告诉黑人学生他们接受的言语测试是一种"诊断性"测试，他们的表现就很差，但是在被告知这是对他们言语能力的"非诊断性"测试（消除了表现不佳就有可能证实负面印象的威胁）后，他们的表现就会显著提高。[19] 我们曾提到，当看到有关衰老的积极词汇时，老年人在记忆测试中表现得更好。

重要的是，虽然这听起来像是伪科学或仅仅是"大众心理学"，但态度确实会产生影响。所以，如果你没有积极的态度，今天就努力改变它吧！

参与激励心智的新活动

明尼苏达州罗切斯特市妙优医疗国际的研究人员对2 000名70岁及以上的健康老年人进行了为期5年的跟踪调查，希望找出哪些因素可以保护他们免受记忆丧失和轻度认知障碍的困扰（参见第13章）。他们发现，在晚年从事两到五项激励心智的活动与患记忆力丧失的风险降低相关，而且表现出活动越多风险越低的趋势。研究还报告了一些有益于中年和晚年生活的活动，包括社交活动、电脑活动和下棋。手工艺对晚年生活也有好处。[20] 此外，演奏乐器和跳舞等活动也被其他研究证明是有益的。

寻求新奇性

更令人印象深刻的是，从事新奇的活动也有好处，比如学习新的技能，培养新的爱好，或者去一个没去过的地方。事实上，俄亥俄州凯斯西储大学的一组研究人员观察到，经常参加新奇活动的人患阿尔茨海默病的风险最低。[21]

英国雷丁大学的心理学家莱斯利·特兰特和威尔玛·库斯塔尔想要回答的问题是，能否通过训练老年人从事新的、激励心智的活动来增强他们的思维能力和记忆力？他们发现，在训练他们从事了10~12周激励心智的新活动后，他们解决问题和灵活思维的能力有了显著提高。[22]

尽量减少看电视、使用社交媒体的时间

如果激励心智的新活动真的有用，那么你可能想知道是否还有其他类型的活动可能对你的大脑有害。答案是肯定的。在一项研究中，凯斯西储大学的希瑟·林德斯特伦及其同事以问卷调查的方式，调查了135名阿尔茨海默病患者和331名健康老年人在40~59岁之间从事26项休闲活动的时间。在考虑了年龄、性别、收入和受教育程度等变量后，他们发现，中年时每天多看1个小时电视，晚年患阿尔茨海默病的风险就会增加1.3倍。相比之下，参加智力激励活动和社交活动可以降低患阿尔茨海默病的风险。[23]另外一些研究表明，大量使用社交媒体也可能与记忆力衰退程度的增加有关。有趣的是，社交媒体的一些影响似乎与它们增加消极情绪、阻碍你保持积极态度的倾向性有关。[24]所以，我们建议你关掉电视，不要浏览网上的帖子，利用这些时间从事更多激励心智的活动，因为这些活动可能对你的情绪和记忆力有帮助。

在日常生活中发现激励心智的活动

归纳所有这些资料，就会发现它们清楚地传递了一条信息：无论你是年轻人、中年人还是老年人，最好是从事一些激励心智的新

活动。这些活动肯定包括社交活动，但也包括学习新的技能和爱好，去没去过的地方。对在校学生来说，学校就是一个从事各种新的、激励心智的活动（包括课程作业）的好地方。如果你的工作岗位能提供这样的激励，那也没问题。但是，如果你退休了，或者你的工作岗位不能给你提供合适的激励，那么我们建议你去找一些爱好、运动或其他活动来满足你这方面的需要。

脑力训练电脑游戏怎么样？

小心夸大其词

如果激励心智的新活动对我们有益，那么那些脑力训练电脑游戏怎么样呢？它们也是有益的吗？制作这些游戏的公司希望你这么想。不幸的是，他们经常夸大其词。在2015年和2016年，美国联邦贸易委员会对这些公司处以罚款，并下令删除产品广告中未经证实的说法。[25,26]

脑力训练电脑游戏是否有效？

可见，一些产品夸大了它们的好处。但其他产品值得信任吗？这是一个复杂的问题，部分原因是脑力训练方案有数百种之多，而且每天还在增加，但关于对照组的正确研究少之又少。一旦安排了适当的对照组，得到的结果通常是负面的。

例如，纽约市西奈山伊坎医学院的一组研究人员调查了市场上销售的一种认知训练电脑方案对80岁及以上老年人的效果。重要的是，他们将训练方案与玩电脑游戏的对照组进行了比较（电脑游戏的作用是保持参与者的兴趣，而不是提高他们的认知能力）。结果显示，两组人的思维能力和记忆力都没有提高，研究结束时两组人之间也没有差异。[27]

也有一些研究显示出了积极的效果。艾奥瓦大学的研究人员进行了一项为期10周的调查,以了解认知训练电脑方案是否会让老年人受益,而对照组则被安排玩休闲电脑游戏。调查结束时,他们发现认知训练组处理信息的速度和工作记忆(将信息记在脑子里并加以处理的能力,参见第3章)有更大的提高。[28]

如果你喜欢就去做

诸如此类彼此不一致的结果有几十组之多,我们应该怎么办呢?我们同意来自美国和英国的一组科学家的意见。他们也在努力解决这个问题,并得出了一个结论:有充分的证据表明,参加了脑力训练方案的人在该方案训练的特定任务中表现得更好,但表明参与者在类似任务中的表现有所提高的证据较少,几乎没有证据表明他们在日常生活的各种活动中表现出了更高的认知能力。[29]

所以,如果你购买了脑力训练电脑方案,并且你很喜欢它,那就太好了。我们建议你把它当作一种爱好,它可以带给你乐趣,但对你的大脑来说并不是那么重要。同样,如果你喜欢玩填字游戏或数独游戏,尽管继续玩下去,但是必须清楚,这些活动虽然比看电视好得多,但它们的好处比不上本章提到的其他活动,比如社交活动和激励心智的新活动。

如何保持记忆力和大脑健康

除了定期进行有氧运动、坚持地中海饮食法、限制酒精摄入、不使用违禁药物和保持良好睡眠以外,下面这些我们刚刚讨论过的活动也有助于你保持好的记忆力:

- 参与社交活动。
- 听音乐。
  - 跳舞可能是保持记忆力效果的最好活动之一,这可能是因为它将运动、社交活动和音乐结合到了一起。
- 练习正念。
  - 正念可以提高你集中注意力的能力,因此有助于记忆。
- 保持积极的心态。
- 参与激励认知的新活动。

但是,如果你想提高你记忆人名、数学公式或词语等特定事物的能力,那么该怎么办呢?为了在记忆方面取得这样的成就,我们现在转向第五部分,向你展示如何使用记忆策略、记忆辅助工具和助记码。

第五部分

增强记忆力的方法

第 22 章

记忆辅助工具

你站在超市的过道上,心中想:"我要买哪些东西?是杏仁奶、橄榄油、原味酸奶、草莓、蓝莓、大豆、葵花籽……还是豆奶、葵花籽油、草莓和蓝莓酸奶、四季豆、杏仁?"你叹了口气,看了看表。如果有人在家的话,你可以打电话问一下应该买什么。注意到时间之后,你拍了拍额头,喊道:"啊呀,糟糕!我忘了吃抗生素了。"

在本书中,我们根据数百篇公开发表的科研文章以及我们的教育和临床经验,提出了一些可以帮助你增强记忆力的建议。在第22章以及第五部分其余章节中,我们将把分散在全书中的这些信息加以汇总,再介绍一些可以帮助你记住所有事情(包括上面这个小故事说的待办事项和服药时间)的记忆策略和记忆辅助手段。注意,如果你略过了第四部分中的几章,直接跳读到了第五部分,那么你至少需要查看一下每章末尾列出的要点,因为运动、营养、睡眠、社交活动、态度、限制酒精摄入以及我们讨论的其他问题都对记忆至关重要。

第五部分的内容有多个来源。除了我们在这本书前几章中列出的那些，我们还从以下书目中参考了一些内容：《认知天性：让学习轻而易举的心理学规律》（彼得·C.布朗、亨利·L.罗迪格三世和马克·A.麦克丹尼尔）[1]、《不老的大脑：记忆专家的敏锐头脑处方》（哈里·洛雷恩）[2]、《与爱因斯坦月球漫步：美国记忆力冠军教你记忆一切》（乔舒亚·福尔）[3]以及本书作者安德鲁与莫琳·K.奥康纳合著的《管理记忆七步骤》[4]。

使用记忆辅助工具

无论你是年轻人还是老年人，在上学还是已经工作了，无论你认为自己的记忆力好还是不好，你都可以使用记忆辅助工具（物理设备、软件程序或手机应用程序）来帮助你记住信息。你可以将要买的东西写到纸上，为什么要记住它们呢？你可以将约定的时间记在日历或手机上，为什么要记在脑子里呢？当然，这个建议的前提是在需要的时候你可以使用这些记忆辅助工具；如果记忆辅助工具经常无法使用（比如你需要使用一个密码，但是管理密码的电脑不在手边），那么作为记忆辅助工具的补充，你可能需要使用我们在后面章节介绍的记忆策略。

有些人担心，使用记忆辅助工具帮助记忆会导致记忆力衰退。我们认为，生活中有很多事情是你确实需要记住的，所以如果外部记忆辅助工具能帮上忙，你就应该利用它。或者，如果你下定决心要记住所有信息（这对你有好处），你也完全可以这样做，但是你可以同时使用外部记忆辅助工具，以核实你记住的信息。

5 个一般原则

这里有 5 个一般原则可以帮助你有效地使用记忆辅助工具。

（1）做好管理工作。将辅助工具体系化，区分应该使用哪种辅助工具来记住哪条信息。

（2）做好准备工作。无论你使用的是纸质笔记本还是手机，都要随时准备好这些外部记忆辅助工具。

（3）不要拖延。随时将约定的事项记到纸质、手机或电脑日历中。当提示信息弹出来提醒你时，马上处理它。

（4）保持简洁。使用最简单的记忆工具来完成任务。如果每日计划可以满足需要，就不要使用复杂的提醒系统。如果简单的应用程序可以帮助你实现目标，就没有必要购买特别复杂的手机应用程序。

（5）形成例行程序。在刚开始使用新的记忆辅助工具时，你可能需要想一想，也可能手忙脚乱。但是一旦你养成了习惯，它们就会成为你的程序记忆的一部分，即使你一心二用、赶时间或者疲惫不堪，使用起来也会毫不费力。

专用的存放位置

本杰明·富兰克林经常说："物应各有其所，亦应各在其所。"这条建议很好。我们在这本书中用了一个例子来说明为什么你可能会忘记以及如何更好地记住你把钥匙放在哪里了。但最好的办法是每天把它们放在同一个地方，这样你就不用去找它们了。同样，你最好每次都把钱包、手机、戒指、眼镜和其他日常使用的东西放在同一个地方。

如果你没有专门的地方放这些东西，怎么办呢？现在就可以为这些东西找一个专用的存放位置。下面这些地方可能是一个很好的选择：

- 放在进门处的桌子上或者碗碟中，或者厨房的桌子上。
- 用吸力贴或磁力贴粘在冰箱上的小篮子里。
- 放在卧室梳妆台或床头柜上的碗碟里。
- 放在家庭办公桌上或抽屉里。
- 放在公文包、钱包或通勤包里。

哪个地方最适合你，有时取决于你经常在哪里使用这些物品。例如，你可以把眼镜和耳机放在公文包或钱包里，把钥匙、钱包和戒指放在卧室里。其他需要考虑的因素包括你家被人强行进入的可能性有多大——如果有可能，你可以把贵重物品放在别人看不到的地方（比如抽屉里），而不是放在门旁边一览无余的地方。

日历和每日计划

大多数人使用日历或每日计划，但不是每个人都会充分利用它们。有些人更喜欢纸质的每日计划，尽管现在大多数人都使用手机日历或在线日历。无论你使用哪种，在记录约定事项时都要确保包括5个问题：谁，目的是什么，你需要什么，何时，何地。

- 与谁约定的？
- 约定了什么？
- 见面时你应该带什么或准备些什么？
- 约定的什么时间？
- 约定的什么地点？

确保你记录了线上或线下会面的地址。我们建议你准备一个备用电话号码和（或）电子邮件，防止你找不到线上或线下见面地点。

我们建议你随身携带日历，以便随时添加约定事项。无论你使用哪种日历，都有必要定期创建备份副本，以防丢失。大多数电子日历都有内置备份，你需要备份的是纸质日历（比如用手机拍照）。

待办事项清单

待办事项清单可能非常简单，就是一张纸，也可能非常复杂，是基于网络和应用程序的四象限项目管理系统。我们建议你根据任务的复杂程度选用合适的清单。

简单清单

如果你要去超市，准备一张纸质清单不会有任何问题，在超市选购时，你可以拿着清单，随时查看。你还可以准备购物清单、办事清单、节假日清单等。

四象限系统

德怀特·D.艾森豪威尔说过："我遇到的问题可以分成两种，紧急的和重要的。紧急的问题不重要，重要的问题从不紧急。"[5]在认识到重要性和紧迫性之间关键区别的基础上，我们建议你在为工作、学习或其他事务制定清单时，使用四象限系统（亦称艾森豪威尔法则）。

重要且紧急的问题	重要且不紧急的问题
应该第一时间处理的危机	需要记住的长期事务
不重要且紧急的问题	不重要且不紧急的问题
可能需要处理的干扰	纯属浪费时间、应该不予理会的事务

这种方法的好处是让你记住重要的事情，即使它不需要马上处理。它还可以让你看到哪些事情应该第一时间处理，哪些事情根本不值得你浪费精力。我们建议你针对生活的各个领域（工作、学习、个人）、学校科目（历史、数学、科学）或大型工作事务（不同的企业或客户等），在纸、应用程序或网络上分别制定一个类似的网格。

提醒信息

所有人都可以利用提醒信息，无论是纸质便利贴还是电子产品弹出信息和闹钟，提醒我们注意服药、会议、预约、事务和截止日期。基于应用程序和网络的系统通常都有内置提醒——别忘了，如果你愿意，你可以通过定制，让它提前5分钟提醒你开会，而不是提前15分钟。如果你使用便利贴，确保你把它们贴在你能看到的地方（比如浴室的镜子或门上），等它们完成使命后把它们取下来。

药盒

按时服药很重要，遗漏或重复服药都有可能导致严重的后果。既然药盒可以帮助你确定是否服用了药物，为什么要依赖记忆呢？即使只需要服用一两种药物，许多人也会因为短暂的注意力分散或错误的记忆（参见第12章）而导致少服用一次药或不小心服用了两次。不要让这种事发生在你身上。

有许多不同的药盒种类可供选择。最简单的药盒可以将一周的药物分装到7个格子里，一天一格，有1周、2周和4周三种规格。此外，还有区分早晚的双格药盒，和区分早中晚的三格药盒。如果你需要在下午服药，你可能还需要一个口袋大小的药盒，方便外出时随身携带。

有些药盒有内置提醒警报器、显示屏，甚至还有通信设备，如果忘记服药，会提醒家人。最后，许多药店会将每天服用的药物加上"起泡包装"，免费或收取少量费用。如果你不确定哪种药盒适合你，可以咨询医生。

记忆辅助工具可能有用

我们的建议是，如果信息很重要，或者使用记忆辅助工具很方便，就应该考虑使用记忆辅助工具。

- 有效使用记忆辅助工具的5个一般原则：做好管理工作，做好准备工作，不要拖延，保持简洁，形成例行程序。
- 物应各有其位，亦应各在其位。
- 日历或每日计划中应包含5个问题：谁，目的是什么，你需要什么，何时，何地。
- 用简单清单解决简单任务。
- 利用四象限系统处理重要且紧急、重要且不紧急、不重要且紧急和不重要且不紧急的事务。
- 使用提醒信息。
- 使用药盒。

第 23 章

基本记忆策略

看完一章后,你在课本上标出了要点。然后你把这一章反复看了几遍。每看一遍,你都感觉轻松一些。看完最后一遍,你确信已经掌握了它的内容。但是在考试中,你沮丧地发现那些问题仍然让你绞尽脑汁。你知道你读过相关的材料,但就是想不起来。

你想知道最好的学习方法是什么吗?你想避免那些让你还没有学到知识就产生融会贯通错觉的学习技巧吗?你是否需要记住购物清单、当天的预约、数学公式、解剖学术语或公司的战略计划?在本章中,我们将详细讨论如何学习并记住内容,以便你轻轻松松地逛超市,在数学考试中一骑绝尘,让你的病人药到病除,获得晋升机会等。

可以采用哪些策略形成记忆

有动力

你的记忆能力始于你对记忆的愿望。如果有人在说话,而你没有兴趣听，你就不太可能记住他在说什么——无论是同事在自我介绍，还是教授在上课。所以，如果你希望事后能记住别人说了什么，就必须牢记激励你这样做的目标——这个同事未来可能是一个很好的项目合作人，你不希望在下次会议上因为想不起他的名字而感到尴尬；是的，教授所说的可能不仅对你能否通过考试很重要，而且对你以后的职业生涯也很重要。动机原则是所有有意记忆的关键。例如，如果你想在音乐会结束后找到你的车，那么在你下车走出停车场时，就应该在这个动机的驱动下注意它所在的位置。

让当下的目标与记忆目标保持一致

当你事后努力回忆某些信息（比如临时储物柜的密码，钥匙放置的地点）时，你多么希望自己当时注意到了这些信息——你有过多少次类似的经历？仅有"理论上"的动力是不够的。如果你希望自己稍后能打开储物柜或找到钥匙，就必须在记忆形成时将你当前的目标与你后期的记忆目标保持一致。所以，在你从储物柜旁边走开之前，花点儿时间把储物柜的编号和密码存储到你的记忆中。同样，放钥匙的时候，注意你把钥匙放在哪儿了。本章后面以及接下来的两章介绍的技巧将帮助你形成并存储这些记忆。

调整目标也会改变你对一件事的记忆。例如，如果你参加聚会是为了享受快乐，那么你可能会记得你参加的游戏和你身边人的笑脸。同样是这次聚会，如果你的目标是结识可能对你的事业有帮助的人，那么你很可能会记住那几个符合条件的人。如果你希望找到最能反映你独特个性的新风格，那么你可能会记得很多出席聚会的人的衣着、发型、举止和说话方式。无论是哪种情况，你可能都没有有意识地去记住这些。但是你在玩游戏、与可能对你的事业有帮助的人交谈、寻找风格元素时，会密切关注这些东西，因此你会记住聚会的这些方面。

放松点！不要着急

焦虑会让你分心——尤其是你因为焦虑而反复思考以往记忆失败的经历或其他不愉快的想法，而不是把注意力集中在当下的时候。有几种办法可以减少焦虑。例如，定期做深呼吸或正念冥想（参见第21章）可能有用。

有时候，重新规划目标可以减少焦虑。例如，如果你认为你不善于记人名，而现在你正面对着一个新朋友，那么"记住他的名字"这个激励性目标可能只会加剧你的焦虑。如果你能确定一个更有针对性、不那么吓人的目标，比如，"我要形成一个视觉形象来帮助我记住他的名字"，就有可能帮助你减少焦虑，更好地记住这个名字。同样，如果你因为要阅读5个章节或者准备并记忆25张幻灯片而焦虑不安，那么你可以尝试把注意力集中在一章或一张幻灯片上——这样的目标似乎不太吓人。看完一章或处理完一张幻灯片后，就继续看下一章、处理下一张幻灯片。通常，开始去做之后，你的压力水平就会恢复正常。

努力做好4件事

如果本书只能讨论一种策略，那么这个策略就是努力。没有什么比努力更能帮助你记住信息了。有意识地记忆是一种强大的方法，可以使你的努力与你记住信息的目标保持一致。事实上，如果你的学习看起来很轻松，有时这意味着无论你在学习材料时使用了什么技巧，都不会很有效。当你的目标能引导你努力地处理信息时，你才会成功。

我们建议你努力做4件事：集中注意力；对信息进行组织、分类和分组；理解材料；把新信息和你已经知道的东西联系起来。

集中注意力

努力的一个关键是关注当下，关注你想要记住的活动、事件或材料。把注意力集中在你想记住的东西上，忽略其他东西。集中注意力需要你付出努力，但正如我们刚才讨论的那样，努力有助于记忆。坐在椅子上就要端正坐姿。如果你发现自己注意力分散了，就把它引导回你想要记住的材料、经历、讲座或会议上。如果你在放钥匙时在想心事，你就不太可能记得你把钥匙放在哪里了。因此在放钥匙的时候，暂时什么都不要想，集中注意力。如果你不想把同一个新闻报道对同一个人转述两次，就应该密切关注你转述这个新闻报道的时候是和谁在一起；在转述时，注意他们的面部表情和反应。对增强注意力有兴趣吗？可以试试我们在第 21 章中介绍的正念练习。

- 避免分心，不要一心多用。因为集中注意力对形成记忆非常重要，我们希望你清楚地知道一个事实：如果因为你的注意力同时被其他东西吸引而导致分心了，你就不能很好地记住信息。研究表明，尽管许多人认为自己能一心多用，但实际上他们错了！没有人同时做两件事，还能像只专注一项任务一样，把两件事都做得很好。因此，关掉电视，关闭浏览器，不要查看信息，将手机设置为勿扰模式，然后把它放在视线之外。手机放在手边可能会分散你的注意力。
- 休息一下。如果你发现自己在学习时感到精力不济，无法集中注意力，那就休息一会儿。去散散步，和朋友聊天，吃点儿零食，或者做其他任何事情，以帮助自己恢复精力，为继续学习做好准备。

- 喝一杯咖啡（或茶）。努力学习新信息时，必须保持头脑清醒、注意力集中，而不能昏昏欲睡或者有厌烦情绪。有时喝一杯咖啡或茶可以使你头脑更清醒、注意力更集中。但是正如第20章详细描述的那样，咖啡和茶并不能使你晚上睡个好觉。

- 使用你的感官。使用你的感官能帮助你记住几乎任何经历或信息。要记住你放钥匙的位置，那就听听钥匙放在金属盘子里时发出的声音。要记住写在纸上的单词，那就给它们增加新的维度。要记住汽车零部件的来源，就不能单靠阅读文字材料，还要想象一下各种零部件从世界各地运过来、汇聚在底特律、组装成一辆汽车的整个过程。如果你想记住在海滩上度过的一天，那就闻一闻海边的空气，感受在沙滩上走动时脚趾下的沙子，感受轻抚小臂绒毛的海风，看一看装着沙子和海水的五颜六色的塑料桶和铁锹，听一听海浪冲走沙堡时你的孙子发出的尖叫声和笑声。

- 创建感觉助记法。你也可以创造性地利用你的感觉来帮助你记忆信息。例如，你刚才见到的芭芭拉是不是穿着一件亮粉色的裙子？想象用跟她的裙子一样的亮粉色字母拼写出她的名字。也可以用声音来记忆信息。例如，告诉自己"因为我知道该做什么，所以我把车停在了第二层"，或者"如果我希望玫瑰开出美丽的花朵，就必须记得用水龙带给它浇水"。

组织、分类和分组

以符合逻辑的方式组织或分类的材料比以无用的方式组织起来的随机或有序的信息更容易记住。举个明显的例子，如果你要买的东西以下面这种方式排列，你就很难记住它们：

- 苹果
- 汉堡面包
- 玉米（罐装）
- 牙线
- 鸡蛋
- 冷冻豌豆
- 青西红柿
- 蜜瓜
- 冰激凌
- 亚尔斯堡奶酪
- 卡卡甜甜圈
- 利马豆（罐装）
- 漱口水
- 大白菜

如果把它们分门别类地排列，就更容易记忆：

- 苹果
- 蜜瓜
- 青西红柿
- 大白菜
- 鸡蛋
- 亚尔斯堡奶酪
- 汉堡面包
- 卡卡甜甜圈
- 玉米（罐装）

- 利马豆（罐装）
- 冷冻豌豆
- 冰激凌
- 牙线
- 漱口剂

同样，如果你在为即将到来的同学聚会复习中学同学的名字，也可以按照你是通过哪个群体或社交圈认识他们的，而不是按照同学录上的顺序，来记忆他们的名字。

你还可以将材料分成几个组块来加强材料的组织性。很少有人能记住一长串数字或字母，比如信用卡号码1350246791181012。但如果你把数字或字母分解成几部分，就有可能发现有助于记忆的模式，比如奇数块（1 3 5），偶数块（0 2 4 6），奇数块（7 9 11），偶数块（8 10 12）。也可以把数字转换成对你有意义或者更容易记住的其他信息。例如，这个数字也可以分解成：1/3/50（1950年1月3日）、2/4/67（1967年2月4日）、9/1/1810（1810年9月1日）和12（12月）。甚至你可以把它变成一组两位数：13、50、24、67、91、18、10、12，也会让它更容易记住，因为记住8个数字比记住16个数字更容易。你还可以把这些两位数与你更熟悉的数字建立联系，例如篮球比分或棒球运动员的球衣号码。然后，你可以想象把你的信用卡上的这8个两位数号码分配给内场和外场的8个棒球运动员。我们还将在第25章介绍记忆数字的其他方法。

理解

如果你不理解细节、事件或经历，就不可能记住它们。所以，如果你正在学习一些新的东西，一定要做到充分理解。提取关键概念，利用这些概念构建心理模型，并与你先前的知识联系起来。做一次学习报告（或者只是准备做报告）可以确保你真正掌握了这些材料。如果你希望永远记住当前的经历，那就想一想身边发生的事情有什么意义，无论这是一个特殊的庆祝活动、选举之夜，还是一个孩子刚刚出生了。

- 从基础做起。记住，要为学习并理解当前的新材料奠定基础，就必须先理解之前的材料。学走先学爬，先学算术再学代数，先了解正常的生理机能再了解影响生理机能的疾病。确保你掌握了基本知识。在掌握了这些知识后，再去理解你正在学习的新知识是否与你之前的知识相吻合。认真思考你正在学习的关键思想。想想不同的例子，看看这些想法和例子与你已经知道的想法和例子有什么联系。在你对某个主题的理解程度不断加深的过程中，不断地将新学习的知识与你现有的知识进行比较和对比，同时建立联系。
- 表述内容。在学习新信息时，你可以用自己的语言表述内容，通过这样的努力帮助自己理解。提炼出要点，向自己或别人朗读出这些要点。用谚语"教学相长"指导自己学习。记住，学习难度越大，效果就越牢固、越持久。

关联——建立联系

在你试图记住的新信息和你已经知道的旧信息之间建立联系是最有效的记忆策略之一。你也可以建立其他联系。例如，如果你经常找不到老花镜，而你经常把它放在书上，那么你可以把两者联系起来，这样你就能记住了。你可以想象一本用玻璃做的书，或者想象书戴着眼镜。即便是说出两者之间的联系，也能帮助你以后记住它。大声地说："我把眼镜放在书上了。"

如果你正在努力学习新的计算机程序或智能手机应用程序，就想想在电子设备上完成的那些步骤能否与你更熟悉的某些行为联系到一起，比如移动、使用纸张或其他物体的行为。

如果想记住一个地址，可以把街道名称和门牌号联系起来。下面是美国一些最常见的街道名称，每个名称后面都随机跟着一个1到100之间的门牌号。让我们来看看如何建立联系，以帮助你记住门牌号。

- 公园大道65号：65岁表示从此迈入了传统意义上的"老年人"行列。因此，你可以想象一位白发苍苍的老人把车停在公园旁边的"老年人"专用停车位上。
- 主街76号：你可能知道有首歌的开头是"76支长号引领着长长的游行队伍"。你肯定知道美国的《独立宣言》是在1776年签署的。所以，你可以想象在独立日庆祝活动中，76支长号在大街上游行。
- 橡树街25号：因为25美分是一枚硬币，所以你可以想象一棵橡树，但树上挂着的不是橡子，而是25美分硬币，每枚硬币上的图像都是一个橡子，而不是人的头像。
- 克利尔街（Clear Street）24号：你或许可以想象砍伐一片有24棵松树的小树林，然后在空地上建一幢玻璃房子。
- 华盛顿街99号：你或许可以想象99岁的乔治·华盛顿骑着马沿街而行。
- 湖街54号：如果你知道54杆被认为是高尔夫球的完美成绩，就可以想象自己将54个高尔夫球打到了湖中。

你有没有注意到，我们描述的大多数联系都与建立表征有关？这并非偶然。要建立一种易于记忆的联系，一个非常好的方法就是建立一个心理表征，这就引出了一个联系信息的好办法：创建视觉形象。

人是视觉动物。我们大脑中处理视觉信息的部位可能比处理其他信息的部位加起来还要多。因此，记住信息并将其与其他信息联系起来的一个好办法就是将其转化为心理表征。如果你在工作中刚刚认识了一个新同事，你们说到你们都喜欢游泳，那就想象你在水下和他交谈（仍然穿着工作服）的场景，这将有助于你记住这种联系。

注意，无论你想记住的是具体信息还是抽象信息，都可以借助表征。再看看我们在上文中举的那些例子。在一些例子中，我们使用了具体的例子，比如用乔治·华盛顿的形象表示华盛顿街，用湖泊表示湖街。但在另一些例子中，我们把抽象的东西，比如25这个数字和"Clear"这个词，变成看得见摸得着的物品，比如25美分硬币、空地上玻璃做的房子。

如果你正在学习英语或某种外语的新词，你也可以根据单词的发音为抽象概念创建表征。例如，要记住"jentacular"与早餐有关，你可以想象你的朋友珍（Jen）把你钉（tack）在装满橙汁的大（large）杯子上（杯子非常大，你够不到杯口）。（注意，这种方法也可以帮助我们解决需要记忆无数个密码的难题。）

是不是觉得你为记忆一个单词付出了太多的努力？那就对了！正如你现在所知道的，努力是记忆的关键，所以任何让你付出努力的事情都会有助于记忆。如果你觉得你创建的那些表征太荒诞了，这也没问题，表征越荒诞、越独特，你就越有可能记住它。

掌握学习的主动权

如果你现在正在学习，那么你肯定会取得成功，因为你花时间阅读这一章来提高你的学习技能，这一事实就告诉了我们很多关于你的信息：你掌握了学习的主动权。你想更聪明地学习，而不仅仅是更努力地学习。你知道，只要付出努力，使用我们介绍的方法，并坚持不懈，就能在大脑中创建新的联系，提高你学习材料的能力。毫无疑问，你正在提高你对这门学科的理解力。

要掌握学习的主动权，条件之一是不能满足于仅仅学习课本、完成家庭作业或者阅读公司的招股章程。如果这些资源足以让你在课程学习中取得优异的成绩，足以帮助你完成读书报告的准备工作，或者足以帮助你实现目标，那就没问题！但是如果你发现这些方法不能让你熟练掌握知识，或者不能让你在考试中取得理想的成绩，那就说明你需要探索其他方法来获得成功。和你的同学一起组成小组学习，在教授的答疑时间与其交流，或者与客户及其他股东会面，这些都可以帮助你更好地掌握知识。如果你认为你已经掌握了知识，但是会有人从你没有预料到的角度向你提问，那么你可能需要另外寻找一些教科书、工具书、网站或同事，帮助你从其他角度获取信息（也许还需要练习）。你和同学或者同事甚至可以充分发挥聪明才智和想象力，为彼此设计一些测验或工作场景，以帮助你们为下一次考试或商务会议做准备。此外，还要探索取得成功的其他方法。

使之与众不同

与众不同的东西令人难忘。事实上，视觉形象令人难忘的一个原因是，单凭其视觉性质，它们就与众不同。但是还有很多其他方法可以让你想要记住的信息与众不同。

- 调动感官。正如我们在本章前面讨论的那样，你可以使用与信息相关的真实或想象的影像、声音、气味、味道和触感，使其更加与众不同，从而更容易记住。

- 运用幽默。荒诞的东西都与众不同。这就是为什么我们很多人都能很好地记住笑话、卡通和荒诞的口号。记住信息的一种方法是把它变成荒诞的东西。想记住鹿谷大道1222号吗？你可以想象一只鹿正开车穿过山谷，同时还向一群（12名）拿着0.22英寸①口径猎枪、瞠目结舌的猎人挥手。

- 注入情感。如果你正在读、听或看一些你想记住的东西，可以尝试感受和体验文章、特写、故事或视频中人物的希望、快乐、悲伤、恐惧、宽慰、平静或其他情绪。不要只看公司网站上的信息，还要想想在那家公司工作或者作为客户接受他们的服务会是什么感觉。在记忆单词时，可以想象自己在做这个动作或使用这个物体，然后想想你有什么感觉。如果你正在学习代谢路径，那就想想当这些途径出错时会导致哪些疾病并对患者的生活产生哪些影响，想象自己作为科学家或医生帮助这些患者的场景。

- 让它与你密切相关。如果你正在努力记住会上发言人的发言要点，你可以想想每个要点与你的私人生活或职业生活的关系。如果你想记住什么，那就"以终为始"，想想在你自己的生活中，你曾因为没有这样做而懊悔。如果你想记住公司在16个地区设立的办事处，可以计划一次去各个办事处的旅行，并针对所在城市计划一些特定的活动。如果你正在尝试学习新的智能手机应用程序的用法，可以想象你正在某个具体场景中执行那些步骤。（例如，"我要按这个按钮来安排一辆车送我去朋友家。我要在这里输入他的地址。然后，我会看着这张地图，这样我就知道什么时候拿上外套，在外面等车了"。）

---

① 1英寸=2.54厘米。——编者注

以找回记忆的方法来获取内容

用你学习时采用的方式回忆信息肯定更容易。所以，如果你要去面试调酒师的工作，而且你知道他们会说出十几种饮料的名字，然后问你如何调制，那么你就必须确保这些饮料名称可以触发你对调酒材料的记忆，而不是反过来。同样，如果你需要在面见客户前彻底了解客户资料或其他信息，那么你可以从多个角度记忆这些材料：如果他们问你他们的主要供应商在哪里，你要能回答"克利夫兰"；不仅如此，如果他们提到克利夫兰，你也要说"那是你们的主要供应商所在地"。

备考时，不要照本宣科地学习教科书上的材料，还要想想你的教授最有可能怎么考你，然后针对性地学习。如果你不确定他会怎么考你，那就在学习时多采用几种方法，这样你无论面对什么样的测试都能胸有成竹。除了应对考试，这还有助于你在将来需要的时候回忆这些材料，比如在以这些材料为基础的高级选修课中，甚至在你的职业生涯中。

运用首字母缩略词

首字母缩略词是一种久经考验的记忆技巧，可以用来记忆包括长长的发言稿、解剖学术语在内的所有东西。小时候你可能利用"Roy G. Biv"这个缩略词来帮助你记忆可见光谱的顺序（红、橙、黄、绿、蓝、靛、紫），或者利用"HOMES"来记忆五大湖（休伦湖、安大略湖、密歇根湖、伊利湖、苏必利尔湖）。你也可以用首字母缩略词来帮助你记住购物清单（BREAD：面包、大米、鸡蛋、苹果、牙线）、你要去的地方（SHOP：鞋店、五金店、眼镜店、宠物店）以及任何你想记住的东西。注意，缩略词不一定要很漂亮，比如，你可以用"SHoPP"来表示鞋店、五金店、宠物店、足病医生,其中"o"没有指涉,还包含了两个P。重要的是,它可以帮助你记忆。

筛选出要记住或忘记的信息

记住,你可以决定自己以后会记住什么、忘记什么。如果你想记住你刚刚听到或看到的东西,就告诉自己"我想记住这些信息,以便将来告诉我的朋友"或者其他原因。这样一个简单的思维活动会帮助你记住它——你还可以同时使用本章中介绍的其他方法。

同时,有几种方法可以帮助你忘记信息。一种是依靠外部记忆辅助工具,比如写下密码,或者用手机或互联网浏览器记住密码,这个决定会将密码标记为可以被遗忘的东西。

你也可以选择抹去一段记忆。要抹去一段记忆,就要在每次它闪现时,有意识地扑灭它,就像熄灭蜡烛的火焰一样。如果记忆的细节开始在脑海中浮现,就猛踩思绪的刹车板,不要让回忆继续下去。把记忆想象成被海浪冲走的沙堡,或者你正在擦掉的粉笔画。投入精力去完成这项任务,可以将记忆比喻成看起来比较合适的事物。

杜绝产生已经熟练掌握的错觉

你是否曾经努力学习并自认为已经融会贯通,但是在面对考试、会议或演讲时你却发现想不起学过的内容了?虽然导致这种情况的原因有很多,但最常见的一个原因是,你产生了一种错觉,以为自己掌握了材料,而实际上并没有。

最常见的一个学习方法是用荧光笔或下划线在课本、笔记或公司招股章程上做标记,然后通过重复阅读来学习这些材料,为考试、会议或演讲做准备。遗憾的是，这是最糟糕的学习方式之一。虽然在阅读中找出关键段落很重要，在这些段落上划重点的做法也很好，但重复阅读同样的材料并不能帮助你记住它们。这种方法不够主动，不需要付出足够的努力。不仅这些材料不会进入你的大脑（因为第二次阅读这一章或招股章程比第一次阅读更容易），而且会让你产生错觉，你以为已经熟练掌握了这些材料，而实际上并没有。

既然重复阅读不是正确的学习方法，那什么才是呢？

自我测试

最好的学习方法是自我测试。找回记忆的行为会让再一次找回变得更容易。看看你用荧光笔标记过的课本，加了下划线的笔记，或者做了记号的招股章程。把你需要学习的每一个概念、想法、公式、途径、词汇、财务数据或其他信息做成卡片，卡片的一面是问题，另一面是答案，然后用卡片测试自己。（注意，有些智能手机应用程序也有类似的功能。如果这些程序能帮助我们完成本书介绍的各种测试和分类，它们就应该和纸质卡片一样好用。）

自测的时候，把卡片分成两堆，一堆是你很容易回答的，另一堆是你不知道答案、答错了、很费劲或者只能猜出答案的。把给你造成困难的卡片再测试一次，并不断重复这个过程。定期重新学习你熟悉的卡片，以加深对这些知识的记忆。不要害怕犯错误；只要你核对答案并改正错误，就会记住正确的信息。

如果你要参加的是问答题测试呢？在利用卡片掌握了要测试的材料之后，你可以采用模拟问答题的方式完成自测。如果你的老师使用的是简答题？那就设计一些简答题模拟测试。如果你需要在会议上进行幻灯片演示，还要做好准备，回答一些意想不到的问题呢？那就尽可能多地邀请同事，让他们想想有可能出现哪些问题，并研究这些问题。

根据材料的不同，做其他人设计的模拟测试题也有好处。在网上或书上找到的测试题既能测试你对知识的掌握程度，还能帮助你学习材料——提供解释的测试题效果更佳。许多人通过参加课程提高了他们在大学、研究生院和专业学校入学标准化测试中的表现，一个原因就是这些课程通常强调测试、测试、再测试。

避免临时抱佛脚

除了自我测试，间歇学习也很重要。两次学习应该间隔多长时间呢？以遗忘少量学到的知识为宜。因为遗忘，重新学习会让你付出更多的努力——这正是间歇学习的目的。两次学习可以间隔几分钟或一两个小时，但随着你对材料掌握程度的提高，应延长间隔时间。睡眠非常重要，因此，只要学过的材料能记住几个小时，那么两次学习间隔一天，并睡上一觉，通常是有益的。但是不要止步于此。如果你想在年终考试（以及你的余生）中记住这些内容，就应该在一周后复习一次，之后每个月再复习一次。

最后，应该避免临时抱佛脚（在短时间内完成所有学习）。有时候临时抱佛脚能帮助你顺利过关，但更多时候会让你在考试或会议中表现不佳。最重要的是，通过临时抱佛脚学习的知识可能会在几周内完全遗忘，这是一种糟糕的学习方式。

学习要有变化

要把你想要记住的内容变成牢固而详细的记忆，就必须运用多种方法从多个有益的角度完成学习。例如，一旦你能回答所有卡片上的问题，那就把卡片翻过来，看看你能否根据答案回想出所有问题。从领导层、经理、一线员工、客户和股东的角度来思考公司的问题。从每个群体的角度想象历史事件，而不仅仅是教科书中提供的角度，还应考虑当前社会的类似事件。在学习生化途径时，不仅要考虑系统在哪些情况下可能崩溃，还应考虑系统崩溃可能产生的后果。

多种学习方法穿插进行

除了采用多种学习方法改变学习以外，将这些不同的方法穿插到你的学习中也会让你受益。所以，下面这种做法可能比先测试所有问题再测试所有答案的效果更好：将卡片分成两堆，翻转其中一堆（一堆卡片问题朝上，另一堆答案朝上），将两堆牌洗到一起。然后用这些卡片测试自己。测试完成后，翻转卡片，再测试一次。利用这个方法，你可以把不同类型的问题交织到一起，这有助于你学习材料。对于不适合用卡片学习的内容，也可以使用同样的原则。ABCDABCDABCD 型的问题，比 AAABBBCCCDDD 型效果更好。因此，为了巩固理解，你应该做不同类型的数学问题，而不是需要用到相同的基本概念或中间过程相同的问题。

在不同的环境下学习

为了在任何条件下都能轻松地回忆起你正在学习的材料，你应该在多种不同环境下学习。例如，在学习加强心脏生命支持时，必须做到随时随地快速回忆起这些内容。所以，应该将学习时间分散到上午、下午、傍晚和晚上；将学习地点安排在卧室、诊所和医院里；不仅在室内，还应在室外测试对材料的掌握情况。学习时间和地点的安排变化越多，就越容易在任何情况下回想起这些内容。

先尝试解决问题，然后学习如何解决

你的老师布置了一些问题作为你的家庭作业。问题是，你还没有学过如何解决这类问题。是你的老师错了吗？他是在故意刁难你吗？根本不是。虽然这听起来有点儿违背直觉，但如果你先尝试解决这些问题，然后去看课本上是怎么说的，而不是直接看课本，那么你的记忆可能更加深刻。同样，在工作中，最好先尝试自己解决大部分问题，在做了一番努力之后，再向同事或老板寻求帮助。

当然，前提是你有可能解决（或接近解决）这些问题。我们将这类难度合适的问题称为"必要难度"（desirable difficulty），意思是运用现有知识并在付出大量努力后有可能解决的问题，所以它既不会太难，也不会太容易。先尝试解决作业或项目中的问题，然后回头阅读课本或与同事交流（并根据需要纠正你的答案），你付出的努力将帮助你牢固地记住这些材料。

找回记忆时可以采用的策略

保持冷静：放松

马上就到预约的时间了，但是你突然发现找不到钥匙了。一开始心里恐慌是很自然的，但你必须努力保持冷静，放松下来。压力只会让你更难记起钥匙放在哪里，或者让你更难回忆起你希望回忆起来的东西。记住，找回记忆失败很常见，没有必要为此感到不安。

当然，保持冷静说起来很容易，但在实践中很难做到。我们推荐几个基本的方法：

- 慢慢地做一两次深呼吸，体会腹部扩张的感觉。缓慢的深呼吸会触发你的副交感神经系统，帮助你放松下来。
- 记住，每个人都有记忆提取失败的经历，你的困难可能是暂时的，你正在寻找的信息可能很快就会出现在脑海中。
- 告诉自己你已经掌握了我们将要介绍的所有技巧，它们可以帮助你回忆。

冷静下来后，你就可以开始使用本章介绍的记忆找回策略。

尽量减少干扰和阻碍

当你在为回答一个问题而绞尽脑汁地回忆信息时，一定要努力克制把所有可能的具体答案都考虑一遍的本能冲动——如果你知道答案是错的，就不要不停地想它。虽然本意是好的，但尝试错误答案实际上会干扰记忆找回的过程，阻碍你找到正确答案。所以，如果你的朋友问你"你上周跟我说的那部电影叫什么名字？"，你最好不要把你喜欢的所有电影或正在上映的电影都说一遍（除非你知道朋友说的那部电影可能包含在这个范围内），因为这样做只会阻碍你找到正确的答案。

创建不同的回忆线索

当你在记忆中苦苦搜索某个信息却不得时，可以尝试不同的回忆线索。想想你知道的与你正在搜索的信息相关的其他事情，或者回想一下你是在什么时候讨论或学习这些信息的。例如，在努力回忆你和朋友讨论的那部电影时，不要把很多电影都考虑一遍，而应该努力回忆你们当天谈话的其他细节和话题。想想你当时的情绪和你朋友脸上的表情。来源多样的大致线索会帮助而不是阻碍你回忆起你正在回忆的信息。

找回学习时的内外环境

回忆信息的另一个好方法是想象自己回到当初学习信息的时间和地点。如果你在找钥匙，就在心里回溯你回家时走过的路。还要想想你当时的内心环境——你的感受。在这个过程中，你可能会回忆起你当时太渴了，于是手里拿着钥匙，径直走到冰箱前拿了一瓶水。（果然，你在冰箱架子上找到了钥匙。）如果你想不起哪个同事对乳制品过敏，那就想想你们是在哪里说到这件事的，你们还说了什么。

如果你在考试或演示的过程中试图回想学过的材料，那就在大脑中进行时间旅行，试着想象自己回到教室、办公室、卧室或者你学习这些材料的地方。想象你的课本、家庭作业、招股章程或者你浏览的网站。如果你学习时听着音乐，就想想你当时听的旋律。如果你喜欢在学习时喝榛果咖啡，就想象咖啡的味道。

防止错误记忆的干扰

错误记忆十分常见。记住，找回记忆实际上是在重建这段记忆。因此，错误内容很容易进入你的记忆中，比如两个记忆相互混淆。

评估细节

避免错误记忆的最好方法是评估刚刚找回的记忆。你的记忆是否栩栩如生且包含大量具体的感受？虽然不能保证真实性，但记忆中包含的细节越具体，就越有可能是真实准确的。如果记忆（或部分记忆）很模糊，只包含一般信息，就有可能是错误记忆或者半真半假的失真记忆。例如,如果有人问你是否玩过迪士尼巨雷山惊险之旅,而你还记得那巨大的不绝于耳的噼啪声和咔嗒声,还记得在有些路段它震动和摇晃得十分厉害,你甚至觉得它会震断你的脊椎,那么根据这些详细具体的感受,你可以断定这可能是一个真实的记忆。但这真的是巨雷山惊险之旅的回忆吗?你可能还应该花点儿时间寻找其他细节,以确保这些生动记忆不是来自其他类似的过山车项目。如果有人问你是否玩过鬼屋,而你认为你玩过,但是只有一些模糊而笼统的概念,只记得鬼屋里阴森森的,一片漆黑,这就表明这些记忆既有可能是错误的,也有可能是真实的。

事情的经过是那样吗?

另一种评估记忆是否错误的方法是将内容与事实信息进行比较。例如,你可能记得在女儿10岁的时候,你带她去了迪士尼的"星球大战:银河边缘"主题乐园,但是当你意识到这个主题园区是在她12岁那年才建成时,你就确定这段记忆是错误的、失真的,或者与其他记忆混淆了。

这些内容应该记忆到什么程度?

假设一个儿时的朋友问你:"还记得我们六年级的时候在那个池塘上滑冰吗?"你可能由此隐约想起六年级时和你的朋友在冰冻的池塘上滑冰的情景。但这是真的吗?如果你小时候去池塘滑过几十次冰,你就很难分辨出你回想起来的那段记忆的真实性。但是正如我们在本章前面提到的,与众不同的东西更容易被记住。因此,如果你一生中只在池塘上滑过一两次冰,那么这些经历将非常独特,你就更有可能生动地回忆起和朋友在池塘上滑冰的情景。在这种情况下,尽管你有模糊的记忆,你也可以回答:"我想六年级时和你在池塘上滑冰的肯定不是我,如果是我的话,我肯定会记得的。"

越费力气越有助于下一次的回忆

你是不是费了很大力气，而且还用了一些我们在本章介绍的技巧，才找回了你想要的记忆？如果是这样，那就太好了！你为回忆这些记忆所付出的努力越多，你下一次找回这些记忆的难度就越低。

你的学习风格呢？

你需要了解自己的学习风格才能找到最好的学习方法吗？不需要。不要试图仅仅通过听觉或视觉这一种方式来学习。每个人都是在全面发挥自己的才能时才学得更好。虽然你可能对学习新材料的方式有自己的偏好，但这并不意味着你的偏好会转化为最适合你的学习方式。注意，不要把看似轻松的学习与能给你留下深刻记忆的学习混为一谈。不要忘记，我们记得更深刻的是我们花费力气记住的东西，而不是轻轻松松就记住的东西。

重要的是让你的学习与所教内容的类型相匹配。例如，艺术史、解剖学和几何学应该通过视觉来学习；文学、诗歌和乐理都应该通过听觉来学习。对于用这两种方法都可以学习的材料，同时使用这两种方法效果肯定更好，但大多数研究表明，如果你必须做出选择，那么通过视觉学习记忆材料可能效果最好。例如，将电子表格转换为条形图、曲线图、饼图、帕累托图和其他直观显示方式，就更容易记住。

小组学习与单独学习

小组学习有很多好处。向其他人学习如何克服可能只有你一个人遇到的棘手问题，往往会提升你的批判性思维能力，还能增加你理解材料的广度和深度。但是,如果你需要独自回忆所有信息,那么在通过小组学习为考试或演示做准备时必须慎重。否则,在考试或演示过程中,你可能会发现一个问题:虽然学习小组作为一个整体可能知道问题的答案,但是你个人却不知道。因此,我们建议你既要小组学习,也要单独学习,两者兼顾才能保证学习效果最佳。

睡眠是一种策略

无论你学习的是什么,如果在努力学习之后睡一觉,记忆效果都会更好。假设在10天里你总共有10个小时的学习时间。除了可以采用我们在本章前面提到的技巧之外,如果你每天学习1个小时,而不是在考试前一天花10个小时临时抱佛脚,就能更好地掌握这些材料,而且记住的时间更长。(注意,如果这10个小时学习的内容是10个互不相关的单元,那么你每天都必须复习之前学过的内容。)

睡前复习也大有裨益——有了这个环节,睡眠更有可能加强你对学习内容的记忆。如果你喜欢在学习时听平静、放松的音乐,那么在你准备睡觉时也听同样的音乐,这会增加睡眠加强记忆的可能性。

不要通宵学习。给自己留出时间睡一觉,才能更好地记住信息。确保每晚睡眠充足。研究表明,在考试前几周睡得好的学生在考试中表现得最好。因此,一定要保证你每晚都有足够的睡眠。

反思记忆找回过程

最后,如果你正在努力增强记忆力,那就有必要反思一下,在最近的客户会议、工作面试、社交活动或考试中,你的记忆力是否能满足你的需要。你能很容易地回忆起名字、日期、地点和你希望回忆起来的其他资料吗？还是在找回所需内容时遇到了困难，或者失败了？如果一切顺利，那么我们要祝贺你！否则，你可以对照本章末尾的列表，想想在我们介绍的所有这些策略中，有哪些是你经常使用、很少使用或者根本不会使用的，并将它们记录下来。想想你没有使用（或很少使用）的策略是否能让你更好地掌握材料。当你需要为会议、演示、考试或面试做准备时，可以利用这些策略。

如果你已经使用了本章介绍的所有策略，但是在记忆人名或者因为工作或课程的需要而必须学习的材料时仍然有困难，那该怎么办？第24章和第25章介绍的可能正是你所需要的信息。

利用策略增强记忆力

现在你已经了解了记忆的作用原理以及可以使用的记忆策略，接下来你可以选择最有效的策略，帮助你记住相关的内容或经历。

- 可以采用哪些策略形成记忆
    - 有动力。
    - 让当下的目标与记忆目标保持一致。
    - 放松点！不要着急。
    - 努力做好4件事。
        - 集中注意力。避免分心，不要一心多用。休息一下。喝一杯咖啡（或茶）。使用你的感官。创建感觉助记法。
        - 组织、分类和分组。
        - 理解。从基础做起。表述内容。
        - 关联。建立联系。创建视觉形象。

- 掌握学习的主动权。
- 使之与众不同：调动感官；运用幽默；注入情感；让它与你密切相关。
- 以找回记忆的方法来获取内容。
- 运用首字母缩略词。

- 筛选出要记住或忘记的信息。
- 杜绝产生已经熟练掌握的错觉。
- 自我测试。
- 避免临时抱佛脚。
- 学习要有变化。
- 多种学习方法穿插进行。
- 在不同的环境下学习。
- 先尝试解决问题，然后学习如何解决。
- 找回记忆时可以采用的策略
  - 保持冷静：放松。
  - 尽量减少干扰和阻碍。
  - 创建不同的回忆线索。
  - 找回学习时的内外环境。
  - 防止错误记忆的干扰：评估细节。事情的经过是那样吗？这些内容应该记忆到什么程度？
  - 越费力气越有助于下一次的回忆！
- 让你的学习与所教内容的类型相匹配。尽可能通过视觉和听觉来学习。
- 小组学习和单独学习。
- 睡眠是一种策略。
- 反思记忆找回过程。

第 24 章

如何记忆人名

在一次会议上,你正在和一些朋友聊天,一个你认识多年的同事走过来热情地说:"你好,很高兴见到你!"谈话停了下来,所有人都期待地转向你,等着你介绍她。你张开嘴准备介绍时,突然发现你想不起她的名字。

你有没有遇到过这样的事?或者你向别人介绍了自己,对方也向你做了自我介绍,然后你们开始说话,但是 60 秒后,你发现记不起他们的名字了?

接下来,我们将讨论如何利用上一章介绍的基本策略解决这两个问题:初次见面时如何更好地记住对方的名字,以及如何回想起熟人的名字。

记住人名

集中注意力

这听起来似乎很简单且显而易见,但是为了在与人会面时记住对方的名字，首先你需要在对方做自我介绍时认真听。通常情况下，你会把注意力集中在他们身上——你会和他们进行眼神交流，观察他们脸上和肢体语言中的社交线索，仔细观察他们对你的反应，并思考你接下来要说什么。随着所有这些认知活动的进行，你会忘记要注意他们的名字。这并不令人奇怪！所以，当他们说"嗨，我叫玛丽"时，停止你脑中正在进行的其他认知活动，把注意力放在他们的名字上。（很难集中注意力吗？你可以按照第 21 章介绍的方法，试着通过正念练习来增强注意力。）在集中注意力听清他们的名字后，你就必须牢牢地记住它们。

把名字拼写出来

不管是你听过上百次的常见名字还是第一次听到的名字，都要试着拼写出来。如果你不知道怎么拼写，请立即询问对方。例如，"很高兴认识你，约翰……是 J-O-H-N 还是乔纳森的昵称 J-O-N？"，"很高兴认识你，安娜希塔……请问怎么拼写？……哦，我明白了，'An-a-hi-ta'，谢谢。"

重复名字

除了拼写名字之外，你还需要在听到名字后立即重复一遍。最好大声地重复，比如："嗨，玛丽，很高兴见到你。我叫安德鲁。"或者，如果在特定的场合或谈话中不适合大声地说出对方的名字，那就在心中默念。

然后，你可以在对话中多次重复对方的名字。有时你可以自然地出声说："我完全同意你的观点，玛丽。"也可以在思考时默默地重复对方的名字："玛丽说得很有道理。"在说再见的时候再重复一遍："很高兴见到你，玛丽。"然后，当你要去喝一杯的时候，你可以心中默念："我刚刚遇到了玛丽。"在当天晚上开车回家的路上，再想一遍你遇到的那些人的名字。对自己说："我首先遇到了玛丽，然后是约翰（J-O-N，全称是乔纳森），最后遇到了安娜希塔（An-a-hi-ta）。"如果你真的想长时间记住他们的名字，就在第二天再回想一次，这周晚些时候以及一两个月之后，再复习一遍。

对名字进行评论

另一种重复名字的方式是对名字进行评论，可以说出来，也可以在心中想。如果你的好友中有同名的，你可以这样评论："和我从小一起长大的一个亲密好友也叫安娜希塔。"

建立联系

接下来，你可以为这个名字建立某种联系，可以是能帮助你记忆的几乎任何东西。如果你的亲朋好友中有同名的，就可以联系这位同名者。如果这个名字很自然地和某个事物联系在一起，你也可以利用这个事物帮助记忆［比如 Brooke（小溪）、Daisy（雏菊）和 Rose（玫瑰），或者 Baker（面点师）、Cooper（制桶匠）和 Smith（铁匠）］。我们经常会用名人来建立联系，比如从"Jonathan"（乔纳森）联想到乔纳森·斯威夫特，从"Muhammad"（穆罕默德）联想到穆罕默德·阿里。如果是一个你以前从未听说过的名字，或者你不知道它的来历，你可以利用这个名字的发音建立联系。对于安娜希塔这个名字，如果你知道它是波斯水神的名字，就可以借助这个形象来记住这个名字；如果你不知道这种联系，你可以想象"An A"（字母A）说"hi"（嗨），然后说"ta-ta"（再见）。无论这种联系是否合乎逻辑、优雅，还是对除了你之外的任何人都没有意义，都没有关系。

建立表征

通过联想创建视觉形象。记住，独特或荒诞的形象更容易记住。对于"Brooke"（布鲁克）这个名字，可以想象布鲁克蹚过小溪，潮湿的鞋子上满是泥泞。你可以想象"Daisy"（黛西）正在摘雏菊，但为了让这个情景变得荒诞而独特，你可以想象她摘的雏菊是从她的头上长出来的。也许"Rose"（罗丝）正在摘玫瑰，被刺伤的手指缠着绷带。对于"Baker"（贝克）、"Cooper"（库珀）和"Smith"（史密斯）这三个名字，你可以想象正在工作的面点师、制桶匠和铁匠。因为从乔纳森可以联想到乔纳森·斯威夫特，所以你可以想象乔纳森站在草丛中，草高过了他的头（这一幕发生在斯威夫特最著名的书中的主人公身上）。对于穆罕默德这个名字，你可以想象他戴着阿里的红色拳击手套（与穆罕默德身上的西装和领带根本不搭配）。在记忆安娜希塔这个名字时，正如前文提到的，你可以把它想象成一个A（一个巨大的字母A）挥舞着一只手说"嗨"，然后挥舞着另一只手说"再见"（是的，这个字母有两只手）。

寻找面部特征

接下来，你要找出一个非常突出、下次见面时你会注意到的面部特征。不要关注每次见面都有可能改变的特征，比如发型、眼镜或妆容，而是注意那些持久的特征。也许他们有雀斑、痣，或者他们的鼻子、耳朵或眉毛有一些与众不同的地方。再比如，他们的脸型会让人联想到什么，就像在《绿野仙踪》中，一些人的特征会让人联想到狮子、铁皮人和稻草人。

把表征与面部特征联系起来

现在，把你建立的表征与你选择的面部特征联系到一起。布鲁克的脸让你想起狮子了吗？那就把他想象成蹚过小溪的狮子。乔纳森的下巴上有道凹陷吗？那就想象那道凹陷是草从他的脸上长出来时留下的。黛西的耳朵很特别吗？那就想象小雏菊从她的耳朵里长出来，她正在摘那些雏菊。安娜希塔呢？因为我们利用巨大的字母A帮助我们记忆，所以可以考虑在她的脸上找到一个A，比如她的鼻子形成的三角形像字母A，然后把她的鼻子想象成挥手打招呼、说再见的A。建立联系的过程充满了乐趣，尽情享受吧。记住，独特而荒诞的联想更容易被记住。

　　根据见面双方的背景创造这些心理表征可能是一个有趣的破冰方式。例如，经常有学生和同事想记住本书作者伊丽莎白的姓氏"Kensinger"（肯辛格），以免与类似的姓氏混淆，比如"Kensington"（肯辛顿）或"Kissinger"（基辛格）。正好伊丽莎白的脸上和脖子上有几颗痣，而且构成了与北斗七星相似的形状（至少相似到足以帮助记忆），于是，她经常指出这个特征，帮助人们发挥想象。她最喜欢的想象是一个学生通过"Ken-singer"产生的美轮美奂的联想：微缩版的伊丽莎白站在星形舞台上，与一个肯娃娃对唱，背景是繁星点点的夜空。

联系其他事物

　　在利用心理表征巩固了人名与相貌之间的联系后，你还可以把其他信息联系到一起。如果你想记住黛西是一名律师，那就想象从她耳朵里伸出来的雏菊中间有一个黄色木槌。如果你想记住乔纳森有三个孩子，可以想象他们爬到了乔纳森身边的宽大草叶上。如果你想记住穆罕默德是哈佛大学教授，可以想象他穿着西装，戴着阿里的拳击手套，坐在哈佛广场约翰·哈佛的雕像前。

再想一遍联系

还记得我们之前提过的，你可以在交谈时以及交谈后再说或者再想几遍对方的名字。每次重复名字时，你还要想想你创建的表征以及它与对方面部特征的联系。反复把心理表征和面部特征联系到一起，会帮助你建立牢固的记忆。

努力有益于记忆，练习可加深记忆

仅仅为了记住一个名字，这样做是不是太费功夫了？这就对了！你在创建记忆时付出的努力越多，你就越有可能在需要的时候成功找回它。此外，你越是尝试使用各种各样的策略来帮助记忆，就越能得心应手地运用这些策略。很快你就会发现你已经养成了重复名字、建立联系、创建表征并将它与面部特征联系起来的习惯。

回忆人名

我们认为，如果你能利用我们刚刚介绍的技巧牢牢地记住某人的名字，你就能比较轻松地回忆起他们的名字。但是，如果你遇到了在阅读这本书之前认识的几千个人中的一个，那么你可能需要一些策略来帮助你回忆。下面就是一些你需要的策略。

放松，不要惊慌

记住，没有什么比紧张更不利于回忆的了。所以，重要的是要放松，不要因为你苦苦思索仍然想不起对方的名字，即将面临尴尬的局面而感到紧张。利用第 23 章介绍的方法让自己平静下来。如果还是想不起这个名字，那就转移注意力，让自己表现得友好一些，同时放松自己。一旦放松下来，这个名字可能就会自动浮现出来。

尽量减少干扰和阻碍

如果一个错误的名字出现在你的脑海中，但你认为它很接近那个正确的名字，那么你一定要克制住继续重复这个错误名字的冲动——这只会阻碍你对正确名字的记忆。所以，如果你在心中想"是莫莉吗？不对，不是这个名字。是叫玛丽吗？也不对"，那么，在这之后就不要接着想"好吧，不是莫莉，也不是玛丽……不是莫莉，也不是玛丽……如果不是莫莉，也不是玛丽，会是什么呢？"。

建立笼统的回忆线索

与其重复错误的名字，不如想想你还知道多少关于这个人的信息。也许你还能回忆起你们上次见面时谈了些什么。想想他在哪里工作，住在哪里，有什么爱好，喜欢哪些运动队，或者想想他的孩子。想想是谁把他介绍给你的。这些更笼统的回忆线索可能形成一个能激活语义的网络，使你回忆起他的名字。

想想你是何时见到他的

通过大脑中的时间旅行回到你第一次见到他的那个地方，想想当时你在做什么，或者回到你最后一次见到他和最后一次说他的名字的场景。想象一下地点、背景、氛围、音乐和在场的其他人。试着让自己的心情和想法也与之相符。例如，回忆起你上次兴奋地和他交谈时，你最喜欢的球队正在打季后赛，这可能会帮助你想起对方的名字。

使用字母表

把字母表在大脑中过一遍，你就可以在不依赖对这个人的记忆的情况下建立有用的回忆线索。名字的首字母通常足以帮助你回忆起其余部分。如果侵入性的错误名字不断出现在脑海中，阻碍你想起正确的名字，浏览字母表这个方法也能很好地解决这个问题。

提前预习

如果你要和很多人一起参加一个活动，你"应该"知道这些人的名字，但是有可能一时想不起来，那么提前预习，想想他们的名字（或许还要想想其他信息），通常是一个好主意。例如，假设你要参加你的配偶的某次工作聚会，可能会遇到你认识了很久但已有一年甚至更长时间没有见面（而且彼此不太了解）的人。为了便于在聚会中回忆，你可以在当天晚上早些时候，花几分钟和你的配偶谈谈在聚会上可能会遇到哪些同事，以及关于他们的一些信息，比如他们住在哪里，他们的孩子多大了。

如果你要去参加同学聚会，你可以打开同学录，看看这些老朋友的照片。另外一个特别有效的做法是根据你是怎么认识他们的对他们进行分组：数学俱乐部、游行乐队、足球队、历史课等。你也可以利用社交媒体来了解他们现在的样子。最后，你还可以使用我们在第23章中介绍的所有记忆技巧来帮助你在参加聚会前记住他们的名字。

如果还是想不起他们的名字，那就直接问他们！

最后，即使你真的想不起来一个人的名字，也没什么可怕的。正如我们提到的，每个人都会遇到记忆提取失败，直接问就可以了。他们告诉你之后，利用本章介绍的技巧来巩固你的记忆，这样下次你就能想起来。

增强记忆人名的能力

虽然没有几个人能毫不费力地记忆和找回人名,但提高这些能力并不难。只要针对性地付出努力就能实现这个目标。

- 记住人名
    - 集中注意力。
    - 把名字拼写出来。
    - 重复名字。
    - 对名字进行评论。
    - 建立联系。
    - 建立表征。
    - 寻找面部特征。
    - 将表征与面部特征联系起来。
    - 联系其他事物。
    - 再想一遍联系。
    - 努力有益于记忆,练习可加深记忆。
- 回忆人名
    - 放松。
    - 尽量避免干扰和阻碍,不要老是想错误的名字。
    - 建立笼统的回忆线索。
    - 想想你是何时见到他的。
    - 使用字母表。
    - 提前预习。
    - 如果还是想不起他们的名字,那就直接问他们!

第 25 章

高级记忆策略和助记码

> 为了开创副业,你的朋友正在学习如何成为一名按摩治疗师。她很恐慌,因为要拿到学位,就必须记住所有肌肉的名称和作用,但是她担心自己根本记不住。你说了一些鼓励的话,但是自己也很纳闷,怎么会有人记得那么多肌肉的名称,尤其是在 40 岁以后。几个月后,你又遇到她,你问她学习进展如何。她笑着告诉你,她早就利用记忆策略记住了所有的肌肉。

你需要记住人体的 200 多块骨头和 600 多块肌肉吗?也许你更愿意记住 16 位信用卡号码,再加上有效期和三位数的安全码。如果是从 1 到 100 的质数呢?各种网站、电脑程序和手机应用程序的密码呢?也许你只想记住你的假日购物清单,这样就不用把它写下来了。我们将在本章介绍如何记住这些东西,以及方向、演讲、扑克牌等。

注意两点。第一,这些策略是建立在第 23 章和第 24 章的基础上的,所以如果你还没有看过这两章,那就先去看一遍。第二,我们称这些策略为"高级"策略并不是无缘无故的:其中一些策略要求你学习全新的组织框架、系统和图式。没错，为了记住你想记住的东西，你必须首先记住一套全新的记忆系统。我们知道不是每个人都有兴趣这样做，这就是我们把这些高级策略放在最后的原因。如果你愿意，你可以略读或跳过它们。

位置记忆法（记忆宫殿）

让我们从位置记忆法开始。这是最古老、最有效的记忆方法之一，也被称为记忆宫殿，是古希腊人在2 500多年前提出来的。正如你将看到的，这个方法使用了我们讨论过的许多策略，包括利用现有知识、建立联系以及对视觉化、独特性、情感和幽默的运用。它的基本理念很简单：想象一个你非常熟悉的建筑或其他地点，比如你的家，如何设计路线才能进入每个房间一次（需要时可以沿着走廊往回走）。别忘了地下室、浴室、储物间、阁楼等。想象出来的建筑与行走路线从头到尾都不能改变。接下来，在心里把你想要记住的东西按你从记忆中找回的先后顺序放到各个房间中。

例如，你想记住你的购物清单。这太简单了。你只需要打开大门，走进你的记忆宫殿。想象门厅里有一个苹果。但我们需要让这个苹果变得令人难忘，所以想象你一脚踩在苹果上，苹果滚走了，而你差点儿摔一跤。（啊，好险！）然后你左转进入客厅，看到那里有一碗巧克力布丁——哦，不好，白色沙发上到处都是巧克力布丁手印！接着，你右转进入餐厅。餐桌中央摆着一只漂亮的烤鸡。但是等一下——当你弯下腰查看时，你可以听到它在咯咯地叫。嗯，这有点儿恐怖，但它似乎叫得很开心。现在，你很难忘记它了。你走进厨房，吃惊地发现屋里的泥已漫过脚踝。你的厨房已经变成了菜园，挂在藤上的西红柿好漂亮！好了，你身上太脏了，所以你向浴室走去，准备洗掉身上的污泥。虽然浴室里可能有更适合清洗污泥的清洁剂，但你只找到了洗手液。事实上，整个浴缸都装满了洗手液，这正是你需要从市场上购买的。你把手浸到洗手液中。清洗干净后，你沿着走廊走向卧室。你把手放在卧室的门把手上。转动门把手时，你发现门把手摸起来很冷，像冰一样。你走进卧室，发现它已经变成一个步入式冷冻室，里面到处都是绿色的小球。仔细一看，这些小球原来是冷冻的豌豆。至此，我们结束了记忆宫殿之旅，现在我们已经记住了要购买的物品：苹果、巧克力布丁、烤鸡、西红柿、洗手液和冷冻的豌豆。

具体数量

要怎么记住需要购买一打苹果？也许，你可以想象当你走进门厅的时候，那一打苹果装在一个大盒子里——但是当你走近它们的时候，它们从盒子里跳出来，落在地板上（像前面的想象一样，你踩到苹果上，差点儿摔倒）。

扩大记忆宫殿

现在，你还有24种东西要买，但是你的房子里没有更多的房间了，该怎么办呢？没问题。

除了沙发（上面有巧克力布丁手印），你的客厅里还有一把扶手椅、一把摇椅、一小块地毯、一张咖啡桌、一个酒柜、一张茶几，墙上还有一幅画。你可以把柠檬和酸橙放到扶手椅上（有人把它们切成两半，把黄色和绿色的汁液挤到了椅子上）；把鸡蛋放到摇椅上（摇椅来回摇摆，鸡蛋滚到地板上摔碎了）；地毯上有一瓶辣番茄酱（瓶子倒了，盖子打开了，番茄酱洒到了地毯上）；咖啡桌上散落着咖啡颗粒；酒柜里有一提6连包啤酒（排成金字塔形：底层3罐，中间 2 罐，顶层 1 罐）；茶几是白色的，因为它被厕纸包裹着，就像一个家具木乃伊；客厅里还有一瓶玻璃清洁剂，它的把手挂在画框的顶部，画的一部分被人用清洁剂擦掉了。

现在，我们总共放了 14 件物品，但餐厅、厨房和浴室的不同区域还没有被利用，我们也没有利用卧室里的衣柜和家具。在记忆宫殿里找出至少 52 个特定位置应该不成问题。（为什么是 52 呢？这是为了便于你在每个位置放一张扑克牌——如果你想参加美国记忆力锦标赛，就需要这样做，乔舒亚·福尔在他的书《与爱因斯坦月球漫步》中也是这样做的。）[1]

马克·吐温的记忆力

塞缪尔·克莱门斯（他的另一个名字马克·吐温更知名）以记忆力差而闻名。他的一位传记作者写道，他曾在自家附近迷路，认不出在他家挂了多年的照片。也许是因为他的记忆力差，所以他花了很多时间学习（然后开发、发表）各种记忆历史、演讲稿和其他信息的系统。[2]

他早期的一个成功案例是教会了他的孩子利用 817 英尺的私家车道记忆英国君主。他在车道的起始点钉了一根桩，并标上了"1066 年：征服者威廉"的标签。威廉之后的每一位君主都对应车道上的一根贴有标签的桩（1 英尺代表 1 年），最后那根桩表示 1883 年（当年）。他的孩子们一边开心地从一根桩跑向另一根桩，一边大声喊着君主的名字和他们登上王位的年份。虽然这个游戏对他的孩子来说是一种成功的记忆技巧，但马克·吐温出版的所有增强记忆力的书都没有赢利。

不过，马克·吐温成功地利用闪卡，在巡回售书期间记住了夜间讲座的讲稿。图片上的干草堆会让他想起卡森山谷，响尾蛇会让他想起内华达山脉刮来的奇怪而猛烈的风，闪电会让他想起旧金山的天气。每幅图都是一个线索，提示他在演讲中讲述某个特定的故事。因为害怕丢失讲座的笔记（这种事发生过一次），所以他把这些图片记下来后就扔掉了，这样就没什么东西会丢失了。[3]

马克·吐温能够记住图片和它们的顺序，是因为他将这些图片与马克·吐温版的记忆宫殿联系了起来。他使用的是餐巾、叉子、盘子、餐刀、勺子、盐瓶、黄油盘等物品在餐桌上的位置。通过这种方法，这位伟大的小说家在不看笔记的前提下，就滔滔不绝地完成了一场又一场夜间讲座。

演示文稿图片、讲座和演讲

你可以利用马克·吐温的闪卡系统帮助记忆你想在幻灯片演示中提到的每个要点。每个人都知道不能在幻灯片上展示整句话，然后照着读。大多数人会使用带有项目符号的简短表述，作为提示他们谈论这些观点的线索。你可以尝试利用相关图片，而不是词语，作为提示你谈论每个要点的线索。图片不仅便于你记忆，还能帮助听众更好地记住你的观点。要做一场没有幻灯片的讲座或演讲，只需将每张图片放入你的记忆宫殿，或者按照下一节介绍的方法，将它们依次连在一起。瞧，你已经记住了你的演讲稿！

连锁记忆法

通过图片来记忆话题和其他东西通常效果非常好。为了确保你不会忘记任何图片（以及它们所代表的物品），按顺序记住它们是关键。前文介绍的记忆宫殿就是一个好办法。但是有时候，连锁记忆法使用起来更简单、更容易。连锁记忆，就是以特有的直观方式（通常很幽默）将一张图片与另一张图片联系起来。

假设你要为一个生日聚会准备12种物品：香蕉（你要做香蕉圣代这道甜点）、手表（你的礼物）、蛋糕（从面包店购买）、生日蜡烛、丝带、生日贺卡、气球、桌布（从洗衣店取回）、香槟酒、塑料香槟杯、紫色餐巾、大帐篷（以防下雨）。我们可以通过无数种方法将这些东西联系在一起，比如下面这种我们经常会想到的方法。你可以从香蕉开始，它的旁边有一块手表。看看表盘就会发现，手表的表面实际上是一个微型蛋糕，而指针则是点燃的生日蜡烛。当指针指向12点的时候，就会碰到一条丝带，并将丝带点燃！火焰顺着长长的丝带一直烧到一张生日卡片。生日卡片也被点燃了。幸运的是，卡片上的一个水气球爆裂了，浇灭了火焰。但是（卡片下面的）桌布被浸湿了。你准备把浸湿的桌布从桌子上拿下来，但是你忘记了桌上有几瓶打开的香槟酒。酒瓶翻了，眼看香槟就要流到地板上了。你赶紧拿起塑料香槟杯，以最快的速度把冒着气泡的香槟装到杯子里。遗憾的是，还是有很多流到了地板上，于是你用紫色餐巾把它们吸收掉。其中一张餐巾纸在吸收了越来越多的香槟后开始膨胀，很快变成帐篷那么大。

现在闭上眼睛：随着你的脑海中出现的一张又一张图片，你能依次列出这12种物品吗？通过相互之间的联系将任意物品连接到一起之后，你付出的努力将有助于你记住这些物品。注意，你可以用这种方法记忆100个，甚至更多个物品，只要每张图片都特点鲜明，你就能按顺序记住它们。在记忆人体200多块骨头和600多块肌肉时，你就可以采用这个方法。针对每个名称画一幅图，比如用三角洲（river delta）代表三角肌（deltoid）；水流湍急，骑自行车很难保持平衡，用自行车（bicycle）代表肱二头肌（biceps）；你跳下自行车，跳到一头三角龙的身上，用三角龙（triceratops）代表肱三头肌（triceps）；三角龙正朝着相反的方向行走——肱三头肌和肱二头肌作用相反，等等。

数字

记数字的方法有好几种。我们在第 23 章中介绍了分组法，并解释了如何将 16 位信用卡号码分解成更短的数字。这些数字可能是日期、球员球衣号码或者对你有某种意义的其他数字，因此比 16 个随机数字更容易记住。但是现在你知道了如何利用记忆宫殿或连锁记忆法来按顺序记住图片，已经准备好去学习一个更强大的工具了。

语音数字系统

语音数字系统是法国数学家、天文学家皮埃尔·赫里戈内在 1570 年前后发明的，在随后的 450 年里，人们进一步发展了该系统。[4] 其基本原理非常简单，就是将数字转换成特定辅音，然后添加元音将辅音串转换成单词。接下来，把单词变成图片，并利用连锁记忆法或记忆宫殿，按顺序记住这些图片。

下面列出这些数字和它们对应的辅音，以及一些关于如何记住哪个辅音对应哪个数字的建议：[5]

1 = t（或 d、th）：包含 1 竖，或者 1 竖加 1 横。

2 = n：包含 2 竖。

3 = m：包含 3 竖，而且 m 横过来就变成了 3。

4 = r："four"（4）的最后一个音，也可以把大写的 R 想象成高尔夫球手准备开球时，大声喊道"fore！"（躲开！）。

5 = l：罗马数字L表示50；或者，举起左手，拇指张开，其余四指并拢，这样你的5根手指就构成了字母L。

6 = j（或sh、ch、软音g）：6和字母J近似互为镜像。

7 = k（或硬音c、硬音g、q，有时还代表x）：用两个"7"可以拼成一个"K"。

8 = f（或v、ph）：花体的f有两个圈。

9 = p（或b）：9和P近似互为镜像。

0 = s（或软音c、z，有时还代表x）：想一想"zero"（0）、"cipher"（密码）和"xylophone"（木琴）的第一个音[①]。

注意，有些数字可以用多个字母表示，例如1可以用t或d来表示，原因是这些音非常相似，口型相同，唯一的不同点在于是不是浊音。选择这些字母与数字对应是有道理的，并不是随意指定的。元音字母（a、e、i、o、u）和w、h、y这三个字母没有数值。不发音字母没有值（knee = 2，而kin = 72）。若两个字母发一个音，则只有一个值。

密码和信用卡号

我们先用一些简短的数字热身，然后再讨论更长的数字。假设你住在一间出租公寓里，需要在键区输入四位数的密码2921才能开门。利用语音数字系统，把2、9、2、1变成n、p（或b）、n、t（或d、th）。看看你能否在这些字母中间插入元音字母，使它们形成一个或多个单词。一种可能是"knob knot"（门把手、绳结），用绳结做的门把手的图片可以帮助你记住开门密码。但如果你愿意，还可以使用"nip need"、"knob kneed"或"no beneath"，因为这些包含两

[①] 引自《不老的大脑：记忆专家的敏锐头脑处方》，哈里·洛雷恩著，2008年，经阿歇特出版集团旗下的黑狗和利文撒尔出版社准许转载。

个单词的短语都代表数字 2921。（别忘了，不发音字母没有值，因此 knob = 29，dumb = 13，crack = 747。）

现在你已经理解了其中的原理，接下来我们可以处理第 23 章中使用的 16 位信用卡号码。首先，把数字 1350246791181012 变成字母：

t,d,th/m/l/s,c,z,x/n/r/j,sh,ch,g/k,c,g,q,x/p,b/t,d,th/t,d,th/f,v,ph/t,d,th/s,c,z,x/t,d,th/n

再把这些字母变成单词。别忘了，重要的是发出的声音，而不是字母本身。思考了几分钟后，我们想到了如下几个单词：

Thumb loosener Jack putted foods tin

最后，将这些单词转换为表征。如果所有表征都表示名词，就可以使用连锁记忆法（这是我们最喜欢使用的方法）或记忆宫殿。在本例中，我们发现这些单词组成的一个荒诞的句子可以转变成表征。我们想象一个绰号叫"thumb loosener Jack"的高尔夫球手（因为他经常把拇指伸到空中，一边摆动，一边放松下来）把各种食物放进锡制的杯子里，现在锡杯里装满了鸡蛋、橙子和洋葱。

如何记住圆周率的前 50 位数

准备好迎接挑战了吗？我们来背诵圆周率的前 50 位数：

3.14159265358979323846264338327950288419716939937 51

先分组可以降低处理的难度：

3.141 5926 5358 9793 2384 6264 3383 2795 0288 4197 1693 9937 51

现在把这些数字变成字母，记住前面解释的关于硬音和软音的 c、g 和 x 的规则：

m/t,d,th/r/t,d,th/ l/p,b/n/j,sh,ch,g/ l/m/l/f,v,ph/ p,b/k,c,g,q,x/p,b/m/ n/m/f,v,ph/r/ j,sh,ch,g/n/j,sh,ch,g/r/ m/m/f,v,ph/m/ n/k,c,g,q,x/p,b/l/ s,c,z,x/n/f,v,ph/f,v,ph/ r/t,d,th/p,b/k,c,g,q,x/ t,d,th/j,sh,ch,g/p,b/m/ p,b/p,b/m/

k,c,g,q,x/ l/t,d,th

接下来，把这些字母变成单词。记住，不要受四个字母一组的限制，分组只是为了让数字和字母更容易处理：

My torte lap nosh lamb loaf Puck poem gnome over chain chair mom foam neck balls enough for Top Cat shape map bomb killed

想出这些词花了大约25分钟。注意"enough"=28，因为"ough"只发"f"这一个音。

想好了单词之后，你要么利用连锁记忆法把它们连接到一起，要么把它们放在你的记忆宫殿里。我们利用连锁记忆法，把这些词变成了一个荒诞的表征：

I'm pulling *my torte* into my *lap* to eat a little *nosh*. A *lamb* walks up (attracted by the food), so I give the lamb a *loaf* of bread. *Puck*, that mischievous fairy, eats the loaf while reciting a *poem*, which attracts a *gnome*, who falls *over* a *chain* and into a *chair* in which your *mom* was sitting. Your mom gets up from the chair, sprays *foam* on her *neck*, which falls off in little *balls enough for Top Cat* to *shape* them into a *map*— but then a *bomb* went off and *killed* the cat.

［我把我的蛋糕放在腿上，准备用它来垫垫肚子。一只羔羊走过来（被蛋糕吸引了），所以我给了它一块面包。顽皮的小精灵帕科一边吃面包一边朗诵诗歌，引来了一个侏儒。侏儒被链子绊倒，摔倒在你妈妈坐着的椅子上。你妈妈从椅子上站起来，在她的脖子上喷了些泡沫，泡沫散落成一个个小球，多得足以让猫老大把它们做成一张地图——然后一颗炸弹爆炸了，猫老大被炸死了。］

这个故事不是那么简洁、连贯，对猫也不是很友好，你或许可以利用这些单词或表征写出更好的故事。但是，这个故事能够帮助我们记住圆周率的前50位数。如果你愿意，你可以使用同样的方法来记住后面的 50、100 或 1 000 位数字。只要你想，你就能做到。

用字桩法记忆一组数字

有时你想要记住与特定数字相关的东西。例如，你可能需要记住你女儿的鞋码是 7½，你的历史课下午 2 点开始，你需要在上午 10 点服用哮喘药。为了记住这些，我们建议你使用字桩法。它可以将每个数字与一个单词关联起来。大多数记忆大师会在语音数字系统的基础上使用词语，例如下面的洛雷恩字桩表：

语音数字字桩表

0 = s, z = zoo

1 = t, d, th = tie

2 = n = Noah

3 = m = ma

4 = r = rye

5 = l = law

6 = j, sh, ch = shoe

7 = k, c, g = cow

8 = f, v = ivy

9 = p, b = bee

10 = t + s = toes

11 = tide

12 = tin

13 = tomb

14 = tire

15 = tail

16 = dish

17 = dog

18 = dove

19 = tub

20 = nose[①]

……

[①] 引自《不老的大脑：记忆专家的敏锐头脑处方》，哈里·洛雷恩著，2008 年，经阿歇特出版集团旗下的黑狗和利文撒尔出版社准许转载。

看到ma，你可能会想象你的母亲或者惠斯勒的母亲画像。看到law，你可能会想象一个小木槌或拿着一杆秤的铁面无私的法官。虽然我们只列举到了20，但是你已经掌握了语音数字系统，所以在创建自己的字桩表时，你可以轻松地列举到100（甚至1 000）。

如果你不喜欢语音数字系统，那么你可能更喜欢容易记住的押韵字桩表。下面这个押韵字桩表引自《认知天性：让学习轻而易举的心理学规律》：[6]

押韵字桩表

1 = bun　　　　　　　8 = gate

2 = shoe　　　　　　 9 = twine

3 = tree　　　　　　　10 = pen

4 = store　　　　　　 11 = penny-one, setting sun

5 = hive　　　　　　　12 = penny-two, airplane glue

6 = tricks　　　　　　13 = penny-three, bumble-bee

7 = heaven　　　　　 ……

有了这些字桩，就可以建立一个荒诞的表征，把你想记住的东西和适合的字桩联系起来。所以，如果你想利用语音字桩记住历史课在下午2点开始，你可以想象挪亚（Noah）方舟驶入了你的历史课教室；如果利用押韵字桩，你可以想象你的历史教室里到处都是鞋子（shoe），就像一个鞋店。为了记住你需要在上午10点服用哮喘药，你可以想象你用脚趾（toes）夹着吸入器——语音数字字桩，也可以想象你用笔（pen）扎破吸入器，把药取出来——押韵字桩。

如何记住你女儿的鞋码是7½呢？如何记住会议在下午4点15分或3点45分召开呢？要表示一半这个概念，你可以添加半个苹果的表征。苹果从上向下切开，可以看到梗和籽。要表示1刻钟（或者 1/4），可以添加一个 25 美分硬币；要表示 45 分钟（或者 3/4），可以添加一个比萨饼：比萨饼被吃掉了一大块，还剩 3/4，被吃掉的是左上角那 1/4（也就是钟面上 9 点到 12 点那个部分）。所以，要记住你女儿的鞋码是 7½，你可以想象她骑着一头牛（cow，7 的语音数字字桩），牛穿着你女儿最喜欢的那双鞋（满是泥泞），正在吃半个苹果。如果你更喜欢押韵字桩表，你也可以想象你的女儿穿着闪闪发光的魔法鞋子，一边向天上飞，一边吃半个苹果。

字母

也许你要记住的字母不一定能组成单词，比如股票市场代码。一种方法是为字母表中的每个字母建立一个表征，比如用"apple"（苹果）代表 A，用"bee"（蜜蜂）代表 B，用"cat"（猫）代表 C，用"dog"（狗）代表 D，用"elephant"（大象）代表 E，等等。然后，建立一个荒诞的表征将它们关联到一起，就可以轻松地记住一串字母，无论长短。这个方法也可以用来记忆密码。

密码

说到密码，通过结合使用语音数字系统和为每个字母建立表征这两个方法，你几乎可以记住由任意数字和字母组合构成的密码。你可以将它们关联到一起，形成你的密码表征，并将它与对应的应用程序或网站联系起来。你甚至可以设计密码，让它提示要访问的网站。例如，从密码 8a0e9o7 你会联想到什么？利用语音数字系统，你可以将其读为 FaSePoK，或者 FaCeBoK，或 Facebook（脸书）。同样，1wi11e4 可以读成 TwiTTeR（注意，三个 t 都是发音的），

i201a74a3 可以读成 iNSTaGRaM。你说什么？我把你的密码告诉了所有人？那就悄悄地做一些独特的改变。Facebook 的密码用 9o78a0e（bookface）代替。或者把安德鲁和伊丽莎白的推特账号密码设成 ae1wi11e4。把 3o27eY 设为你浏览当地动物园网站的密码（其中的奥秘你可以自行去探索）。

打牌

　　无论是桥牌、扑克牌还是金拉米，在大多数纸牌游戏中，记牌都有好处。但一共有 52 张牌，太难记了。怎么办呢？当然是通过表征来记忆。下表是哈里·洛雷恩根据语音数字系统建立的表征[①]（我们做了一些修改）。原理很简单。从 A 到 10，第一个辅音使用花色的第一个辅音：c 代表梅花（club），h 代表红桃（heart），s 代表黑桃（spade），d 代表方块（diamond）。第二个辅音使用语音数字系统，用 t、d 或 th 表示 A（其实就是 1），用 n 表示 2，用 m 表示 3，以此类推。

　　4 张 J 只使用花色本身的表征（梅花、红桃、黑桃、方块），但要让它们成为实际形象，而不是程式化象征符号。所以，看到红桃 J，可以想象心脏的解剖结构，看到黑桃 J，可以想象一把铲子，以此类推。至于 4 张 Q，我们直接用 "queen"（皇后）表示标志性的红桃 Q，其他 3 张则以它们的花色字母开头，并与 "queen" 押韵。至于 4 张 K，我们同样用花色字母开头，以 ng 或 nk 结尾。记住 k 和硬音 g 这两个音十分接近。

[①] 引自《不老的大脑：记忆专家的敏锐头脑处方》，哈里·洛雷恩著，2008 年，经阿歇特出版集团旗下的黑狗和利文撒尔出版社准许转载。

	梅花	红桃	黑桃	方块
A	Cat	Hat	Suit	Date
2	Can	Hen	Sun	Dune
3	Comb	Ham	Sum	Dam
4	Core	Hare	Sore	Door
5	Coal	Hail	Sail	Doll
6	Cash	Hash	Sash	Dash
7	Cog	Hog	Sock	Dock
8	Cuff	Hoof	Safe	Dive
9	Cup	Hub	Soap	Deb
10	Case	Hose	Sews	Dice
J	Club	Heart	Spade	Diamond
Q	Cream	Queen	Steam	Dream
K	King	Hang	Sing	Drink

记住这些表征后，就可以在打牌的时候把牌按照花色放到字桩表中，帮助你记住各种花色和各种牌。你也可以在每张牌被打出后将它撕碎，这样你就会知道哪些牌出过了，再通过排除法，就知道哪些牌还没有被打出来。打下一手牌时，你可以想象把打出的每张牌放到火上烧掉，还可以用水淹死它们，用刀把它们切成碎片，在每张牌上戳个洞，用叉子扎穿它们，等等。

我们知道这很费劲，但你可以由简入繁，逐渐加码。开始的一周只记A，第二周记K，再记Q，以此类推。3个月后，你就能记住所有牌了。

方向

你需要用助记码来记路吗？难道不能用手机应用程序吗？在很多农村地区，应用程序无法使用，在一些城市，高层建筑会阻挡GPS（全球定位系统）信号，导致定位错误。基于这些原因，掌握一个能记路的系统是有好处的。下面介绍一个结合使用语音数字系统和字桩表的记路法。

为右、左、北、南、东、西这些方向分别指定一个容易记忆的表征，比如大象、驴、带条纹的北极标志、企鹅、筷子和牛仔帽。如果有人说："向左转，过10个街区后向右转，过2个街区后再次右转，然后再走4个街区，你的左边就是"，你可以建立这样一个表征：一头驴正在向左转，你骑着它，用脚趾（10）驾驭它走过10个街区。从驴背上跳下来后，你看到一头大象正在右转，挪亚（2）骑在上面。你跟在旁边，看着挪亚走过了2个街区，然后你看到第二头大象（这是一头小象）向右转。你把一袋黑麦（4）放在小象身上，带着它走过4个街区，然后看到前面有一头驴在路的左边，那儿就是你的目的地。

或者你正从盐湖城机场开车去犹他州的帕克城。你需要沿15号州际公路向南（I-15 S），然后沿80号州际公路向东（I-80 E），从145出口出来后，沿犹他州244号公路向南。你可以想象一个巨大的眼睛（I），一只企鹅（南）尾巴（15）朝前从瞳孔里钻出来。然后企鹅开着车，穿过了另一只眼睛（I）的瞳孔。企鹅离开后，你走向一个戴着毡帽（80）、用筷子（东）吃东西的女人。她上了车，你驾着车出发。然后，你看到一个穴居巨人（145），它告诉你从这个出口走，因为它离犹他州（UT）更近（244）。

重要提示：与众不同的表征令人难忘

本章讨论了设计助记码时应该如何选用表征的问题，我们可以引用古拉丁语著作《献给赫伦尼乌斯的修辞学》做一个小结：

> 大自然亲自示范，教导我们应该如何去做。在日常生活中看到琐碎、平凡和枯燥乏味的事物时，我们通常记不住它们，因为我们的头脑没有被奇思妙想所激发。但如果我们看到或听到一些特别卑鄙、不光彩、异乎寻常、伟大、难以置信或可笑的事情，我们可能会记住很长时间。因此，我们通常会忘记眼前或耳畔的事物，而童年时发生的事情常常清晰地留在我们的脑海中。原因无他，寻常的事情容易从记忆中消失，而引人注目的新奇事物却能在脑海中长久驻留。[7]

这些话提醒我们，为设计助记码而创建的表征必须具有一定的独特性才容易记住。

读完本书，你已经知道独特的表征令人难忘了。你还知道，这样的表征可以让你的海马建立牢固的记忆，并给它们贴上优先的标志，使这些记忆在未来更容易重新组合。

无论你阅读本书是为了完成学校的作业，增强记忆力，还是纯粹是喜欢，我们都希望它没有让你失望。我们也希望，即使你不能记住所有的具体细节，你也能记住我们所呈现的信息的要点。

使用高级记忆策略和助记码

你现在有了完整的记忆辅助工具、策略和助记码，利用这些工具，你几乎可以记住你希望记住的任何东西。当你需要记住几十甚至几百个物品时，就可以考虑使用这些高级工具。

- 使用位置记忆法，这里有你的记忆宫殿。
- 用图片作为提示。
- 把表征关联到一起。
- 对于讲座和演讲，可以把表征关联起来或使用你的记忆宫殿。
- 使用语音数字系统：
    - 1 = t, d, th；2 = n；3 = m；4 = r；5 = l；6 = j, sh, ch, 软音 g；7 = k, 硬音 c, 硬音 g, q, 硬音 x；8 = f, v, ph；9 = p, b；0 = s, 软音 c, z, 软音 x。
- 使用字桩表：
    - 语音数字字桩表：0 = zoo, 1 = tie, 2 = Noah, 3 = ma, 4 = rye, 5 = law, 6 = shoe, 7 = cow, 8 = ivy, 9 = bee, 10 = toes, 11 = tide, 12 = tin, 13 = tomb, 14 = tire, 15 = tail, 16 = dish, 17 = dog, 18 = dove, 19 = tub, 20 = nose……
    - 押韵字桩表：1 = bun; 2 = shoe; 3 = tree; 4 = store; 5 = hive; 6 = tricks; 7 = heaven; 8 = gate; 9 = twine; 10 = pen; 11 = penny-one, setting sun; 12 = penny-two, airplane glue; 13 = penny-three, bumble-bee……
- 用表征表示字母：
    - A = apple, B = bee, C = cat, D = dog, E = elephant……
- 通过结合语音数字系统和字母表征记住密码。
- 使用基于语音数字系统的扑克牌表征。
- 利用表征、语音数字系统和连锁记忆法记路。
- 记住：与众不同的表征更令人难忘。

后　记

在结束这次旅程之前，我们有两个要求。

第一，花点儿时间，把你希望记住的重要内容记下来。如果你在阅读这本书的时候已经这样做了，可以跳过这一条。利用我们介绍的一些策略记住这些重要内容。明天、下周和下个月再查阅一下你的笔记，这样你一辈子都不会忘记它们了。

第二，如果你是因为对自己的记忆力不满意而拿起这本书的，那么现在你至少掌握了一种切实可行的方法，你可以借助新的、更有效的技巧，解决与记忆力相关的任务。把这些方法写下来。也许你是一个学生，你希望能按照你的规划完成学习。也许你就要走上新的工作岗位，你希望采用上面列出的一些策略，记住新同事的名字。也许你为人父母，希望能下载一个新的待办事项清单或日历应用程序，这样你就无须把脑力用在那些不太容易完结的记忆任务上了。也许你已退休，你会考虑每天留出30分钟的时间用于运动或恢复你以前的爱好。

放手去做这些事情吧，因为只有这样，书中包含的信息才会被释放出来，进入你们的日常生活。尽管无法阻止时间的流逝，但我们希望你学到的东西和你设定的目标都会被锁进记忆的宝库中，永远不会被遗忘。

记忆贴士

使用记忆辅助工具

- 5个一般原则：
    - 做好管理工作
    - 做好准备工作
    - 不要拖延
    - 保持简洁
    - 形成例行程序
- 物应各有其位，亦应各在其位。
- 日历或每日计划中应包含5个问题：
    - 谁
    - 目的是什么
    - 你需要什么
    - 何时
    - 何地
- 用简单清单解决简单任务。
- 利用四象限系统处理事务：
    - 重要/紧急

- 重要/不紧急
- 不重要/紧急
- 不重要/不紧急
- 使用提醒信息。
- 使用药盒。

增强程序记忆能力

- 不要养成坏习惯：上培训课。
- 练习，练习，再练习。
- 利用反馈提高练习的质量和表现。
- 与老师或教练一起学习。
- 坚持练习，优化线下学习。
- 尽量减少干扰，不要同时练习相似的技能。
- 从简单任务开始，慢慢增加难度，挑战自己。
- 练习要有变化，在各种各样的条件下练习。

情景记忆基本策略

- 可以采用哪些策略形成记忆
  - 有动力。
  - 让当下的目标与记忆目标保持一致。
  - 放松点！不要着急。
  - 努力做好4件事。
    - 集中注意力：关注当下；避免分心，不要一心多用。必要时休息一下。喝一杯咖啡（或茶）。使用你的感官。创建感觉助记法。
- 组织、分类和分组：运用首字母缩略词。
- 理解，表述内容以检验自己的理解。从基础做起。
- 关联：建立联系。创建视觉形象。
  - 掌握学习的主动权。
  - 使之与众不同：调动感官；运用幽默；注入情感；让它与你密切相关。
  - 以找回记忆的方法来获取内容。
- 筛选出要记住或忘记的信息。
- 杜绝产生已经熟练掌控的错觉。
- 自我测试。
- 避免临时抱佛脚。
- 学习要有变化。
- 多种学习方法穿插进行。
- 在不同的环境下学习。
- 先尝试解决问题，然后学习如何解决。
- 找回记忆时可以采用的策略
  - 保持冷静：让你的身体放松下来；深呼吸。
  - 尽量减少干扰和阻碍：避免产生不同于正确答案的其他可能答案。
  - 创建不同的回忆线索。
  - 找回学习时的内外环境。
  - 防止错误记忆的干扰：评估细节。事情的经过是那样吗？这些内容应该记忆到什么程度？
  - 越费力气越有助于下一次回忆！
- 让你的学习与所教内容的类型相匹配。尽可能通过视觉和听觉来学习。
- 小组学习和单独学习。
- 睡眠是一种策略。
- 反思记忆找回过程。

记忆人名

- 记住人名
    - 集中注意力。
    - 把名字拼写出来。
    - 重复名字。
    - 对名字进行评论。
    - 建立联系。
    - 建立表征。
    - 寻找面部特征。
    - 把表征与面部特征联系起来。
    - 联系其他事物。
    - 再想一遍联系。
    - 努力有益于记忆，练习可加深记忆。
- 回忆人名
    - 不要惊慌：如果想不起对方的名字，那就把注意力放在其他目标上，比如表现得热情友好。
    - 尽量减少干扰和阻碍：不要老是想错误的名字！
    - 建立笼统的回忆线索。
    - 想想你是何时见到他的。
    - 使用字母表。

- 提前预习。
- 如果还是想不起他们的名字，那就直接问他们！

高级记忆策略和助记码

- 使用位置记忆法，这里有你的记忆宫殿。
- 用图片作为提示。
- 把表征关联到一起。
- 对于讲座和演讲，可以把表征关联起来或使用你的记忆宫殿。
- 使用语音数字系统：
  - 1 = t, d, th；2 = n；3 = m；4 = r；5 = l；6 = j, sh, ch, 软音 g；7 = k, 硬音 c, 硬音 g, q, 硬音 x；8 = f, v, ph；9 = p, b；0 = s, 软音 c, z, 软音 x。
- 使用字桩表：
  - 语音数字字桩表：0 = zoo, 1 = tie, 2 = Noah, 3 = ma, 4 = rye, 5 = law, 6 = shoe, 7 = cow, 8 = ivy, 9 = bee, 10 = toes, 11 = tide, 12 = tin, 13 = tomb, 14 = tire, 15 = tail, 16 = dish, 17 = dog, 18 = dove, 19 = tub, 20 = nose…
  - 押韵字桩表：1 = bun; 2 = shoe; 3 = tree; 4 = store; 5 = hive; 6 = tricks; 7 = heaven; 8 = gate; 9 = twine; 10 = pen; 11 = penny-one, setting sun; 12 = penny-two, airplane glue; 13 = penny-three, bumble-bee…
- 用表征表示字母：
  - A = apple, B = bee, C = cat, D = dog, E = elephant…
- 通过结合语音数字系统和字母表征记住密码。

- 使用基于语音数字系统的扑克牌表征。
- 利用表征、语音数字系统和连锁记忆法记路。
- 记住：与众不同的表征令人难忘。

附 录

损害记忆力的药物

注意,在停用某种药物或降低剂量之前,必须咨询医生。此外,某些药物必须缓慢降低剂量,否则可能会出现并发症,如癫痫发作。

有抗胆碱能作用的抗抑郁药物

目前,大多数抗抑郁处方药是安全的,几乎没有副作用。会引起记忆问题的是那些有抗胆碱能作用的药物。大脑中的乙酰胆碱是正常记忆功能所必需的重要化学物质。抗胆碱能药物会破坏这种重要的大脑化学物质的活性,损害记忆力,有时还会引起嗜睡和意识不清。应用比较早、具有显著抗胆碱能副作用的抗抑郁药物有:

- 阿米替林
- 阿莫沙平
- 氯米帕明
- 地昔帕明

- 盐酸多塞平
- 丙米嗪
- 米氮平
- 去甲替林
- 帕罗西汀
- 普罗替林
- 曲唑酮
- 曲米帕明

抗组胺药物

许多过敏药物、感冒和流感药物、夜间止痛药和非处方安眠药含有应用较早的抗组胺成分，因此会损害记忆力，导致嗜睡和意识混乱。应用比较早、可能损害记忆力的抗组胺药物有：

- 溴苯那敏
- 氯苯那敏
- 苯海拉明
- 多西拉敏
- 羟嗪

抗精神病药物

抗精神病药物是治疗精神分裂症或躁狂的药物，适用于年轻患者，但它们经常被用于有行为困难的痴呆患者。这些药物通常会导致记忆障碍，尤其是应用比较早的所谓"典型"抗精神病药物：

- 氯丙嗪
- 氟奋乃静
- 氟哌啶醇
- 洛沙平
- 美索哒嗪
- 莫林酮
- 奋乃静
- 硫利达嗪
- 替沃噻吨
- 三氟拉嗪

以下列出的应用时间较短的"非典型"抗精神病药物一般不会导致记忆障碍，但在大剂量使用时则可能会：

- 阿立哌唑
- 阿塞那平
- 依匹哌唑
- 卡利拉嗪
- 氯氮平
- 伊洛哌酮
- 鲁拉西酮
- 奥氮平
- 帕利哌酮
- 匹莫范色林
- 喹硫平
- 利培酮
- 齐拉西酮

焦虑药物：苯二氮䓬类药物

苯二氮䓬类药物可用于治疗焦虑，这类药物会导致记忆障碍、嗜睡和意识混乱。事实上，如果医生不想让你记住某个医疗程序（比如结肠镜检查），就会给你使用这类药物。注意，如果要减少药物剂量或停药，一定要在医生的监督下进行。如果突然停药，可能会导致癫痫发作。可导致记忆障碍的常用苯二氮䓬类药物有：

- 阿普唑仑
- 氯氮䓬
- 氯巴占
- 氯硝西泮
- 氯拉䓬酸
- 地西泮
- 艾司唑仑
- 氟西泮
- 劳拉西泮
- 硝西泮
- 奥沙西泮
- 替马西泮
- 三唑仑

头晕和眩晕药物

如果你因内耳感染或乘船而感到头晕、恶心和眩晕，需要服用这些药物，只服用一两天是可以的。但服用下面这些药物不应超过两天，因为它们要么是抗胆碱能药或抗组胺药，要么是苯二氮䓬类药物。正如前文所述，这些药都会导致记忆障碍。

- 氯硝西泮（苯二氮䓬类）
- 地西泮（苯二氮䓬类）
- 茶苯海明（抗胆碱能药）
- 劳拉西泮（苯二氮䓬类）
- 美克洛嗪（抗胆碱能药）
- 甲氧氯普胺
- 异丙嗪（抗组胺药）
- 东莨菪碱（亦称天仙子碱，抗胆碱能药）

草药

草药同样有副作用，并不因为是草药就更安全。以下是一些常见草药及其主要副作用：

- 麻黄：失眠、紧张、震颤、头痛、癫痫、高血压、心脏病、脑卒中、肾结石；可能会损害记忆力（也可能不会）
- 银杏：出血（注意：没有证据表明银杏能改善记忆力，我们不建议使用）
- 胡椒：记忆障碍、镇静、意识混乱、运动异常
- 贯叶连翘：记忆障碍、疲劳、头晕、意识混乱、口干、胃部不适

失禁药物：解痉药

膀胱导致的漏尿是一个严重的问题，患者要么不敢出门，要么必须穿成人纸尿裤。如果你或亲人有漏尿现象，而服用的药物可以有效地防止或大幅度减少漏尿发生，那么我们建议你继续服用。但是，许多人服用漏尿药物后并没有明显减少漏尿的发生。如果是这种情况，并且服用的是下列抗胆碱能药物之一，那么我们建议你咨询医生，看看是否可以减量、停用或者用一种效果一样或更好、副作用较少的药物代替：

- 达非那新
- 非索罗定
- 黄酮哌酯
- 奥昔布宁
- 索利那新
- 托特罗定
- 曲司氯铵（副作用可能较少）

偏头痛药物

并非所有的偏头痛药物都会导致记忆障碍，但有些确实会。如果你经常使用下列药物之一，可以考虑咨询医生，看看能否换一种不太可能导致记忆障碍的偏头痛药物。

有抗胆碱能作用的抗抑郁药

- 阿米替林

- 多塞平
- 丙米嗪
- 去甲替林
- 普罗替林

含布他比妥的药物

- 布他比妥–对乙酰氨基酚–咖啡因复方药
- 布他比妥–阿司匹林–咖啡因复方药

麻醉药品

- 可待因–对乙酰氨基酚
- 羟考酮–对乙酰氨基酚

癫痫药物

- 双丙戊酸钠（丙戊酸和丙戊酸钠）
- 加巴喷丁
- 托吡酯

肌肉松弛药

用药物治疗肌肉痉挛可能有效，但许多药物也会引起记忆障碍、嗜睡和意识混乱，例如：

- 巴氯芬
- 卡立普多
- 氯唑沙宗

- 环苯扎林
- 美他沙酮（副作用可能较少）
- 美索巴莫（副作用可能较少）
- 奥芬那君（抗胆碱能药物）
- 奥沙西泮（苯二氮䓬类药物）
- 替扎尼定

麻醉药品：阿片类药物

有时必须使用麻醉止痛药。疼痛本身就会损害记忆。但是，麻醉药品不能长期使用。研究表明，它们往往对慢性疼痛不起作用，会导致记忆障碍和意识混乱，而且很容易上瘾。可能导致记忆障碍的麻醉剂有：

- 阿芬太尼
- 丁丙诺啡
- 可待因
- 芬太尼
- 氢可酮
- 氢吗啡酮
- 左啡诺
- 哌替啶
- 美沙酮
- 吗啡
- 纳布啡
- 鸦片

- 羟考酮
- 羟吗啡酮
- 喷他佐辛
- 丙氧酚
- 瑞芬太尼
- 舒芬太尼
- 他喷他多
- 曲马朵

治疗恶心及胃肠道药物

大多数胃肠道药物不会引起记忆问题,但下面这些药有这种效果:

- 氯氮䓬(苯二氮䓬类)
- 克利溴铵(抗胆碱能药)
- 双环维林(抗胆碱能药)
- 苯海拉明(抗组胺药)
- 格隆溴铵(抗胆碱能药)
- 氟哌啶醇(抗精神病药)
- 东莨菪碱(抗胆碱能药)
- 劳拉西泮(苯二氮䓬类)
- 甲溴东莨菪碱(抗胆碱能药)
- 甲氧氯普胺
- 丙氯拉嗪(抗精神病药)
- 丙胺太林(抗胆碱能药)

癫痫药物：抗惊厥药

抗惊厥药不仅用于癫痫发作，也用于神经痛、周围神经病变、头痛、稳定情绪和躁动。损害记忆的抗惊厥药有：

- 氯巴占（苯二氮䓬类）
- 氯硝西泮（苯二氮䓬类）
- 地西泮（苯二氮䓬类）
- 双丙戊酸钠
- 加巴喷丁［低剂量（100 至 3 000 毫克每天）使用时副作用可耐受］
- 劳拉西泮（苯二氮䓬类）
- 硝西泮（苯二氮䓬类）
- 苯巴比妥
- 苯妥英
- 普瑞巴林
- 普里米酮
- 丙戊酸钠
- 噻加宾
- 托吡酯
- 丙戊酸
- 氨己烯酸

安眠药

褪黑素和对乙酰氨基酚这两种药物有时有助于睡眠。正如第 20

章所讨论的，如果无效，那么我们建议对睡眠问题进行非药物治疗。可能导致第二天记忆障碍和意识混乱的安眠药有：

- 阿米替林（抗抑郁药）
- 氯硝西泮（苯二氮䓬类）
- 苯海拉明（参见前文讨论抗组胺药的章节）
- 多塞平（有抗胆碱能作用的抗抑郁药）
- 艾司唑仑（苯二氮䓬类）
- 艾司佐匹克隆（类似于苯二氮䓬类）
- 氟西泮（苯二氮䓬类）
- 加巴喷丁（抗惊厥药）
- 劳拉西泮（苯二氮䓬类）
- 米氮平（有抗胆碱能作用的抗抑郁药）
- 喹硫平（抗精神病药）
- 雷美替胺（类似于苯二氮䓬类）
- 苏沃雷生（类似于苯二氮䓬类）
- 替马西泮（苯二氮䓬类）
- 曲唑酮（有抗胆碱能作用的抗抑郁药）
- 三唑仑（苯二氮䓬类）
- 扎来普隆（类似于苯二氮䓬类）
- 唑吡坦（类似于苯二氮䓬类）

震颤药物

可能引起记忆障碍、嗜睡和意识混乱的震颤药物有：

- 苯扎托品（抗胆碱能药）
- 东莨菪碱（抗胆碱能药）
- 普里米酮（抗惊厥药）
- 苯海索（抗胆碱能药）

注　释

前言

1. Simons, D. J., & Chabris, C. F. (2011). What people believe about how memory works: A representative survey of the U.S. population. *PloS One*, *6*(8), e22757. https:// doi.org/ 10.1371/ jour nal.pone.0022 757

第 1 章

1. Scoville, W. B., & Milner, B. (1957). Loss of recent memory after bilateral hippocampal lesions. *Journal of Neurology, Neurosurgery, and Psychiatry*, *20*(1), 11–21. https:// doi.org/ 10.1136/ jnnp.20.1.11

2. Skotko, B. G., Kensinger, E. A., Locascio, J. J., Einstein, G., Rubin, D. C., Tupler, L. A., Krendl, A., & Corkin, S. (2004). Puzzling thoughts for H. M.: Can new semantic information be anchored to old semantic memories?. *Neuropsychology*, *18*(4), 756–769. https:// doi.org/ 10.1037/ 0894-4105.18.4.756

3. Kensinger, E. A., Ullman, M. T., & Corkin, S. (2001). Bilateral medial temporal lobe damage does not affect lexical or grammatical processing: Evidence from amnesic patient H.M. *Hippocampus*, *11*(4), 347–360. https:// doi.org/ 10.1002/ hipo.1049

4. Bohbot, V. D., & Corkin, S. (2007). Posterior parahippocampal place learning in H.M. *Hippocampus*, *17*(9), 863–872. https:// doi.org/ 10.1002/ hipo.20313

第 2 章

1. Macnamara, B. N., Moreau, D., & Hambrick, D. Z. (2016). The relationship between deliberate practice and performance in sports: A meta-analysis. *Perspectives on Psychological Science*, *11*(3), 333–350. https:// doi.org/ 10.1177/ 17456 9161 6635 591

2. Baddeley, A. D., & Longman, D. (1978). The influence of length and frequency of training session on the rate of learning to type. *Ergonomics*, *21*, 627–635.

3. Robertson, E. M., Press, D. Z., & Pascual-Leone, A. (2005). Off-line learning and the

primary motor cortex. *Journal of Neuroscience, 25*(27), 6372–6378. https:// doi.org/ 10.1523/ JNEURO SCI.1851-05.2005

4. Fox, P. W., Hershberger, S. L., & Bouchard, T. J., Jr. (1996). Genetic and environmental contributions to the acquisition of a motor skill. *Nature, 384*, 356–358.

5. Vakil, E., Kahan, S., Huberman, M., & Osimani, A. (2000). Motor and non-motor sequence learning in patients with basal ganglia lesions: The case of serial reaction time (SRT). *Neuropsychologia, 38*(1), 1–10. https:// doi.org/ 10.1016/ s0028-3932(99)00058-5

6. Poldrack, R. A., Clark, J., Paré-Blagoev, E. J., Shohamy, D., Creso Moyano, J., Myers, C., & Gluck, M. A. (2001). Interactive memory systems in the human brain. *Nature, 414*(6863), 546–550. https:// doi.org/ 10.1038/ 35107 080

7. Ahmadian, N., van Baarsen, K., van Zandvoort, M., & Robe, P. A. (2019). The cerebellar cognitive affective syndrome: A meta-analysis. *Cerebellum, 18*(5), 941–950. https:// doi.org/ 10.1007/ s12 311-019-01060-2

8. Elbert, T., Pantev, C., Wienbruch, C., Rockstroh, B., & Taub, E. (1995). Increased cortical representation of the fingers of the left hand in string players. *Science, 270*, 305–307.

9. Tang, Y. Y., Tang, Y., Tang, R., & Lewis-Peacock, J. A. (2017). Brief mental training reorganizes large-scale brain networks. *Frontiers in Systems Neuroscience, 11*, 6. https:// doi.org/ 10.3389/ fnsys.2017.00006

第 3 章

1. Miller, G. (1956). The magic number seven plus or minus two: Some limits on our capacity for processing information. *Psychological Review, 63*, 81–97.

2. Cowan, N. (2001). The magical number 4 in short-term memory: A reconsideration of mental storage capacity. *Behavioral and Brain Sciences, 24*(1), 87–185. https:// doi.org/ 10.1017/ s01405 25x0 1003 922

3. Ericsson, K. A., & Chase, W. G. (1982). Exceptional memory: Extraordinary feats of memory can be matched or surpassed by people with average memories that have been improved by training. *American Scientist, 70*(6), 607–615. http:// www.jstor.org/ sta ble/ 27851 732

4. Repovs, G., & Baddeley, A. (2006). The multi-component model of working memory: Explorations in experimental cognitive psychology. *Neuroscience, 139*(1), 5–21. https:// doi.org/ 10.1016/ j.neuro scie nce.2005.12.061

5. Mazoyer, B., Zago, L., Jobard, G., Crivello, F., Joliot, M., Perchey, G., Mellet, E., Petit, L., & Tzourio-Mazoyer, N. (2014). Gaussian mixture modeling of hemispheric lateralization for language in a large sample of healthy individuals balanced for handedness. *PloS One, 9*(6), e101165. https:// doi.org/ 10.1371/ jour nal.pone.0101 165

6. Badre, D. (2008). Cognitive control, hierarchy, and the rostro-caudal organization of the frontal lobes. *Trends in Cognitive Sciences, 12*, 193–200.

7. Shaw, P., Kabani, N. J., Lerch, J. P., Eckstrand, K., Lenroot, R., Gogtay, N., Greenstein, D., Clasen, L., Evans, A., Rapoport, J. L., Giedd, J. N., & Wise, S. P. (2008). Neurodevelopmental trajectories of the human cerebral cortex. *Journal of Neuroscience, 28*, 3586–3594.

第 4 章

1. Ribot, T. (1882). *The diseases of memory.* Appleton.
2. Ally, B. A., Simons, J. S., McKeever, J. D., Peers, P. V., & Budson, A. E. (2008). Parietal contributions to recollection: Electrophysiological evidence from aging and patients with parietal lesions. *Neuropsychologia, 46*(7), 1800–1812. https:// doi.org/ 10.1016/ j.neuro psyc holo gia.2008.02.026
3. Moscovitch, M., Cabeza, R., Winocur, G., & Nadel, L. (2016). Episodic memory and beyond: The hippocampus and neocortex in transformation. *Annual Review of Psychology, 67*, 105–134. https:// doi.org/ 10.1146/ annu rev-psych-113 011-143 733

第 5 章

1. Damasio, H., Grabowski, T. J., Tranel, D., Hichwa, R. D., & Damasio, A. R. (1996). A neural basis for lexical retrieval. *Nature, 380*(6574), 499–505. https:// doi.org/ 10.1038/ 38049 9a0

第 6 章

1. Congleton, A. R., & Rajaram, S. (2014). Collaboration changes both the content and the structure of memory: Building the architecture of shared representations. *Journal of Experimental Psychology: General, 143*(4), 1570–1584.
2. Roediger, H. L., & DeSoto, A. (2016). The power of collective memory. *Scientific American.* https:// www.sci enti fica meri can.com/ arti cle/ the-power-of-col lect ive-mem ory/
3. Gokhale, A. A. (1995). Collaborative learning enhances critical thinking. *Journal of Technology Education, 7*(1). https:// doi.org/ 10.21061/ jte.v7i1.a.2
4. Rajaram, S. (2011). Collaboration both hurts and helps memory: A cognitive perspective. *Current Directions in Psychological Science, 20*(2), 76–81. doi:10.1177/ 0963721411403251
5. Speer, M. E., Bhanji, J. P., & Delgado, M. R. (2014). Savoring the past: Positive memories evoke value representations in the striatum. *Neuron, 84*(4), 847–856. https:// doi.org/ 10.1016/ j.neu ron.2014.09.028
6. Sheen, M., Kemp, S., & Rubin, D. (2001). Twins dispute memory ownership: A new false memory phenomenon. *Memory & Cognition, 29*, 779–788.
7. French, L., Gerrie, M. P., Garry, M., & Mori, K. (2009). Evidence for the efficacy of the MORI technique: Viewers do not notice or implicitly remember details from the alternate movie version. *Behavior Research Methods, 41*(4), 1224–1232. https:// doi.org/ 10.3758/ BRM.41.4.1224

第 7 章

1. Tulving, E. (1972). Episodic and semantic memory. In E. Tulving, & W. Donaldson (Eds.), *Organization of memory* (pp. 381–403). Academic Press.
2. Renoult, L., & Rugg, M.D. (2020). An historical perspective on Endel Tulving's episodic-semantic distinction. *Neuropsychologia, 139.* https:// doi.org/ 10.1016/ j.neuro psyc holo gia.2020.107 366

3. Nickerson, R. S., & Adams, M. J. (1979). Long-term memory for a common object. *Cognitive Psychology*, *11*(3), 287–307. https:// doi.org/ 10.1016/ 0010-0285(79)90013-6

4. Brandsford, J. D. (1972). Contextual prerequisites for understanding: Some investigations of comprehension and recall. *Journal of Verbal Learning and Verbal Behavior*, *11*(16), 717–726.

5. Craik, F. I. M., Govoni, R., Naveh-Benjamin, M., & Anderson, N. D. (1996). The effects of divided attention on encoding and retrieval processes in human memory. *Journal of Experimental Psychology: General*, *125*(2), 159–180. https:// doi.org/ 10.1037/ 0096-3445.125.2.159

6. Rahhal, T. A., Hasher, L., & Colcombe, S. J. (2001). Instructional manipulations and age differences in memory: Now you see them, now you don't. *Psychology and Aging*, *16*(4), 697–706. https:// doi.org/ 10.1037/ 0882-7974.16.4.697

第 8 章

1. Oliva, A., & Torralba, A. (2006). Building the gist of a scene: The role of global image features in recognition. *Progress in Brain Research*, *155*, 23–36. https:// doi.org/ 10.1016/ S0079-6123(06)55002-2

2. Gobet, F. (1998). Expert memory: A comparison of four theories. *Cognition*, *66*(2), 115–152. https:// doi.org/ 10.1016/ s0010-0277(98)00020-1

3. Ebbinghaus, H. (1885). *Memory: A contribution to experimental psychology.* New York by Teachers College, Columbia University. Translated by Henry A. Ruger & Clara E. Bussenius (1913). http:// psychc lass ics.yorku.ca/ Ebb ingh aus/ index.htm

4. Schacter, D. L. (2001, May 1). The seven sins of memory. *Psychology Today.* https:// www. psyc holo gyto day.com/ us/ artic les/ 200 105/ the-seven-sins-mem ory

5. Cooper, R. A., Kensinger, E. A., & Ritchey, M. (2019). Memories fade: The relationship between memory vividness and remembered visual salience. *Psychological Science*, *30*(5), 657–668. https:// doi.org/ 10.1177/ 09567 9761 9836 093

6. Richter-Levin, G., & Akirav, I. (2003). Emotional tagging of memory formation— in the search for neural mechanisms. *Brain Research Reviews*, *43*(3), 247–256. https:// doi.org/ 10.1016/ j.brai nres rev.2003.08.005

7. Hunt, R. R., & Worthen, J. B. (Eds.). (2006). *Distinctiveness and memory.* Oxford University Press. https:// doi.org/ 10.1093/ acp rof:oso/ 978019 5169 669.001.0001

8. MacLeod, C. M., Gopie, N., Hourihan, K. L., Neary, K. R., & Ozubko, J. D. (2010). The production effect: Delineation of a phenomenon. *Journal of Experimental Psychology: Learning, Memory, and Cognition*, *36*(3), 671–685. https:// doi.org/ 10.1037/ a0018 785

9. The benefits of forgetting were espoused by the philosopher William James in *The Principles of Psychology,* when he wrote, "In the practical use of our intellect, forgetting is as important a function as remembering." And these benefits have continued to be supported by scientific research (https:// media.nat ure.com/ origi nal/ magaz ine-ass ets/ d41 586-019-02211-5/ d41 586-019-02211-5.pdf).

10. Schacter, D. L., Addis, D. R., & Buckner, R. L. (2007). Remembering the past to imagine the future: The prospective brain. *Nature Reviews Neuroscience*, *8*(9), 657–661. https:// doi.org/ 10.1038/ nrn2 213

第 9 章

1. Josselyn, S. A., Köhler, S., & Frankland, P. W. (2017). Heroes of the Engram. *Journal of Neuroscience, 37*(18), 4647–4657. https:// doi.org/ 10.1523/ JNEURO SCI.0056-17.2017

2. Brown, R., & McNeill, D. (1966). The "tip-of-the-tongue" phenomenon. *Journal of Verbal Learning and Verbal Behavior, 5*, 325–337.

3. Conway, M. A., & Pleydell-Pearce, C. W. (2000). The construction of autobiographical memories in the self-memory system. *Psychological Review, 107*(2), 261–288. https:// doi.org/ 10.1037/ 0033-295x.107.2.261

4. Nadel, L., & Moscovitch, M. (1997). Memory consolidation, retrograde amnesia and the hippocampal complex. *Current Opinion in Neurobiology, 7*, 217–227. https:// doi.org/ 10.1016/ S0959-4388(97)80010-4

5. McDaniel, M. A., & Einstein, G. O. (2007). *Prospective memory: An overview and synthesis of an emerging field*. SAGE Publications, Inc. https:// www.doi.org/ 10.4135/ 978145 2225 913

6. Godden, D. R., & Baddeley, A. D. (1975). Context-dependent memory in two natural environments: On land and underwater. *British Journal of Psychology, 66*(3), 325–331.

第 10 章

1. Yonelinas, A. P. (2001). Components of episodic memory: The contribution of recollection and familiarity. *Philosophical Transactions of the Royal Society of London. Series B, Biological Sciences, 356*(1413), 1363–1374. https:// doi.org/ 10.1098/ rstb.2001.0939

2. Johnson, M. K. (1997). Source monitoring and memory distortion. *Philosophical Transactions of the Royal Society of London. Series B, Biological Sciences, 352*(1362), 1733–1745. https:// doi.org/ 10.1098/ rstb.1997.0156

3. Gopie, N., & MacLeod, C. (2009). "Destination memory: Stop me if I've told you this before." *Psychological Science, 20*, 1492–1499. doi:10.1111/ j.1467-9280.2009.02472.x

4. Davachi, L., & DuBrow, S. (2015). How the hippocampus preserves order: The role of prediction and context. *Trends in Cognitive Sciences, 19*(2), 92–99. https:// doi.org/ 10.1016/ j.tics.2014.12.004

5. Walker, W. R., & Skowronski, J. J. (2009). The fading affect bias: But what the hell is it for? *Applied Cognitive Psychology, 23*(8), 1122–1136. https:// doi.org/ 10.1002/ acp.1614

6. Kensinger, E. A., Garoff-Eaton, R. J., & Schacter, D. L. (2007). Effects of emotion on memory specificity: Memory trade-offs elicited by negative visually arousing stimuli. *Journal of Memory and Language, 56*, 575–591. https:// doi.org/ 10.1016/ j.jml.2006.05.004

7. Schlichting, M. L., & Preston, A. R. (2015). Memory integration: Neural mechanisms and implications for behavior. *Current Opinion in Behavioral Sciences, 1*, 1–8. https:// doi.org/ 10.1016/ j.cob eha.2014.07.005

第 11 章

1. Dunsmoor, J. E., Murty, V. P., Davachi, L., & Phelps, E. A. (2015). Emotional learning

selectively and retroactively strengthens episodic memories for related events. *Nature*, *520*, 345–348.

2. Bjork, R. A. (1989). Retrieval inhibition as an adaptive mechanism in human memory. In H. L. Roediger & F. I. M. Craik (Eds.), *Varieties of memory and consciousness: Essays in honour of Endel Tulving* (pp. 309–330). Erlbaum.

3. Guillory, J. J., & Geraci, L. (2016). The persistence of erroneous information in memory: The effect of valence on the acceptance of corrected information. *Applied Cognitive Psychology*, *30*(2), 282–288. https:// doi.org/ 10.1002/ acp.3183

4. Wegner, D. M. (1987). Transactive memory: A contemporary analysis of the group mind. In B. Mullen & G. R. Goethals (Eds.), *Theories of group behavior* (pp. 185–208). Springer Series in Social Psychology. Springer. https:// doi.org/ 10.1007/ 978-1-4612-4634-3_9

5. Jackson, M., & Moreland, R. L. (2009). Transactive memory in the classroom. *Small Group Research*, *40*(5), 508–534. https:// doi.org/ 10.1177/ 10464 9640 9340 703

6. Gagnepain, P., Hulbert, J., & Anderson, M. C. (2017). Parallel regulation of memory and emotion supports the suppression of intrusive memories. *Journal of Neuroscience*, *37*(27), 6423–6441. https:// doi.org/ 10.1523/ JNEURO SCI.2732-16.2017

7. Anderson, M. C., & Hanslmayr, S. (2014). Neural mechanisms of motivated forgetting. *Trends in Cognitive Sciences*, *18*(6), 279–292. https:// doi.org/ 10.1016/ j.tics.2014.03.002

第 12 章

1. Wixted, J. T., & Wells, G. L. (2017). The relationship between eyewitness confidence and identification accuracy: A new synthesis. *Psychological Science in the Public Interest*, *18*(1), 10–65. https:// doi.org/ 10.1177/ 15291 0061 6686 966

2. Wade, K. A., Garry, M., Don Read, J., & Lindsay, D. S. (2002). A picture is worth a thousand lies: Using false photographs to create false childhood memories. *Psychonomic Bulletin & Review*, *9*, 597–603. https:// doi.org/ 10.3758/ BF0 3196 318

3. Steblay, N. K., Wells, G. L., & Douglass, A. B. (2014). The eyewitness post identification feedback effect 15 years later: Theoretical and policy implications. *Psychology, Public Policy, and Law*, *20*(1), 1–18. https:// doi.org/ 10.1037/ law 0000 001

4. Loftus, E. F., & Hoffman, H. G. (1989). Misinformation and memory: The creation of new memories. *Journal of Experimental Psychology: General*, *118*(1), 100–104. https:// doi.org/ 10.1037/ 0096-3445.118.1.100

5. Loftus, E. F., Miller, D. G., & Burns, H. J. (1978). Semantic integration of verbal information into a visual memory. *Journal of Experimental Psychology: Human Learning and Memory*, *4*(1), 19–31. https:// doi.org/ 10.1037/ 0278-7393.4.1.19

6. Otgaar, H., Romeo, T., Ramakers, N., & Howe, M. L. (2018). Forgetting having denied: The "amnesic" consequences of denial. *Memory & Cognition*, *46*(4), 520–529. https:// doi.org/ 10.3758/ s13 421-017-0781-5

7. Roediger, H. L., & McDermott, K. B. (1995). Creating false memories: Remembering words not presented in lists. *Journal of Experimental Psychology: Learning, Memory, and Cognition*, *21*(4), 803–814. https:// doi.org/ 10.1037/ 0278-7393.21.4.803

8. Mitchell, J. P., Sullivan, A. L., Schacter, D. L., & Budson, A. E. (2006). Mis-attribution

errors in Alzheimer's disease: The illusory truth effect. *Neuropsychology*, *20*(2), 185–192. https:// doi.org/ 10.1037/ 0894-4105.20.2.185

9. Brown, R., & Kulik, J. (1977). Flashbulb memories. *Cognition*, *5*, 73–99.

10. Neisser, U., & Harsch, N. (1992). Phantom flashbulbs: False recollections of hearing the news about Challenger. In E. Winograd & U. Neisser (Eds.), *Emory symposia in cognition, 4. Affect and accuracy in recall: Studies of "flashbulb" memories* (pp. 9–31). Cambridge University Press. https:// doi.org/ 10.1017/ CBO97 8051 1664 069.003

11. Talarico, J. M., & Rubin, D. C. (2003). Confidence, not consistency, characterizes flashbulb memories. *Psychological Science*, *14*(5), 455–461. https:// doi.org/ 10.1111/ 1467-9280.02453

12. Paller, K. A., Antony, J. W., Mayes, A. R., & Norman, K. A. (2020). Replay-based consolidation governs enduring memory storage. In D. Poeppel, G. R. Mangun, & M.S. Gazzaniga (Eds.), *The cognitive neurosciences* (6th ed.). MIT Press.

13. Loftus, E. F., Loftus, G. R., & Messo, J. (1987). Some facts about "weapon focus." *Law and Human Behavior*, *11*(1), 55–62. https:// doi.org/ 10.1007/ BF0 1044 839

14. Steinmetz, K. R., & Kensinger, E. A. (2013). The emotion-induced memory trade-off: More than an effect of overt attention? *Memory & Cognition*, *41*(1), 69–81. https:// doi.org/ 10.3758/ s13 421-012-0247-8

15. Rotello, C. M., & Heit, E. (1999). Two-process models of recognition memory: Evidence for recall-to-reject? *Journal of Memory and Language*, *40*(3), 432–453. https:// doi.org/ 10.1006/ jmla.1998.2623

第13章

1. Alzheimer, A., Stelzmann, R. A., Schnitzlein, H. N., & Murtagh, F. R. (1995). An English translation of Alzheimer's 1907 paper, "Uber eine eigenartige Erkankung der Hirnrinde." *Clinical Anatomy*, *8*(6), 429–431. https:// doi.org/ 10.1002/ ca.980080 612

2. Budson, A. E., & O'Connor, M. K. (2023). *Seven Steps to Managing Your Aging Memory: What's Normal, What's Not, and What to Do About It*. New York: Oxford University Press.

3. Budson, A. E., & O'Connor, M. K. (2022). *Six Steps to Managing Alzheimer's Disease and Dementia: A Guide for Families*. New York: Oxford University Press.

第14章

1. Wada, H., Inagaki, N., Yamatodani, A., & Watanabe, T. (1991). Is the histaminergic neuron system a regulatory center for whole-brain activity? *Trends in Neurosciences*, *14*(9), 415–418. https:// doi.org/ 10.1016/ 0166-2236(91)90034-r

2. Passani, M. B., Benetti, F., Blandina, P., Furini, C., de Carvalho Myskiw, J., & Izquierdo, I. (2017). Histamine regulates memory consolidation. *Neurobiology of Learning and Memory*, *145*, 1–6. https:// doi.org/ 10.1016/ j.nlm.2017.08.007

3. Zhou, H., Lu, S., Chen, J., Wei, N., Wang, D., Lyu, H., Shi, C., & Hu, S. (2020). The landscape of cognitive function in recovered COVID-19 patients. *Journal of Psychiatric Research*, *129*, 98–102. https:// doi.org/ 10.1016/ j.jps ychi res.2020.06.022

4. Heneka, M. T., Golenbock, D., Latz, E., Morgan, D., & Brown, R. (2020). Immediate and long-term consequences of COVID-19 infections for the development of neurological disease. *Alzheimer's Research & Therapy*, *12*(1), 69. https:// doi.org/ 10.1186/ s13 195-020-00640-3

5. Luo, Y., Weibman, D., Halperin, J. M., & Li, X. (2019). A review of heterogeneity in attention-deficit/ hyperactivity disorder (ADHD). *Frontiers in Human Neuroscience*, *13*, 42. doi:10.3389/ fnhum.2019.00042

6. Kraguljac, N. V., Srivastava, A., & Lahti, A. C. (2013). Memory deficits in schizophrenia: A selective review of functional magnetic resonance imaging (FMRI) studies. *Behavioral Sciences*, *3*(3), 330–347. https:// doi.org/ 10.3390/ bs3030 330

7. Blomberg, M. O., Semkovska, M., Kessler, U., Erchinger, V. J., Oedegaard, K. J., Oltedal, L., & Hammar, Å. (2020). A longitudinal comparison between depressed patients receiving electroconvulsive therapy and healthy controls on specific memory functions. *Primary Care Companion for CNS Disorders*, *22*(3), 19m02547. https:// doi.org/ 10.4088/ PCC.19m02 547

第 15 章

1. McKinnon, M. C., Palombo, D. J., Nazarov, A., Kumar, N., Khuu, W., & Levine, B. (2015). Threat of death and autobiographical memory: A study of passengers from Flight AT236. *Clinical Psychological Science*, *3*(4), 487–502. https:// doi.org/ 10.1177/ 21677 0261 4542 280

2. Brewin, C. R. (2018). Memory and forgetting. *Current Psychiatry Reports*, *20*(10), 87. https:// doi.org/ 10.1007/ s11 920-018-0950-7

3. Brewin, C. R., Gregory, J. D., Lipton, M., & Burgess, N. (2010). Intrusive images in psychological disorders: Characteristics, neural mechanisms, and treatment implications. *Psychological Review*, *117*(1), 210–232. https:// doi.org/ 10.1037/ a0018 113

4. Mayou, R., Bryant, B., & Duthie, R. (1993). Psychiatric consequences of road traffic accidents. *BMJ (Clinical Research Edition)*, *307*(6905), 647–651. https:// doi.org/ 10.1136/ bmj.307.6905.647

5. Benjet, C., Bromet, E., Karam, E. G., Kessler, R. C., McLaughlin, K. A., Ruscio, A. M., Shahly, V., Stein, D. J., Petukhova, M., Hill, E., Alonso, J., Atwoli, L., Bunting, B., Bruffaerts, R., Caldas-de-Almeida, J. M., de Girolamo, G., Florescu, S., Gureje, O., Huang, Y., Lepine, J. P., . . . Koenen, K. C. (2016). The epidemiology of traumatic event exposure worldwide: Results from the World Mental Health Survey Consortium. *Psychological Medicine*, *46*(2), 327–343. https:// doi. org/ 10.1017/ S00332 9171 5001 981

6. Berntsen, D. (2021). Involuntary autobiographical memories and their relation to other forms of spontaneous thoughts. *Philosophical Transactions of the Royal Society of London. Series B, Biological Sciences*, *376*(1817), 20190693. https:// doi.org/ 10.1098/ rstb.2019.0693

7. Catarino, A., Küpper, C. S., Werner-Seidler, A., Dalgleish, T., & Anderson, M. C. (2015). Failing to forget: Inhibitory-control deficits compromise memory suppression in posttraumatic stress disorder. *Psychological Science*, *26*(5), 604–616. https:// doi.org/ 10.1177/ 09567 9761 5569 889

8. Anderson, M. C., & Green, C. (2001). Suppressing unwanted memories by executive control. *Nature*, *410*(6826), 366–369. https:// doi.org/ 10.1038/ 35066 572

9. McNally, R. J., Metzger, L. J., Lasko, N. B., Clancy, S. A., & Pitman, R. K. (1998). Directed forgetting of trauma cues in adult survivors of childhood sexual abuse with and without

posttraumatic stress disorder. *Journal of Abnormal Psychology, 107*(4), 596–601. https:// doi.org/ 10.1037// 0021-843x.107.4.596

10. Reisman, M. (2016). PTSD treatment for veterans: What's working, what's new, and what's next. *Pharmacy & Therapeutics, 41*(10), 623–634.

11. Gradus, J. L. Epidemiology of PTSD. National Center for PTSD. https:// www.ptsd. va.gov/ profe ssio nal/ treat/ ess enti als/ epide miol ogy.asp

12. Neylan, T. C., Marmar, C. R., Metzler, T. J., Weiss, D. S., Zatzick, D. F., Delucchi, K. L., Wu, R. M., & Schoenfeld, F. B. (1998). Sleep disturbances in the Vietnam generation: Findings from a nationally representative sample of male Vietnam veterans. *American Journal of Psychiatry, 155*(7), 929–933.

13. Wang, C., Laxminarayan, S., Ramakrishnan, S., Dovzhenok, A., Cashmere, J. D., Germain, A., & Reifman, J. (2020). Increased oscillatory frequency of sleep spindles in combat-exposed veteran men with post-traumatic stress disorder. *Sleep, 43*(10), zsaa064.

14. Logue, M. W., van Rooij, S. J. H., Dennis, E. L., Davis, S. L., Hayes, J. P., Stevens, J. S., Densmore, M., Haswell, C. C., Ipser, J., Koch, S. B. J., Korgaonkar, M., Lebois, L. A. M., Peverill, M., Baker, J. T., Boedhoe, P. S. W., Frijling, J. L., Gruber, S. A., Harpaz-Rotem, I., Jahashad, N., . . . Morey, R. A. (2018). Smaller hippocampal volume in posttraumatic stress disorder: A multisite ENIGMA-PGC study: Subcortical volumetry results from posttraumatic stress disorder consortia. *Biological Psychiatry, 83*(3), 244–253. https:// doi.org/ 10.1016/ j.biops ych.2017.09.006

15. Kremen, W. S., Koenen, K. C., Afari, N., & Lyons M. J. (2012). Twin studies of posttraumatic stress disorder: Differentiating vulnerability factors from sequelae. *Neuropharmacology, 62*(2), 647–653. doi:10.1016/ j.neuropharm.2011.03.012

16. Brewin, C. R. (2014). Episodic memory, perceptual memory, and their interaction: Foundations for a theory of posttraumatic stress disorder. *Psychological Bulletin, 140*(1), 69–97. https:// doi.org/ 10.1037/ a0033 722

17. Iyadurai, L., Visser, R. M., Lau-Zhu, A., Porcheret, K., Horsch, A., Holmes, E. A., & James, E. L. (2019). Intrusive memories of trauma: A target for research bridging cognitive science and its clinical application. *Clinical Psychology Review, 69*, 67–82. https:// doi.org/ 10.1016/ j.cpr.2018.08.005

18. Rubin, D. C., Berntsen, D., & Bohni, M. K. (2008). A memory-based model of posttraumatic stress disorder: Evaluating basic assumptions underlying the PTSD diagnosis. *Psychological Review, 115*(4), 985–1011. https:// doi.org/ 10.1037/ a0013 397

第 16 章

1. McGaugh, J. L. (2017). Highly superior autobiographical memory. In J. H. Byrne (Ed.), *Learning and memory: A comprehensive reference* (2nd ed., Chapter 2.08). Academic Press.

2. Klüver, H. (1928). Studies on the eidetic type and on eidetic imagery. *Psychological Bulletin, 25*(2), 69–104. https:// doi.org/ 10.1037/ h0070 849

3. Giray, E. F., Altkin, W. M., Vaught, G. M., & Roodin, P. A. (1976). The incidence of eidetic imagery as a function of age. *Child Development, 47*(4), 1207–1210. PMID: 1001094.

4. Frey, P. W., & Adesman, P. (1976). Recall memory for visually presented chess positions. *Memory & Cognition, 4*, 541–547.

5. Symons, C. S., & Johnson, B. T. (1997). The self-reference effect in memory: A meta-analysis. *Psychological Bulletin, 121*(3), 371–394. doi:10.1037/ 0033-2909.121.3.371

6. Patihis, L., Frenda, S. J., LePort, A. K., Petersen, N., Nichols, R. M., Stark, C. E., McGaugh, J. L., & Loftus, E. F. (2013). False memories in highly superior autobiographical memory individuals. *Proceedings of the National Academy of Sciences of the United States of America, 110*(52), 20947–20952. https:// doi.org/ 10.1073/ pnas.131 4373 110

7. Boddaert, N., Barthélémy, C., Poline, J., Samson, Y., Brunelle, F., & Zilbovicius, M. (2005). Autism: Functional brain mapping of exceptional calendar capacity. *British Journal of Psychiatry, 187*(1), 83–86. doi:10.1192/ bjp.187.1.83

8. Cowan, R., & Frith, C. (2009). Do calendrical savants use calculation to answer date questions? A functional magnetic resonance imaging study. *Philosophical Transactions of the Royal Society of London. Series B, Biological Sciences, 364*(1522), 1417–1424. https:// doi.org/ 10.1098/ rstb.2008.0323

9. Olson, I. R., Berryhill, M. E., Drowos, D. B., Brown, L., & Chatterjee, A. (2010). A calendar savant with episodic memory impairments. *Neurocase, 16*(3), 208–218. https:// doi.org/ 10.1080/ 135547 9090 3405 701

10. Kennedy, D. P., & Squire, L. R. (2007). An analysis of calendar performance in two autistic calendar savants. *Learning & Memory, 14*(8), 533–538. https:// doi.org/ 10.1101/ lm.653 607

11. Libero, L. E., DeRamus, T. P., Lahti, A. C., Deshpande, G., & Kana, R. K. (2015). Multimodal neuroimaging based classification of autism spectrum disorder using anatomical, neurochemical, and white matter correlates. *Cortex, 66*, 46–59. https:// doi.org/ 10.1016/ j.cor tex.2015.02.008

12. Ally, B. A., Hussey, E. P., & Donahue, M. J. (2013). A case of hyperthymesia: Rethinking the role of the amygdala in autobiographical memory. *Neurocase, 19*(2), 166–181. https:// doi.org/ 10.1080/ 13554 794.2011.654 225

13. LePort, A. K., Mattfeld, A. T., Dickinson-Anson, H., Fallon, J. H., Stark, C. E., Kruggel, F., Cahill, L., & McGaugh, J. L. (2012). Behavioral and neuroanatomical investigation of highly superior autobiographical memory (HSAM). *Neurobiology of Learning and Memory, 98*(1), 78–92. https:// doi.org/ 10.1016/ j.nlm.2012.05.002

14. Henner, M. (2013). *Total memory makeover: Uncover your past, take charge of your future.* Gallery Books. (Quote on p. 23)

第17章

1. Jadczak, A. D., Makwana, N., Luscombe-Marsh, N., Visvanathan, R., & Schultz, T. J. (2018). Effectiveness of exercise interventions on physical function in community-dwelling frail older people: An umbrella review of systematic reviews. *JBI Database of Systematic Reviews and Implementation Reports, 16*(3), 752–775. https:// doi.org/ 10.11124/ JBIS RIR-2017-003 551

2. Hörder, H., Johansson, L., Guo, X., Grimby, G., Kern, S., Östling, S., & Skoog, I. (2018). Midlife cardiovascular fitness and dementia: A 44-year longitudinal population study in women. *Neurology, 90*(15), e1298–e1305. https:// doi.org/ 10.1212/ WNL.00000 0000 0005 290

3. Strazzullo, P., D'Elia, L., Cairella, G., Garbagnati, F., Cappuccio, F. P., & Scalfi, L. (2010). Excess body weight and incidence of stroke: Meta-analysis of prospective studies with 2 million

participants. *Stroke, 41*(5), e418–e426. https:// doi.org/ 10.1161/ STROKE AHA.109.576 967

4. Guo, Y., Yue, X. J., Li, H. H., Song, Z. X., Yan, H. Q., Zhang, P., Gui, Y. K., Chang, L., & Li, T. (2016). Overweight and obesity in young adulthood and the risk of stroke: A meta-analysis. *Journal of Stroke and Cerebrovascular Diseases, 25*(12), 2995–3004. https:// doi.org/ 10.1016/ j.jstro kece rebr ovas dis.2016.08.018

5. Siebers, M., Biedermann, S. V., Bindila, L., Lutz, B., & Fuss, J. (2021). Exercise-induced euphoria and anxiolysis do not depend on endogenous opioids in humans. *Psychoneuroendocrinology, 126*, 105173. https:// doi.org/ 10.1016/ j.psyne uen.2021.105 173

6. Kvam, S., Kleppe, C. L., Nordhus, I. H., & Hovland, A. (2016). Exercise as a treatment for depression: A meta-analysis. *Journal of Affective Disorders, 202*, 67–86. https:// doi.org/ 10.1016/ j.jad.2016.03.063

7. Thomas, A. G., Dennis, A., Rawlings, N. B., Stagg, C. J., Matthews, L., Morris, M., Kolind, S. H., Foxley, S., Jenkinson, M., Nichols, T. E., Dawes, H., Bandettini, P. A., & Johansen-Berg, H. (2016). Multi-modal characterization of rapid anterior hippocampal volume increase associated with aerobic exercise. *NeuroImage, 131*, 162–170. https:// doi.org/ 10.1016/ j.neu roim age.2015.10.090

8. Erickson, K. I., Voss, M. W., Prakash, R. S., Basak, C., Szabo, A., Chaddock, L., Kim, J. S., Heo, S., Alves, H., White, S. M., Wojcicki, T. R., Mailey, E., Vieira, V. J., Martin, S. A., Pence, B. D., Woods, J. A., McAuley, E., & Kramer, A. F. (2011). Exercise training increases size of hippocampus and improves memory. *Proceedings of the National Academy of Sciences of the United States of America, 108*(7), 3017–3022. https:// doi.org/ 10.1073/ pnas.101 5950 108

9. Liu, P. Z., & Nusslock, R. (2018). Exercise-mediated neurogenesis in the hippocampus via BDNF. *Frontiers in Neuroscience, 12*, 52. https:// doi.org/ 10.3389/ fnins.2018.00052

10. Basso, J. C., & Suzuki, W. A. (2017). The effects of acute exercise on mood, cognition, neurophysiology, and neurochemical pathways: A review. *Brain Plasticity, 2*(2), 127–152. https:// doi.org/ 10.3233/ BPL-160 040

11. Smith, J. C., Nielson, K. A., Woodard, J. L., Seidenberg, M., Durgerian, S., Hazlett, K. E., Figueroa, C. M., Kandah, C. C., Kay, C. D., Matthews, M. A., & Rao, S. M. (2014). Physical activity reduces hippocampal atrophy in elders at genetic risk for Alzheimer's disease. *Frontiers in Aging Neuroscience, 6*, 61. https:// doi.org/ 10.3389/ fnagi.2014.00061

12. Morris, J. K., Vidoni, E. D., Johnson, D. K., Van Sciver, A., Mahnken, J. D., Honea, R. A., Wilkins, H. M., Brooks, W. M., Billinger, S. A., Swerdlow, R. H., & Burns, J. M. (2017). Aerobic exercise for Alzheimer's disease: A randomized controlled pilot trial. *PloS One, 12*(2), e0170547. https:// doi.org/ 10.1371/ jour nal.pone.0170 547

13. Petersen, R. C., Lopez, O., Armstrong, M. J., Getchius, T., Ganguli, M., Gloss, D., Gronseth, G. S., Marson, D., Pringsheim, T., Day, G. S., Sager, M., Stevens, J., & Rae-Grant, A. (2018). Practice guideline update summary: Mild cognitive impairment: Report of the Guideline Development, Dissemination, and Implementation Subcommittee of the American Academy of Neurology. *Neurology, 90*(3), 126–135. https:// doi.org/ 10.1212/ WNL.00000 0000 0004 826

第18章

1. https:// www.nhlbi.nih.gov/ hea lth/ educ atio nal/ lose _ wt/ BMI/ bmic alc.htm

2. Berti, V., Walters, M., Sterling, J., Quinn, C. G., Logue, M., Andrews, R., Matthews, D. C., Osorio, R. S., Pupi, A., Vallabhajosula, S., Isaacson, R. S., de Leon, M. J., & Mosconi, L. (2018). Mediterranean diet and 3-year Alzheimer brain biomarker changes in middle-aged adults. *Neurology*, *90*(20), e1789–e1798.

3. Morris, M. C., Tangney, C. C., Wang, Y., Sacks, F. M., Barnes, L. L., Bennett, D. A., & Aggarwal, N. T. (2015). MIND diet slows cognitive decline with aging. *Alzheimer's & Dementia*, *11*(9), 1015–1022.

4. Morris, M. C., Tangney, C. C., Wang, Y., Sacks, F. M., Bennett, D. A., & Aggarwal, N. T. (2015). MIND diet associated with reduced incidence of Alzheimer's disease. *Alzheimer's & Dementia*, *11*(9), 1007–1014.

5. Keenan, T. D., Agrón, E., Mares, J. A., Clemens, T. E., van Asten, F., Swaroop, A., Chew, E. Y.; AREDS and AREDS2 Research Groups (2020). Adherence to a Mediterranean diet and cognitive function in the Age-Related Eye Disease Studies 1 & 2. *Alzheimer's & Dementia*, *16*(6), 831–842.

6. https:// www.fda.gov/ food/ consum ers/ adv ice-about-eat ing-fish

7. Stonehouse, W., Conlon, C. A., Podd, J., Hill, S. R., Minihane, A. M., Haskell, C., & Kennedy, D. (2013). DHA supplementation improved both memory and reaction time in healthy young adults: A randomized controlled trial. *American Journal of Clinical Nutrition*, *97*(5), 1134–1143. https:// doi.org/ 10.3945/ ajcn.112.053 371

8. Dangour, A. D., & Allen, E. (2013). Do omega-3 fats boost brain function in adults? Are we any closer to an answer? *American Journal of Clinical Nutrition*, *97*(5), 909–910. https:// doi.org/ 10.3945/ ajcn.113.061 168

9. Hosseini, M., Poljak, A., Braidy, N., Crawford, J., & Sachdev, P. (2020). Blood fatty acids in Alzheimer's disease and mild cognitive impairment: A meta-analysis and systematic review. *Ageing Research Reviews*, *60*, 101043. https:// doi.org/ 10.1016/ j.arr.2020.101 043.

10. Quinn, J. F., Raman, R., Thomas, R. G., Yurko-Mauro, K., Nelson, E. B., Van Dyck, C., Galvin, J. E., Emond, J., Jack, C. R. Jr., Weiner, M., Shinto, L., & Aisen, P. S. (2010). Docosahexanoic acid supplementation and cognitive decline in Alzheimer's disease. *JAMA*, *304*, 1903–1911.

11. Littlejohns, T. J., Henley, W. E., Lang, I. A., Annweiler, C., Beauchet, O., Chaves, P. H. M., Fried, L., Kestenbaum, B. R., Kuller, L. H., Langa, K. M., Lopez, O. L., Kos, K., Soni, M., & Llewellyn, D. J. (2014). Vitamin D and the risk of dementia and Alzheimer disease. *Neurology*, *83*, 920–928.

12. Solomon, P. R., Adams, F., Silver, A., Zimmer, J., & DeVeaux, R. (2002). Ginkgo for memory enhancement: A randomized controlled trial. *JAMA*, *288*(7), 835–840. https:// doi.org/ 10.1001/ jama.288.7.835

13. Snitz, B. E., O'Meara, E. S., Carlson, M. C., Arnold, A. M., Ives, D. G., Rapp, S. R., Saxton, J., Lopez, O. L., Dunn, L. O., Sink, K. M., DeKosky, S. T., & Ginkgo Evaluation of Memory (GEM) Study Investigators (2009). Ginkgo biloba for preventing cognitive decline in older adults: A randomized trial. *JAMA*, *302*(24), 2663–2670. https:// doi.org/ 10.1001/ jama.2009.1913

14. Turner, R. S., Thomas, R. G., Craft, S., van Dyck, C. H., Mintzer, J., Reynolds, B. A., Brewer, J. B., Rissman, R. A., Raman, R., Aisen, P. S., & Alzheimer's Disease Cooperative Study

(2015). A randomized, double-blind, placebo-controlled trial of resveratrol for Alzheimer disease. *Neurology*, *85*(16), 1383–1391. https:// doi.org/ 10.1212/ WNL.00000 0000 0002 035

15. https:// www.ftc.gov/ news-eve nts/ press-relea ses/ 2017/ 01/ ftc-new-york-state-cha rge-market ers-preva gen-mak ing-decept ive

16. Valls-Pedret, C., Sala-Vila, A., Serra-Mir, M., Corella, D., de la Torre, R., Martínez-González, M. Á., Martínez-Lapiscina, E. H., Fitó, M., Pérez-Heras, A., Salas-Salvadó, J., Estruch, R., & Ros, E. (2015). Mediterranean diet and age-related cognitive decline: A randomized clinical trial. *JAMA Internal Medicine*, *175*(7), 1094–1103. https:// doi.org/ 10.1001/ jamain tern med.2015.1668

第 19 章

1. Söderlund, H., Grady, C. L., Easdon, C., & Tulving, E. (2007). Acute effects of alcohol on neural correlates of episodic memory encoding. *NeuroImage*, *35*(2), 928–939. https:// doi.org/ 10.1016/ j.neu roim age.2006.12.024

2. Solfrizzi, V., D'Introno, A., Colacicco, A. M., Capurso, C., Del Parigi, A., Baldassarre, G., Scapicchio, P., Scafato, E., Amodio, M., Capurso, A., Panza, F., & Italian Longitudinal Study on Aging Working Group (2007). Alcohol consumption, mild cognitive impairment, and progression to dementia. *Neurology*, *68*(21), 1790–1799. https:// doi.org/ 10.1212/ 01.wnl.000 0262 035.87304.89

3. Topiwala, A., & Ebmeier, K. P. (2018). Effects of drinking on late-life brain and cognition. *Evidence-Based Mental Health*, *21*(1), 12–15. https:// doi.org/ 10.1136/ eb-2017-102 820

4. GBD 2016 Alcohol Collaborators. (2018). Alcohol use and burden for 195 countries and territories, 1990-2016: A systematic analysis for the Global Burden of Disease Study 2016. *Lancet*, *392*(10152), 1015–1035. https:// doi.org/ 10.1016/ S0140-6736(18)31310-2

5. Sewell, R. A., Poling, J., & Sofuoglu, M. (2009). The effect of cannabis compared with alcohol on driving. *American Journal on Addictions*, *18*(3), 185–193. https:// doi.org/ 10.1080/ 105504 9090 2786 934

6. https:// www.was hing tonp ost.com/ tra nspo rtat ion/ 2020/ 01/ 30/ pro port ion-driv ers-fatal-cras hes-who-tes ted-posit ive-thc-doub led-after-mar ijua nas-legal izat ion-study-finds/

7. Dahlgren, M. K., Sagar, K. A., Smith, R. T., Lambros, A. M., Kuppe, M. K., & Gruber, S. A. (2020). Recreational cannabis use impairs driving performance in the absence of acute intoxication. *Drug and Alcohol Dependence*, *208*, 107771. https:// doi.org/ 10.1016/ j.dru galc dep.2019.107 771

8. Schuster, R. M., Gilman, J., Schoenfeld, D., Evenden, J., Hareli, M., Ulysse, C., Nip, E., Hanly, A., Zhang, H., & Evins, A. E. (2018). One month of cannabis abstinence in adolescents and young adults is associated with improved memory. *Journal of Clinical Psychiatry*, *79*(6), 17m11977. https:// doi.org/ 10.4088/ JCP.17m11 977

9. Pope, H. G., Jr, Gruber, A. J., Hudson, J. I., Huestis, M. A., & Yurgelun-Todd, D. (2001). Neuropsychological performance in long-term cannabis users. *Archives of General Psychiatry*, *58*(10), 909–915. https:// doi.org/ 10.1001/ archp syc.58.10.909

10. Platt, B., O'Driscoll, C., Curran, V. H., Rendell, P. G., & Kamboj, S. K. (2019). The effects of licit and illicit recreational drugs on prospective memory: A meta-analytic review.

Psychopharmacology, 236(4), 1131–1143. https:// doi.org/ 10.1007/ s00 213-019-05245-9

11. Morgan, C., Freeman, T. P., Hindocha, C., Schafer, G., Gardner, C., & Curran, H. V. (2018). Individual and combined effects of acute delta-9-tetrahydrocannabinol and cannabidiol on psychotomimetic symptoms and memory function. *Translational Psychiatry, 8*(1), 181. https:// doi.org/ 10.1038/ s41 398-018-0191-x

12. Curran, T., Devillez, H., York Williams, S. L., & Bidwell, C. L. (2020) Acute effects of naturalistic THC vs. CBD use on recognition memory: A preliminary study. *Journal of Cannabis Research, 2*, 28. https:// doi.org/ 10.1186/ s42 238-020-00034-0

13. ElSohly, M. A., Mehmedic, Z., Foster, S., Gon, C., Chandra, S., & Church, J. C. (2016). Changes in cannabis potency over the last 2 decades (1995–2014): Analysis of current data in the United States. *Biological Psychiatry, 79*(7), 613–619. https:// doi.org/ 10.1016/ j.biopsych.2016.01.004

14. Cuttler, C., LaFrance, E. M., & Stueber, A. (2021). Acute effects of high-potency cannabis flower and cannabis concentrates on everyday life memory and decision making. *Scientific Reports, 11*(1), 13784. https:// doi.org/ 10.1038/ s41 598-021-93198-5

15. Hotz, J., Fehlmann, B., Papassotiropoulos, A., de Quervain, D. J., & Schicktanz, N. S. (2021). Cannabidiol enhances verbal episodic memory in healthy young participants: A randomized clinical trial. *Journal of Psychiatric Research, 143*, 327–333. https:// doi.org/ 10.1016/ j.jpsychires.2021.09.007

16. Gruber, S. A., Sagar, K. A., Dahlgren, M. K., Gonenc, A., Smith, R. T., Lambros, A. M., Cabrera, K. B., & Lukas, S. E. (2018). The grass might be greener: Medical marijuana patients exhibit altered brain activity and improved executive function after 3 months of treatment. *Frontiers in Pharmacology, 8*, 983. https:// doi.org/ 10.3389/ fphar.2017.00983

17. Laws, K. R., & Kokkalis, J. (2007). Ecstasy (MDMA) and memory function: A meta-analytic update. *Human Psychopharmacology, 22*(6), 381–388. https:// doi.org/ 10.1002/ hup.857

18. Daumann, J., Fischermann, T., Heekeren, K., Henke, K., Thron, A., & Gouzoulis-Mayfrank, E. (2005). Memory-related hippocampal dysfunction in poly-drug ecstasy (3,4-methylenedioxymethamphetamine) users. *Psychopharmacology, 180*(4), 607–611. https:// doi.org/ 10.1007/ s00 213-004-2002-8

19. Moon, M., Do, K. S., Park, J., & Kim, D. (2007). Memory impairment in methamphetamine-dependent patients. *International Journal of Neuroscience, 117*(1), 1–9. https:// doi.org/ 10.1080/ 002074 5050 0535 503

20. Gruber, S. A., Tzilos, G. K., Silveri, M. M., Pollack, M., Renshaw, P. F., Kaufman, M. J., & Yurgelun-Todd, D. A. (2006). Methadone maintenance improves cognitive performance after two months of treatment. *Experimental and Clinical Psychopharmacology, 14*(2), 157–164. https:// doi.org/ 10.1037/ 1064-1297.14.2.157

21. Healy, C. J. (2021). The acute effects of classic psychedelics on memory in humans. *Psychopharmacology, 238*, 639–653. https:// doi.org/ 10.1007/ s00 213-020-05756-w

第20章

1. Cirelli, C., & Tononi, G. (2017). The sleeping brain. *Cerebrum: The Dana Forum on Brain Science, 2017*, cer-07-17.

2. Mander, B. A., Santhanam, S., Saletin, J. M., & Walker, M. P. (2011). Wake deterioration and sleep restoration of human learning. *Current Biology*, *21*(5), R183–R184. https:// doi.org/ 10.1016/ j.cub.2011.01.019

3. Walker, M. (2017). *Why we sleep*. Scribner.

4. Rudoy, J. D., Voss, J. L., Westerberg, C. E., & Paller, K. A. (2009). Strengthening individual memories by reactivating them during sleep. *Science*, *326*(5956), 1079. https:// doi.org/ 10.1126/ scie nce.1179 013

5. Hu, X., Cheng, L. Y., Chiu, M. H., & Paller, K. A. (2020). Promoting memory consolidation during sleep: A meta-analysis of targeted memory reactivation. *Psychological Bulletin*, *146*(3), 218–244. https:// doi.org/ 10.1037/ bul 0000 223

6. Sanders, K., Osburn, S., Paller, K. A., & Beeman, M. (2019). Targeted memory reactivation during sleep improves next-day problem solving. *Psychological Science*, *30*(11), 1616–1624. https:// doi.org/ 10.1177/ 09567 9761 9873 344

7. Wassing, R., Lakbila-Kamal, O., Ramautar, J. R., Stoffers, D., Schalkwijk, F., & Van Someren, E. (2019). Restless REM sleep impedes overnight amygdala adaptation. *Current Biology*, *29*(14), 2351–2358.e4. https:// doi.org/ 10.1016/ j.cub.2019.06.034

8. Cartwright, R., Young, M. A., Mercer, P., & Bears, M. (1998). Role of REM sleep and dream variables in the prediction of remission from depression. *Psychiatry Research*, *80*(3), 249–255. https:// doi.org/ 10.1016/ s0165-1781(98)00071-7

9. Robbins, R., Quan, S. F., Weaver, M. D., Bormes, G., Barger, L. K., & Czeisler, C. A. (2021). Examining sleep deficiency and disturbance and their risk for incident dementia and all-cause mortality in older adults across 5 years in the United States. *Aging*, *13*(3), 3254–3268. https:// doi. org/ 10.18632/ aging.202 591

10. Lim, A. S., Kowgier, M., Yu, L., Buchman, A. S., & Bennett, D. A. (2013). Sleep fragmentation and the risk of incident Alzheimer's disease and cognitive decline in older persons. *Sleep*, *36*(7), 1027–1032. https:// doi.org/ 10.5665/ sleep.2802

11. Lim, A. S., Yu, L., Kowgier, M., Schneider, J. A., Buchman, A. S., & Bennett, D. A. (2013). Modification of the relationship of the apolipoprotein E ε4 allele to the risk of Alzheimer disease and neurofibrillary tangle density by sleep. *JAMA Neurology*, *70*(12), 1544–1551. https:// doi.org/ 10.1001/ jam aneu rol.2013.4215

12. Patterson, P. D., Ghen, J. D., Antoon, S. F., Martin-Gill, C., Guyette, F. X., Weiss, P. M., Turner, R. L., & Buysse, D. J. (2019). Does evidence support "banking/ extending sleep" by shift workers to mitigate fatigue, and/ or to improve health, safety, or performance? A systematic review. *Sleep Health*, *5*(4), 359–369. https:// doi.org/ 10.1016/ j.sleh.2019.03.001

13. Dewald, J. F., Meijer, A. M., Oort, F. J., Kerkhof, G. A., & Bögels, S. M. (2010). The influence of sleep quality, sleep duration and sleepiness on school performance in children and adolescents: A meta-analytic review. *Sleep Medicine Reviews*, *14*(3), 179–189. https:// doi.org/ 10.1016/ j.smrv.2009.10.004

14. Seoane, H. A., Moschetto, L., Orliacq, F., Orliacq, J., Serrano, E., Cazenave, M. I., Vigo, D. E., & Perez-Lloret, S. (2020). Sleep disruption in medicine students and its relationship with impaired academic performance: A systematic review and meta-analysis. *Sleep Medicine Reviews*, *53*, 101333. https:// doi.org/ 10.1016/ j.smrv.2020.101 333

15. Okano, K., Kaczmarzyk, J. R., Dave, N., Gabrieli, J., & Grossman, J. C. (2019). Sleep

quality, duration, and consistency are associated with better academic performance in college students. *NPJ Science of Learning, 4*, 16. https:// doi.org/ 10.1038/ s41 539-019-0055-z

16. Huedo-Medina, T. B., Kirsch, I., Middlemass, J., Klonizakis, M., & Siriwardena, A. N. (2012). Effectiveness of non-benzodiazepine hypnotics in treatment of adult insomnia: Meta-analysis of data submitted to the Food and Drug Administration. *BMJ (Clinical Research Ed.), 345*, e8343. https:// doi.org/ 10.1136/ bmj.e8343

17. https:// www.nhlbi.nih.gov/ files/ docs/ pub lic/ sleep/ health y_ sl eep.pdf

第 21 章

1. Matsuzawa, T. (2013). Evolution of the brain and social behavior in chimpanzees. *Current Opinion in Neurobiology, 23*(3), 443–449. https:// doi.org/ 10.1016/ j.conb.2013.01.012

2. Krell-Roesch, J., Syrjanen, J. A., Vassilaki, M., Machulda, M. M., Mielke, M. M., Knopman, D. S., Kremers, W. K., Petersen, R. C., & Geda, Y. E. (2019). Quantity and quality of mental activities and the risk of incident mild cognitive impairment. *Neurology, 93*(6), e548–e558. https:// doi.org/ 10.1212/ WNL.00000 0000 0007 897

3. James, B. D., Wilson, R. S., Barnes, L. L., & Bennett, D. A. (2011). Late-life social activity and cognitive decline in old age. *Journal of the International Neuropsychological Society, 17*(6), 998–1005. https:// doi.org/ 10.1017/ S13556 1771 1000 531

4. Wilson, R. S., Boyle, P. A., James, B. D., Leurgans, S. E., Buchman, A. S., & Bennett, D. A. (2014). Negative social interactions and risk of mild cognitive impairment in old age. *Neuropsychology, 29*(4), 561–570. doi:http:// dx.doi.org/ 10.1037/ neu 0000 154

5. Sachs, M. E., Habibi, A., Damasio, A., & Kaplan, J. T. (2020). Dynamic intersubject neural synchronization reflects affective responses to sad music. *NeuroImage, 218*, 116512. https:// doi.org/ 10.1016/ j.neu roim age.2019.116 512

6. Toiviainen, P., Burunat, I., Brattico, E., Vuust, P., & Alluri, V. (2020). The chronnectome of musical beat. *NeuroImage, 216*, 116191. https:// doi.org/ 10.1016/ j.neu roim age.2019.116 191

7. Wu, K., Anderson, J., Townsend, J., Frazier, T., Brandt, A., & Karmonik, C. (2019). Characterization of functional brain connectivity towards optimization of music selection for therapy: A fMRI study. *International Journal of Neuroscience, 129*(9), 882–889. https:// doi.org/ 10.1080/ 00207 454.2019.1581 189

8. Mehegan, L., & Rainville, G. (2020, June). *Music nourishes and delights: 2020 AARP Music and Brain Health Survey.* https:// doi.org/ 10.26419/ res.00387.001

9. Gómez Gallego, M., & Gómez García, J. (2017). Music therapy and Alzheimer's disease: Cognitive, psychological, and behavioural effects. *Neurologia, 32*(5), 300–308. https:// doi.org/ 10.1016/ j.nrl.2015.12.003

10. *Alive Inside: A Story of Music and Memory.* Wikipedia. https:// en.wikipe dia.org/ w/ index.php?title= Alive _ Ins ide:_ A_ St ory_ of_ M usic _ and _ Mem ory&oldid= 991942 258

11. Predovan, D., Julien, A., Esmail, A., & Bherer, L. (2019). Effects of dancing on cognition in healthy older adults: A systematic review. *Journal of Cognitive Enhancement, 3*(2), 161–167. https:// doi.org/ 10.1007/ s41 465-018-0103-2

12. Echaide, C., Del Río, D., & Pacios, J. (2019). The differential effect of background music on memory for verbal and visuospatial information. *Journal of General Psychology, 146*(4), 443–

458. https:// doi.org/ 10.1080/ 00221 309.2019.1602 023

13. Gallant. S. N. (2016). Mindfulness meditation practice and executive functioning: Breaking down the benefit. *Consciousness and Cognition, 40*, 116–130. https:// doi.org/ 10.1016/ j.con cog.2016.01.005

14. Brown, K. W., Goodman, R. J., Ryan, R. M., & Anālayo, B. (2016). Mindfulness enhances episodic memory performance: Evidence from a multimethod investigation. *PLoS One, 11*(4), e0153309. doi:10.1371/ journal.pone.0153309

15. Isbel, B., Weber, J., Lagopoulos, J., Stefanidis, K., Anderson, H., & Summers, M. J. (2020). Neural changes in early visual processing after 6 months of mindfulness training in older adults. *Scientific Reports, 10*(1), 21163. https:// doi.org/ 10.1038/ s41 598-020-78343-w

16. Levy, B. R., Zonderman, A. B., Slade, M. D., & Ferrucci, L. (2012). Memory shaped by age stereotypes over time. *Journals of Gerontology. Series B, Psychological Sciences and Social Sciences, 67*(4), 432–436. https:// doi.org/ 10.1093/ ger onb/ gbr 120

17. Levy, B. R., & Myers, L. M. (2004). Preventive health behaviors influenced by self-perceptions of aging. *Preventive Medicine, 39*(3), 625–629. doi:10.1016/ j.ypmed.2004.02.029

18. Barber, S. J. (2020). The applied implications of age-based stereotype threat for older adults. *Journal of Applied Research in Memory and Cognition, 9*(3), 274–285, https:// doi.org/ 10.1016/ j.jar mac.2020.05.002

19. Steele, C. M., & Aronson, J. (1995). Stereotype threat and the intellectual test performance of African Americans. *Journal of Personality and Social Psychology, 69*, 797–811. doi:10.1037/ 0022-3514.69.5.797

20. Krell-Roesch, J., Syrjanen, J. A., Vassilaki, M., Machulda, M. M., Mielke, M. M., Knopman, D. S., Kremers, W. K., Petersen, R. C., & Geda, Y. E. (2019). Quantity and quality of mental activities and the risk of incident mild cognitive impairment. *Neurology, 93*(6), e548–e558. https:// doi.org/ 10.1212/ WNL.00000 0000 0007 897

21. Fritsch, T., Smyth, K. A., Debanne, S. M., Petot, G. J., & Friedland, R. P. (2005). Participation in novelty-seeking leisure activities and Alzheimer's disease. *Journal of Geriatric Psychiatry and Neurology, 18*(3), 134–141. https:// doi.org/ 10.1177/ 08919 8870 5277 537

22. Tranter, L. J., & Koutstaal, W. (2008). Age and flexible thinking: An experimental demonstration of the beneficial effects of increased cognitively stimulating activity on fluid intelligence in healthy older adults. *Aging, Neuropsychology, and Cognition, 15*(2), 184–207. doi:10.1080/ 13825580701322163

23. Lindstrom, H. A., Fritsch, T., Petot, G., Smyth, K. A., Chen, C. H., Debanne, S. M., Lerner, A. J., & Friedland, R. P. (2005). The relationships between television viewing in midlife and the development of Alzheimer's disease in a case-control study. *Brain and Cognition, 58*(2), 157–165. doi:10.1016/ j.bandc.2004.09.020

24. Sharifian, N., & Zahodne, L. B. (2021). Daily associations between social media use and memory failures: The mediating role of negative affect. *Journal of General Psychology, 148*(1), 67–83. doi:10.1080/ 00221309.2020.1743228

25. Federal Trade Commission. (2015, April 9). *FTC approves final order barring company from making unsubstantiated claims related to products' "brain training" capabilities.* https:// www.ftc.gov/ news-eve nts/ press-relea ses/ 2015/ 04/ ftc-appro ves-final-order-barr ing-comp any-mak ing-unsu bsta ntia ted

26. Federal Trade Commission. (2016, January 5). *Lumosity to pay $2 million to settle FTC deceptive advertising charges for its "Brain Training" program: Company claimed program would sharpen performance in everyday life and protect against cognitive decline.* https:// www.ftc.gov/ news-eve nts/ press-relea ses/ 2016/ 01/ lumos ity-pay-2-mill ion-set tle-ftc-decept ive-adve rtis ing-char ges

27. West, R. K., Rabin, L. A., Silverman, J. M., Moshier, E., Sano, M., & Beeri, M. S. (2020). Short-term computerized cognitive training does not improve cognition compared to an active control in non-demented adults aged 80 years and above. *International Psychogeriatrics, 32*(1), 65–73. https:// doi.org/ 10.1017/ S10416 1021 9000 267

28. Lee, H. K., Kent, J. D., Wendel, C., Wolinsky, F. D., Foster, E. D., Merzenich, M. M., & Voss, M. W. (2020). Home-based, adaptive cognitive training for cognitively normal older adults: Initial efficacy trial. *Journals of Gerontology. Series B, Psychological Sciences and Social Sciences, 75*(6), 1144–1154. https:// doi.org/ 10.1093/ ger onb/ gbz 073

29. Simons, D. J., Boot, W. R., Charness, N., Gathercole, S. E., Chabris, C. F., Hambrick, D. Z., & Stine-Morrow, E. A. (2016). Do "brain-training" programs work? *Psychological Science in the Public Interest, 17*(3), 103–186. https:// doi.org/ 10.1177/ 15291 0061 6661 983

第 22 章

1. Brown, P. C., Roediger III, H. L., & McDaniel, M. A. (2014). *Make it stick: The science of successful learning.* Belknap Press, an imprint of Harvard University Press.

2. Lorayne, H. (2010). *Ageless memory: The memory expert's prescription for a razor-sharp mind.* Black Dog & Leventhal.

3. Foer, J. (2011). *Moonwalking with Einstein: The art and science of remembering everything.* Penguin Press.

4. Budson, A. E., & O'Connor, M. K. (2017). *Seven steps to managing your memory: What's normal, what's not, and what to do about it.* Oxford University Press.

5. https:// en.wikipe dia.org/ wiki/ Time _ man agem ent#The_ Ei senh ower _ Met hod

第 25 章

1. Foer, J. (2011). *Moonwalking with Einstein: The art and science of remembering everything.* Penguin Press.

2. https:// dani elki lov.com/ 2014/ 05/ 05/ the-mem ory-syst ems-of-mark-twain/

3. https:// tim eonl ine.uore gon.edu/ twain/ pleasu res.php

4. https:// en.wikipe dia.org/ wiki/ Mnemon ic_ m ajor _ sys tem#Hist ory Accessed 4/ 17/ 2021

5. Lorayne, H. (2010). *Ageless memory: The memory expert's prescription for a razor-sharp mind.* Black Dog & Leventhal.

6. Brown, P. C., Roediger III, H. L., & McDaniel, M. A. (2014). *Make it stick: The science of successful learning.* Belknap Press, an imprint of Harvard University Press.

7. https:// arch ive.org/ deta ils/ adc here nniu mder a00c aplu oft/ page/ 218/ mode/ 2up

作者简介

安德鲁·布德森在哈弗福德学院获得学士学位,主修化学和哲学。在以优异的成绩从哈佛医学院毕业后,成为布莱根妇女医院的一名内科实习医生。随后,他参加了哈佛-朗伍德神经病学住院医师计划,并在担任高级住院医师同一年成为住院总医师。在获得布莱根妇女医院行为神经学和痴呆学术奖后,他加入了该医院的神经内科。作为布莱根妇女医院阿尔茨海默病临床试验医学副主任,多次参与治疗阿尔茨海默病的新药临床试验。在临床培训结束后,他作为实验心理学和认知神经科学博士后,在哈佛大学丹尼尔·夏克特教授的指导下,从事了3年的记忆研究。在哈佛医学院担任神经病学助理教授5年后,他加入了波士顿大学阿尔茨海默病研究中心和贝德福德退伍军人医院老年医学研究教育临床中心(GRECC)。在贝德福德GRECC工作的5年里,他担任过多个职位,历任门诊部主任、临床副主任和GRECC总裁。2010年,他转入美国退伍军人事务部波士顿医疗保健系统,现在该系统担任副教务长、认知与行为神经病学主任和转化认知神经科学中心主任等职。他还是波士顿大学阿尔茨海默病研究中心负责外联、招聘和教育事务的副主任,波士顿大学医学院神经病学教授,哈佛医学院神经病学讲师。自1998年以来,布德森博士得到了美国国立卫生研究院和其他政府的研究资助，获得国家研究服务奖和职业发展奖（K23），还得到了R01研究基金和退伍军人奖励基金的支持。他在位于伦敦皇后广场的认知神经科学研究所、德国柏林、英国剑桥大学等多个地方做过750场地方、国家和国际报告以及其他学术演讲，出版了9本著作，在《新英格兰医学杂志》《大脑》《皮质》等多家同行评议期刊上发表了超过150篇论文，是50多家期刊的审稿人。他在2008年获得了诺曼·格施温德行为神经学奖，在2009年获得了老年神经病学研究奖，这两个奖项都是由美国神经病学学会颁发的。目前，他正在研究利用实验心理学和认知神经科学的技术来理解阿尔茨海默病和其他神经系统疾病患者的记忆和记忆失真。在波士顿退伍军人医疗保健系统的记忆障碍门诊部，他一边治疗病人，一边教授医学生、住院医生和研究生。他还在马萨诸塞州牛顿市的波士顿记忆中心为病人看病。除工作和写作以外，他喜欢与家人一起旅行、跑步、滑雪、划皮划艇、骑自行车和练习瑜伽。

伊丽莎白·肯辛格，现任波士顿学院心理学和神经科学系教授、主任，自2006年以来一直担任认知和情感神经科学实验室主任。她以优异的成绩毕业于哈佛大学，获得心理学和生物学双学位，随后在霍华德休斯医学研究所博士预科奖学金的支持下，在麻省理工学院完成了神经科学博士学位。在获得了马萨诸塞州生物医学研究公司和美国国家心理健康研究所的奖学金后，她在哈佛大学和马萨诸塞州总医院接受了博士后培训，随后被聘为波士顿学院的教师，教授人类记忆和情感神经科学课程，带领学生参与研究实践。多年来，她指导了数十名博士后和研究生，以及100多名本科生。她的大多数实验室成员都进入了学术界，但她可以问心无愧地说，她的本科生研究助手们把她培训的东西应用到了包括广告、动物学在内的所有行业。肯辛格博士发表了200多篇研究文章，并担任《情感》《认知与情感》的副主编，以及《情感科学》的创刊副主编。她曾获得认知神经科学学会、心理科学协会和美国心理学会的奖项，并担任过前两个团体的项目委员会主席。她的研究得到了美国国家科学基金会和美国国立卫生研究院的资助，她的实验室最近也得到了麦克奈特神经科学捐赠基金、退休研究基金会和美国衰老研究联合会的资助。她的实验室还得到了波士顿学院1991届毕业生馈赠的一份旨在支持学习和记忆研究，以帮助有记忆障碍的学生改善教育体验的礼物。她综合多种方法（功能性磁共振成像、事件相关电位、多导睡眠脑电图、心理生理学、眼动追踪），试图回答以下问题：为什么我们对过去某些场合的记忆，比如那些充满情感的场合，比其他场合的记忆更清楚？为什么睡眠对记忆如此重要？随着成年人年龄的增长，记忆力会发生怎样的变化？我们应如何做才能将这些变化的负面影响降至最低？除了做实验和上课，她最喜欢烘焙和做蛋糕，或与丈夫和女儿去户外活动。他们特别喜欢去新英格兰的山区。在爬山时，他们的女儿有时很难跟上他们的步伐，但当滑雪下山时，伊丽莎白总是追不上女儿的速度。